TI DSC 中国大学计划教材

32 位数字信号控制器原理及应用

——基于 TMS320F28027 DSC 口袋实验板

刘和平　郑群英

高军礼　邓　力　胡　刚　主编

北京航空航天大学出版社

内 容 简 介

本书介绍德州仪器公司推出的 32 位数字信号控制器 TMS320F28027 DSC 芯片的原理及工程应用；介绍高效的 C 语言编程，训练初学者的系统调试能力；利用口袋实验板进行自主交互学习；通过网络的"学习云"获取大量的例程、应用信息和 32 位数字信号控制器基础以及相关控制算法，实现培养应用型人才的目标。

本书将探索改革"数字信号控制器原理及应用"课程的教学—实践的教学模式，创建基于"口袋实验室"和"云技术"的互联网学习系统的"4D"开放（人、时间、空间、互联网开放）交互式学习方式，实现互联网上的广义全开放实验室。

本书可作为数字信号控制器和单片机开发人员在岗培训的实用参考书，也可作为高等院校本科生和研究生教学的教材和课外学习参考书。

图书在版编目(CIP)数据

32 位数字信号控制器原理及应用 ：基于 TMS320F 28027 DSC 口袋实验板 / 刘和平等主编． -- 北京 ：北京航空航天大学出版社，2014.11

ISBN 978 - 7 - 5124 - 1616 - 1

Ⅰ．①3… Ⅱ．①刘… Ⅲ．①数字信号处理—教材 Ⅳ．①TN911.72

中国版本图书馆 CIP 数据核字(2014)第 248119 号

32 位数字信号控制器原理及应用
——基于 TMS320F28027 DSC 口袋实验板

刘和平　郑群英
高军礼　邓　力　胡　刚　主编
责任编辑　胡晓柏　张　楠

*

北京航空航天大学出版社出版发行

北京市海淀区学院路 37 号(邮编 100191)　http://www.buaapress.com.cn
发行部电话：(010)82317024　传真：(010)82328026
读者信箱：emsbook@gmail.com　邮购电话：(010)82316524
涿州市新华印刷有限公司印装　各地书店经销

*

开本：710×1 000　1/16　印张：21.25　字数：453 千字
2014 年 11 月第 1 版　2014 年 11 月第 1 次印刷　印数：3 000 册
ISBN 978 - 7 - 5124 - 1616 - 1　定价：49.00 元

前　言

　　数字信号控制器技术发展迅速,已经进入 32 位定点和浮点的处理器时代。微控制器从 30 多年前的 51 系列已经不知发展了多少代,即使与 16 位的微控制器相比技术也越来越先进,开发手段越来越好,越来越方便,价格却越来越低,32 位数字信号控制器价格已经与 8 位单片机价格接近;32 位数字信号控制器中许多新技术的采用使得性能又得到了极大的提高,使得过去难以达到的高速、高分辨率、复杂控制算法得以实现。因此,32 位数字信号控制器将占据大部分市场,逐步淘汰 8 位、16 位单片机是目前的必然趋势。32 位数字信号控制器由于其低廉的价格和高性能必将作为主流芯片得到大力推广和广泛应用。

　　显然,32 位数字信号控制器开发技术的突飞猛进,使得再采用传统的教学体系已经不能满足当前技术发展和工程技术的需要。学习 32 位数字信号控制器原理及应用重点在于对各种寄存器的理解和设置,掌握了 C 语言对寄存器的设置方法就基本具备了应用 32 位数字信号控制器的能力。对这些寄存器的设置,即各种功能模块和外设模块的初始化有许多的例程可以参考或使用集成开发环境自动生成。因此,由于数字信号控制器的应用技术越来越简单、越来越好学、越来越好用,教学方法和学习模式也与过去完全不同,更多的精力将放在各种应用系统的控制算法和系统调试方面,掌握系统调试和程序的驾驭能力成为学习的重点。

　　本书介绍德州仪器公司推出的 32 位数字信号控制器 TMS320F28027 DSC 芯片的原理及工程应用,介绍芯片的内核功能、总线、协处理器、中断、外设等硬件结构基础;介绍高效的 C 语言编程,训练初学者的系统调试能力;利用口袋实验板进行自主交互学习,提升初学者从互联网上获取知识的途径和交互沟通能力;通过网络的"学习云"将获得大量的例程、应用信息和 32 位数字信号控制器基础以及相关控制算法。

　　本书在介绍 32 位数字信号控制器原理的基础上,给出了相关应用例程的电路原理图和源程序清单,其他更多的资料均放在"学习云"上;网络上将提供大量的应用实例和工程范例,提供大量的软件积木块(软件子例程)和硬件积木块(硬件单元电路),以方便初学者学习和搭建创意实现平台,达到学习的低成本和实现培养应用型人才的终极目标。

　　数字信号控制器作为一种智能化的载体和应用工具,掌握其开发应用是从事相关工作者的必备条件。本书致力于让初学者更快捷、更方便、更有效、更低成本地掌握数字信号控制器开发过程和工程开发能力;如何让初学者容易入门且快速上手,能够快速提升工程应用能力是本书的宗旨。为此,本书力求通俗易懂,简单实用,精炼简短。

　　本书将探索改革"数字信号控制器原理及应用"课程的教学－实践的4D教学模式,创建"4D"交互式学习平台,实现广义的全天候开放远程实验教学系统。4D教学模式是基于"口袋实验室"和"云学习"系统的时间、地点、人、网络四维的开放交互式教学模式;打破了时空、场地、人力、物力等方面的制约,任何人、任何时间、任何地点都可以通过互联网进行交互式学习;具有全新的沟通机制与丰富的学习资源;网上将针对难点和学习点提供几分钟相关视频、大量的应用实例和开放源代码例程;学生通过使用口袋实验室进行实验,完成C语言学习和DSC的各种外设模块的学习,设计构成控制系统和编程调试,以最低成本了解更多知识、更快地进行学习实践。

　　本书配套口袋实验板特色:

● 采用TI公司的用于电机和数字电源控制的芯片TMS320F28027;
● 目前市场主推的32位DSC芯片,带浮点数处理能力;
● 实验板价格低廉(150元),芯片价格超低;
● 板载仿真器XDS100－V2,调试方便;
● 所有外设模块和实验均可完成;
● 可完成C语言学习开发调试;
● 放入口袋中便于携带的超小体积;
● 板载资源丰富,可拓展性强;
● 网上教学资源丰富;
● 可解决网络教学的学生动手实验问题;
● 学生学习成本低;
● 大学期间有多门课程、进行创新性试验和多种相关竞赛能使用,使用率超高。

　　"32位数字信号控制器原理及应用"是一门理论与工程实际紧密联系的课程,具有很强的工程性、实践性、应用性和综合性。本书可作为数字信号控制器和单片机开发人员在岗培训的实用参考书,也可作为本科生和研究生教学的教材和课外学习参考书。

　　本书的编写得到了重庆大学-美国德州仪器公司数字信号解决方案实验室的肖英、薛鹏飞、周驰、杨依路、李金龙、汤梦阳、周金飞等研究生同学的帮助,他们为本书做了大量的文案工作,在此表示感谢。

　　感谢重庆百转电动汽车电控系统有限责任公司的谢为贵、董海成、曾凡晴等几位工程师为本书的出版提供制作了口袋实验板产品、外设模块例程、出厂测试程序等,保证了口袋实验板的质量和批量生产能力。感谢美国德州仪器公司大学计划项目提供的大力支持。本书作为重庆市教委立项的两个重点教学改革项目的重要研究内容之一,得到重庆市教委资金的支持和相关学校的认可,在此表示衷心的感谢。

限于作者的水平,书中难免存在错误和不当之处,恳请读者批评指正。

刘和平

engineer@cqu.edu.cn

2014 年 8 月于重庆大学电气工程学院

目　录

第1章　简　介 ……………………………………………………… 1

1.1　2802x 系列概述 ……………………………………………… 1

1.2　引脚封装与分配 ……………………………………………… 3

1.3　引脚信号说明 ………………………………………………… 3

1.4　技术支持 ……………………………………………………… 10

1.5　器件和开发工具命名规则 …………………………………… 10

1.6　口袋实验室简介 ……………………………………………… 11

1.7　口袋实验板原理图 …………………………………………… 12

第2章　芯片功能概述 ……………………………………………… 14

2.1　内核功能简述及芯片功能方框图 …………………………… 14

2.2　内存映射 ……………………………………………………… 20

2.3　引导模式和闪存编程选项 …………………………………… 22

2.4　寄存器映射 …………………………………………………… 24

2.5　片内电压稳压器/欠压复位/上电复位 ……………………… 26

2.6　系统工作模块的控制 ………………………………………… 27

第3章　数字信号控制器硬件设计 ………………………………… 34

3.1　时钟和振荡器电路 …………………………………………… 35

3.2　复位和看门狗电路 …………………………………………… 37

3.3　仿真器接口电路 ……………………………………………… 39

3.4　中断、通用输入输出引脚和片内外设的外部电路设计 …… 41

3.5　模拟数字转换器外接电路设计 ……………………………… 42

3.6　脉宽调制、捕获、增强型正交编码接口电路设计 ………… 45

3.7　串行通信(I²C、SPI、SCI 和 CAN)接口电路设计 ……… 45

3.8　电源设计 ……………………………………………………… 47

3.9　原理图和电路板布局设计 …………………………………… 48

3.10　电磁干扰、电磁兼容性和静电放电 ……………………… 52

32位数字信号控制器原理及应用

第 4 章　控制律加速器函数库应用快速入门 ································· 55

4.1　控制律加速器概述 ·················· 55

4.2　控制律加速器函数库的安装 ·············· 57

4.3　控制律加速器函数库的使用 ·············· 57

4.4　控制律加速器函数库 ················ 59

第 5 章　流水线和中断 62

5.1　中央处理单元流水线 ················ 62

5.2　流水线活动 ·················· 64

5.3　流水线活动的冻结 ················· 66

5.4　流水线保护 ·················· 67

5.5　避免无保护的操作 ················· 70

5.6　控制律加速器流水线 ················ 72

5.7　外设中断扩展模块和外部中断 ············· 73

5.8　使用中断的定时器例程 ··············· 84

第 6 章　通用输入/输出 ···································· 88

6.1　通用输入/输出引脚多功能复用寄存器选择功能 ·········· 91

6.2　输入信号的采样窗口宽度设置 ············· 94

6.3　开关量输出 LED 灯显示例程 ·············· 95

第 7 章　串行外设接口 ···································· 99

7.1　串行外设接口主从工作原理 ·············· 101

7.2　串行外设接口中断 ················· 104

7.3　串行外设接口先入先出缓冲器概述 ············ 107

7.4　串行外设接口先入先出缓冲器中断 ············ 108

7.5　串行外设接口 3 -线模式概述 ············· 109

7.6　串行外设接口数字音频传送 ·············· 111

7.7　串行外设接口模块寄存器概述 ············· 112

7.8　串行外设接口驱动的 7 段数码显示电路例程 ········· 117

第 8 章　串行通信接口 ···································· 123

8.1　串行通信接口模块架构 ··············· 126

8.2　串行通信接口可编程数据格式 ············· 126

8.3　多控制器的串行通信接口通信 ············· 127

8.4　串行通信接口通信模式 ································ 131

8.5　串行通信接口寄存器简介 ··························· 137

8.6　串行通信接口通信例程 ····························· 140

第 9 章　串行 I²C 接口 ··································· 145

9.1　I²C 模块时钟发生器 ································ 148

9.2　I²C 模块操作 ····································· 149

9.3　I²C 模块中断请求产生 ····························· 155

9.4　I²C 模块寄存器简介 ································ 157

第 10 章　模拟数字转换器 ······························ 172

10.1　模拟数字转换特性 ································· 172

10.2　模拟数字转换性能指标说明 ······················· 176

10.3　模拟数字转换的多功能复用电路 ··················· 177

10.4　比较器模块 ······································ 178

10.5　脉宽调制输出模拟量及其按键输入例程 ············· 179

第 11 章　增强型脉宽调制模块 ·························· 186

11.1　增强型脉宽调制模块 ······························ 190

11.2　时基模块 ·· 194

11.3　增强型脉宽调制的周期和频率计算 ················· 197

11.4　计数比较模块 ···································· 203

11.5　操作限定模块 ···································· 207

11.6　波形的共同配置 ·································· 211

11.7　波形配置例程 ···································· 214

11.8　死区模块 ·· 220

11.9　增强型脉宽调制斩波模块 ·························· 223

11.10　触发区模块 ····································· 227

11.11　事件触发模块 ··································· 232

11.12　数字比较模块 ··································· 237

11.13　寄存器与其影子寄存器 ·························· 242

11.14　脉宽调制输出控制 LED 灯显示渐变例程 ··········· 272

第 12 章　高分辨率增强型脉宽调制器 ···················· 278

12.1　高分辨率增强型脉宽调制的操作方法 ··············· 279

12.2　占空比范围限制 ·································· 285

12.3　高分辨率周期控制……………………………………………………287

12.4　实现一个简单的降压转换器功能……………………………………290

12.5　使用 RC 滤波器实现 DAC 功能 ……………………………………292

12.6　高分辨率增强型脉宽调制寄存器组…………………………………294

12.7　比例因子优化函数……………………………………………………298

12.8　高分辨率增强型脉宽调制定时………………………………………301

第 13 章　增强型捕捉模块 ……………………………………………303

13.1　增强型捕获和辅助脉宽调制操作模式………………………………304

13.2　增强型捕获模式………………………………………………………305

13.3　辅助脉宽调制模式……………………………………………………310

13.4　增强型捕获模块的控制和状态寄存器………………………………311

13.5　增强型捕获模块的应用实例…………………………………………319

13.6　辅助脉宽调制模式的应用实例………………………………………325

参考文献……………………………………………………………………327

第 **1** 章

简　介

1.1　2802x 系列概述

　　TI 公司 Piccolo 系列中的 2802x 系列微控制器内核为 C28x，此内核采用低引脚数器件与高集成度构架控制外设，该系列的代码与以往基于 C28x 的代码相兼容，并提供了很高的模拟集成度。2802x 系列芯片包含了 28027、28026、28023、28022、28021、28020、280200，均包含有 38 脚和 48 脚两种封装外形产品。

　　芯片内带有一个电压稳压器，并允许外部单一电源供电；改进了的高分辨率增强型脉宽调制（HRPWM）模块，以提供双边缘控制（调频）；增设了具有内部 10 位基准的模拟比较器，可直接对其进行路由选择以控制脉宽调制（PWM）输出。ADC 可在 0～3.3 V 范围内进行转换操作，支持公制比例 V_{REFHI}/V_{REFLO} 基准。ADC 接口专门针对低开销/低延迟进行了优化。

- 亮点：
    - 32 位高效中央处理单元（CPU）
    - 60 MHz、50 MHz 和 40 MHz 器件
    - 3.3 V 单电源供电
    - 集成型上电和欠压复位
    - 两个内部零引脚振荡器
    - 多达 22 个具有输入尖脉冲滤波功能，并可单独编程的多功能复用 GPIO 引脚
    - 3 个 32 位 CPU 定时器
    - 片内闪存、SRAM、一次性可编程（OTP）内存、引导 ROM 可用
    - 代码安全模块、128 位安全密钥/锁、保护安全内存块、防止对固件实施逆向工程
    - 增强型控制外设：
        - ➢ 增强型脉宽调制（ePWM），带有 16 位独立定时器
        - ➢ 高分辨率增强型脉宽调制（HRPWM）
        - ➢ 增强型捕捉（eCAP）
        - ➢ 模数转换器（ADC）

> ➤ 片内温度传感器
> ➤ 比较器
- 高效 32 位 CPU：
  - 60 MHz 周期，16.67 ns 周期时间
  - 50 MHz 周期，20 ns 周期时间
  - 40 MHz 周期，25 ns 周期时间
  - 16×16 和 32×32MAC 运算
  - 16×16 双 MAC
  - 哈佛(Harvard)总线架构
  - 乘加运算
  - 快速中断响应和处理
  - 统一存储器编程模型
  - 高效代码——使用 C/C++ 和汇编语言
- 计时：
  - 片内晶振振荡器/外部时钟输入
  - 支持锁相环 PLL 比率动态变化
  - 安全装置定时器模块
  - 丢失时钟检测电路
- 可支持所有外设中断的外设中断扩展(PIE)模块
- 串行接口外设：
  - 1 个 SCI 模块
  - 1 个 SPI 模块
  - 1 个内部集成电路 I^2C 总线
- 器件低成本：
  - 电源上电和掉电无顺序要求
  - 可采用低至 38 引脚小型封装
  - 省掉模拟输入引脚
  - 低功耗
- 2802x，2802xx 封装：
  - 38 引脚 DA 薄型小外形尺寸封装 TSSOP
  - 48 引脚 PT 薄型方形扁平封装 LQFP
- 高级仿真特性：
  - 分析和断点功能
  - 借助硬件的实时调试

1.2 引脚封装与分配

图 1-1 显示了 48 引脚 PT 薄型四方扁平封装 LQFP 引脚分配。

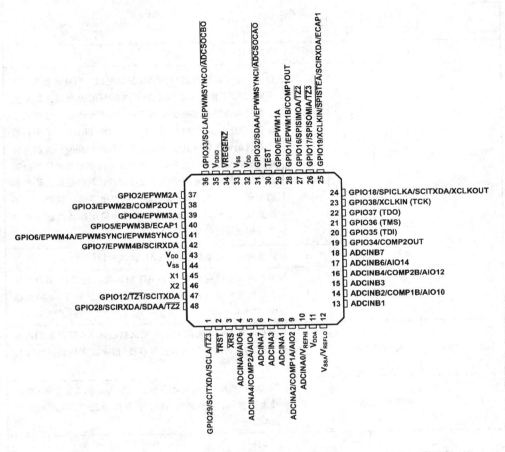

图 1-1 48 引脚 2802x 的 LQFP 封装(顶视图)

1.3 引脚信号说明

表 1-1 对芯片的部分引脚信号作了说明。除 JTAG 引脚以外,默认情况下 GPIO 功能在复位时为缺省值。下述列出的外设信号是可供选择的功能。有些外设功能并不是所有器件上都提供。输入耐压不是 5 V。所有 GPIO 引脚为 I/O/Z 且有一个内部上拉电阻,此内部上拉电阻可在每个引脚上独立使能/禁止,这一特性只适用于 GPIO 引脚。在复位时脉宽调制(PWM)引脚上的上拉电阻不使能。其他

32位数字信号控制器原理及应用

4

GPIO 引脚的上拉电阻复位时都使能。ADC 引脚可以作为输入输出,但是 AIO 引脚没有内部上拉电阻。

表 1-1 引脚功能介绍

端子			I/O/Z	说 明
名 称	PT 引脚号	DA 引脚号		
JTAG				
TRST	2	16	I	使用内部下拉电阻进行 JTAG 测试复位。当被驱动为高电平时,TRST 使扫描系统获得器件运行的控制权。如果这个信号未连接或者被驱动至低电平,此器件在功能模式下运转,并且测试复位信号被忽略。注释:TRST 是一个高电平有效测试引脚并且必须在正常器件运行期间一直保持低电平。在这个引脚上需要一个外部下拉电阻器。这个电阻器的值应该基于适用于这个设计的调试器推进源代码的驱动强度。一个 2.2 kΩ 电阻器一般提供足够的保护。由于这是应用专用的,建议针对调试器和应用的适当运行对每个目标板进行验证。(↓)
TCK	请见 GPIO38		I	带有内部上拉电阻器的 JTAG 测试时钟(↑)
TMS	请见 GPIO36		I	带有内部上拉电阻器的 JTAG 测试模式选择(TMS)。这个串行控制输入被计时在 TCK 上升沿上的 TAP 控制器中。(↑)
TDI	请见 GPIO35		I	带有内部上拉电阻的 JTAG 测试数据输入(TDI)。TDI 在 TCK 的上升沿上所选择的寄存器(指令或者数据)内计时。(↑)
TDO	请见 GPIO37		O/Z	JTAG 扫描输出,测试数据输出(TDO)。所选寄存器(指令或者数据)的内容被从 TCK 下降沿上的 TDO 移出。(8 mA 驱动)
闪存				
TEST	30	38	I/O	测试引脚。为 TI 预留。必须被保持为未连接
时钟				
XCLKOUT	请见 GPIO18		O/Z	取自 SYSCLKOUT 的输出时钟。XCLKOUT 或者与 SYSCLKOUT 的频率一样、或者为其一半,或为其四分之一,这由系统时钟输出(XCLKOUT)控制寄存器(XCLK 1~0)的位 XCLKOUTDIV 控制。复位时,XCLKOUT = SYSCLKOUT/4。通过将 XCLKOUTDIV 设定为 3,XCLKOUT 信号可被关闭。为了使这个信号传播到此引脚,GPIO18 的多功能复用控制必须被设定至 XCLKOUT

端子			I/O/Z	说　明
名　称	PT引脚号	DA引脚号		
XCLKIN	请见 GPIO19 和 GPIO38		I	外部振荡器输入。针对时钟的引脚源由系统时钟输出（XCLKOUT）控制寄存器（XCLK）的位 XCLKINSEL 控制，GPIO38 为默认选择。这个引脚馈通一个来外部 3.3 V 振荡器的时钟。在这个情况下，X1 引脚，如果可用的话，必须被接至 GND，而且必须通过时钟控制寄存器（CLKCTL14）的位将片载晶体振荡器禁用。如果使用一个晶振/谐振器，必须通过时钟控制寄存器（CLKCTL13）的位将 XCLKIN 路径禁用。 注释：使用 GPIO38/TCK/XCLKIN 引脚为用于正常器件运行的一个外部时钟供电的引脚，也许需要组装一些钩子以在使用 JTAG 连接器进行调试期间禁用这个路径。这是为了防止 TCK 信号竞争，在 JTAG 调试会话期间，此信号被激活。在此次为器件计时期间，零引脚内部振荡器可被使用
X1	45	—	I	片载晶体振荡器输入。为了使用这个振荡器，一个石英晶振或者一个陶瓷电容器必须被连接在 X1 和 X2。在这种情况下，XCLKIN 路径必须被时钟控制寄存器（CLKCTL13）的位禁用。如果这个引脚未使用，它必须被连接至 GND。（I）
X2	46	—	O	片载晶体振荡器输出。一个石英晶振或者一个陶瓷电容器必须被连接在 X1 和 X2。如果 X2 未使用，它必须保持在未连接状态。（O）
复位				
XRS	3	17	I/OD	器件复位（输入）和安全装置复位（输出）。Piccolo 器件有一个内置加电复位 POR 和欠压复位 BOR 电路。这样，无需外部电路既可生成一个复位脉冲。在一个加电或者欠压情况下，这个引脚由器件驱动为低电平。当一个安全装置复位发生时，这个引脚也由 MCU 驱动为低电平。安全装置复位期间，在 512 个 OSCCLK 周期的安全装置复位持续时间内，XRS 引脚被驱动为低电平。如果需要的话，一个外部电路也可驱动这个引脚使一个器件复位生效。在这个情况下，建议由一个漏极开路器件驱动这个引脚。由于抗扰度原因，一个 R-C 电路必须被连接至这个引脚。不论源是什么，一个器件复位会引起器件终止执行。程序计数器指向包含在位置 03xFFFC0 内的地址。当复位被置成无效时，在程序计数器指定的位置开始执行。这个引脚的输出缓冲器是一个有内部上拉电阻的漏极开路。（I/OD）

端　子			I/O/Z	说　明
名　称	PT 引脚号	DA 引脚号		
模数转换器（ADC），比较器（COMPARATOR），模拟（ANALOG）I/O				
ADCINA7	6	—	I	ADC 组 A，通道 7 输入
ADCINA6 AIO6	4	18	I I/O	ADC 组 A，通道 6 输入 数字 AIO6
ADCINA4 COMP2A AIO4	5	19	I I I/O	ADC 组 A，通道 4 输入 比较器输入 2A（只用在 48 引脚的器件中） 数字 AIO4
ADCINA3	7	—	I	ADC 组 A，通道 3 输入
ADCINA2 COMP1A AIO2	9	20	I I I/O	ADC 组 A，通道 2 输入 比较器输入 1A 数字 AIO2
ADCINA1	8	—	I	ADC 组 A，通道 1 输入
ADCINA0 V_{REFHI}	10	21	I I	ADC 组 A，通道 0 输入 ADC 外部基准-只在处于 ADC 外部基准模式中时才使用。
ADCINB7	18	—	I	ADC 组 B，通道 7 输入
ADCINB6 AIO14	17	26	I I/O	ADC 组 B，通道 6 输入 数字 AIO14
ADCINB4 COMP2B AIO1	16	25	I I I/O	ADC 组 B，通道 4 输入 比较器输入 2B（只用在 48 引脚的器件中） 数字 AIO12
ADCINB3	15	—	I	ADC 组 B，通道 3 输入
ADCINB2 COMP1B AIO10	14	24	I I I/O	ADC 组 B，通道 2 输入 比较器输入 1B 数字 AIO10
ADCINB1	13	—	I	ADC 组 B，通道 1 输入
CPU 和 I/O 电源				
V_{DDA}	11	22		模拟电源引脚。在此引脚附近连接一个 $2.2\ \mu F$ 电容器（典型值）
V_{SSA} V_{REFLO}	12	23	I	模拟接地引脚 ADC 低基准（一直接地）

端　子			I/O/Z	说　明
名　称	PT 引脚号	DA 引脚号		
V$_{DD}$	32	1		CPU 和逻辑数字电源引脚-当使用内部 VREG 时,无需电源。当使用内部 VREG 时,将 1.2 μF(最小值)陶瓷电容器
V$_{DD}$	43	11		(10% 耐受)接地。可使用更高值的电容器,但是这会影响电源轨斜坡上升时间
V	35	4		数字 I/O 和闪存电源引脚-当 VREG 被启用时,为单电源。在此引脚附近连接一个 2.2 μF 电容器(典型值)
V$_{SS}$	33	2		数字接地引脚
V$_{SS}$	44	12		
电压稳压器控制信号				
VREGENZ	34	3	I	内部 VREG 启用/禁用。拉至低电平来启用内部电压稳压器(VREG),拉至高电平禁用 VREG
GPIO 和外设信号(1)				
GPIO0 EPWM1A	29	37	I/O/Z O	通用输入/输出 0 增强型 PWM1 输出 A 和高分辨率脉宽调制(HRPWM)通道
GPIO1 EPWM1B COMP1OUT	28	36	I/O/Z O O	通用输入/输出 1 增强型 PWM1 输出 B 比较器 1 的直接输出
GPIO2 EPWM2A	37	5	I/O/Z O	通用输入/输出 2 增强型 PWM2 输出 A 和 HRPWM 通道
GPIO3 EPWM2B COMP2OUT	38	6	I/O/ZO O	通用输入/输出 3 增强型 PWM2 输出 B 比较器 2 的直接输出(只在 48 引脚器件中提供)
GPIO4 EPWM3A	39	7	I/O/Z O	通用输入/输出 4 增强型 PWM3 输出 A 和 HRPWM 通道
GPIO5 EPWM3B ECAP1	40	8	I/O/Z O I/O	通用输入/输出 5 增强型 PWM3 输出 B 增强型捕捉输入/输出 1
GPIO6 EPWM4A EPWMSYNCI EPWMSYNCO	41	9	I/O/Z O I O	通用输入/输出 6 增强型 PWM4 输出 A 和 HRPWM 通道 外部 ePWM 同步脉冲输入 外部 ePWM 同步脉冲输出

端 子			I/O/Z	说 明
名 称	PT 引脚号	DA 引脚号		
GPIO7 EPWM4B SCIRXDA	42	10	I/O/Z O I	通用输入/输出 7 增强型 PWM4 输出 B SCI－A 接收数据
GPIO12 TZ1 SCITXDA	47	13	I/O/Z I O	通用输入/输出 12 触发区输入 1 SCI－A 发送数据
GPIO16 SPISIMOA TZ	27	35	I/O/Z I/O I	通用输入/输出 16 从器件输入,主控输出 触发区输入 2
GPIO17 SPISOMIA TZ3	26	34	I/O/Z I/O I	通用输入/输出 17 SPI－A 从器件输出,主控输入 触发区输入 3
GPIO18 SPICLKAS CITXDA XCLKOUT	24	32	 I/O/Z I/O O O/Z	通用输入/输出 18 SPI 时钟输入/输出 SCI－A 发送 取自 SYSCLKOUT 的输出时钟。XCLKOUT 或者与 SY-SCLKOUT 的频率一样、或者为其一半,或为其四分之一。这由系统时钟输出(XCLKOUT)控制寄存器(XCLK 1～0)的位 XCLKOUTDIV 控制。复位时,XCLKOUT＝SYSCLKOUT/4。通过将 XCLKOUTDIV 设定为 3,XCLKOUT 信号可被关闭。为了使这个信号传播到此引脚,GPIO18 的多功能复用控制必须被设定至 XCLKOUT
GPIO19 XCLKIN SPISTEA SCIRXDA ECAP1	25	33	 I/O/Z I/O I I/O	通用输入/输出 19 外部振荡器输入。从这个引脚到时钟块的路径不是由这个引脚的多功能复用选通。如果这个被用于其他外设功能,应该注意不要启用这个路径用于计时。 SPI－A 从器件发送使能输入/输出 SCI－A 接收 增强型捕捉输入/输出 1
GPIO28 SCIRXDA SDAA TZ2	48	14	I/O/Z I I/OD I	通用输入/输出 28 SCI 接收数据 I²C 数据漏极开路双向端口 触发区输入 2

续表 1-1

端子			I/O/Z	说　明
名　称	PT引脚号	DA引脚号		
GPIO29 SCITXDA SCLA TZ3	1	15	I/O/Z O I/OD I	通用输入/输出 29 SCI 发送数据 I²C 时钟漏极开路双向端口 触发区输入 3
GPIO32 SDAA EPWMSYNCI ADCSOCAO	31	—	I/O/Z I/OD I O	通用输入/输出 32 I²C 数据漏极开路双向端口 增强型 PWM 外部同步脉冲输入 ADC 转换开始 A
GPIO33 SCLA EPWMSYNCO ADCSOCBO	36	—	I/O/ZI /OD O O	通用输入/输出 33 I²C 时钟漏极开路双向端口 增强型 PWM 外部同步脉冲输入 ADC 转换开始 B
GPIO34 COMP2OUT	19	27	I/O/Z O	通用输入/输出 34 比较器 2 的直接输出。在 DA 封装中，COMP2OUT 信号不可用
GPIO35 TDI	20	28	I/O/Z I	通用输入/输出 35 带有内部上拉电阻器的 JTAG 测试数据输入（TDI）。TDI 在 TCK 的上升沿上所选择的寄存器（指令或者数据）内计时
GPIO36 TMS	21	29	I/O/Z I	通用输入/输出 36 带有内部上拉电阻器的 JTAG 测试模式选择（TMS）。这个串行控制输入在 TCK 上升沿上的 TAP 控制器中计时
GPIO37 TDO	22	30	I/O/Z O/Z	通用输入/输出 37 JTAG 扫描输出，测试数据输出（TDO）。所选寄存器（指令或者数据）的内容被从 TCK 下降沿的 TDO 移出（8 mA 驱动）
GPIO38 TCK XCLKIN	23	31	I/O/Z I I	通用输入/输出 38 带有内部上拉电阻器的 JTAG 测试时钟 外部振荡器输入。从这个引脚到时钟块的路径不是由这个引脚的多功能复用选通。如果这个被用于其他功能，应该注意不要为计时启用这个路径

注：（1）I= 输入，O=输出，Z=高阻抗，OD=漏极开路，↑=上拉，↓=下拉。

（2）GPIO 功能（用斜体显示）在复位时为缺省值，它们下面列出的外设信号是供替换的功能。对于有 GPIO 多功能复用的 JTAG 引脚，到 GPIO 块的输入路径一直有效。根据 TRST 信号的情况，来自 GPIO 模块的输出路径和从一个引脚到 JTAG 模块的路径被启用/禁用。

9

当使用片内电压稳压器（VREG）时，GPIO19、GPIO34、GPIO35、GPIO36、GPIO37 和 GPIO38 引脚在上电时刻会有干扰脉冲；如果此状况在应用中受影响，可由外部提供 1.8 V 电源。当使用一个外部的 1.8 V 电源时，无需考虑上电顺序。然而，如果 I/O 引脚的输出缓冲器中的 3.3 V 晶体管在 1.9 V 晶体管之前上电，可能会打开输出缓冲器，这会在上电时刻导致引脚上产生毛刺干扰脉冲。为了避免此状态，给 V_{DD} 引脚上电应早于对 V_{DDIO} 引脚供电，或者两者同时，以确保 V_{DD} 引脚在 V_{DDIO} 引脚达到 0.7 V 之前先达到 0.7 V。

1.4 技术支持

德州仪器为 C28x 的 MCU 类产品提供了大量的开发工具，其中包括评估 CPU 性能、生成代码、开发算法执行的工具，且完全集成以及调试软件和硬件模块。

支持基于 2802x 的应用的开发工具有：

（1）软件开发工具

● CodeComposerStudio 集成开发环境 IDE

　— C/C++编译器

　— 代码生成工具

　— 汇编器/链接器

　— 周期精确模拟器

● 应用算法

● 示例应用代码

（2）硬件硬件开发工具

● 开发和评估工具

● 基于 JTAG 的仿真器：XDS510、XDS560 仿真器、XDS100

● 闪存编程工具

● 电源

● 文档和线缆

1.5 器件和开发工具命名规则

为了确定产品开发周期的阶段，TI 为所有 MCU 器件和支持工具的部件号分配了前缀。每一个 MCU 商用系列成员产品具有 3 个前缀之一：TMX、TMP 或者 TMS（例如：TMS320F28023）。TI 建议为其支持的工具使用 3 个可能前缀指示符中的 2 个：TMDX 和 TMDS。这些前缀代表了产品开发的发展阶段，即从工程原型 TMX/TMDX 直到完全合格的生产器件/工具 TMS/TMDS。

器件开发进化流程标识：

● TMX 试验器件不一定代表最终器件的电气规范标准；
● TMP 最终的芯片模型符合器件的电气规范标准，但是未经完整的质量和可靠性验证；
● TMS 完全合格的产品器件支持工具开发发展流程；
● TMDX 还未经完整的 TI 内部质量测试的开发支持工具；
● TMDS 完全合格的开发支持产品。

TMX 器件、TMP 器件和 TMDX 开发支持工具使用时，已带有如下的免责声明："开发产品用于内部评估用途。"

TMS 器件和 TMDS 开发支持工具为合格品，并且器件的质量和可靠性已经完全论证，满足 TI 的标准保修证书条件。

检测 TMX 或者 TMP 样件的故障率应大于其批量生产件。由于它们的故障率不稳定，TI 建议不要将这些器件用于任何生产系统。只有合格的产品器件可以使用。

TI 器件的命名规则也包括了后缀。此后缀表示封装类型（例如：PT）和温度范围（例如"S"）。TI 器件的命名规则如图 1-2 所示。

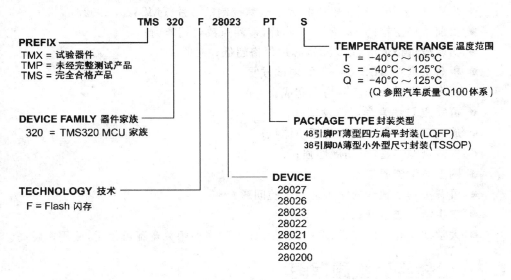

图 1-2 器件命名规则

1.6 口袋实验室简介

口袋实验室由带仿真调试器的廉价口袋实验板、USB 电缆线和笔记本电脑组成，可以非常方便地携带和不受场合限制地进行单片机和 DSC 教学，并顺利完成相关实验及 C 语言和汇编语言的编程调试学习任务。由于在工程应用中汇编语言的使用会越来越少,所以建议学习者只需采用C语言完成控制任务的编程和调试即可,可不用学习汇编语言。28027口袋实验板如图1-3所示,图中仅有一块长11厘米宽7厘米的电路板和一根USB连接线,非常简洁。

"4D"教学是基于"口袋实验室"和"云学习"系统的时间、地点、人、网络的四维的开放交互式教学模式。任何人、任何时间、任何地点都可以通过互联网

图1-3　28027口袋实验室

进行交互式学习,网上针对每个难题和学习点提供几分钟视频,网上提供大量的应用实例和开放源代码例程,学生使用口袋实验室进行实验,完成C语言学习和DSC各个外设模块的学习,设计构成控制系统和编程调试,学习速度快,资料丰富,学习入门成本低,打破了传统的学习方式。

28027口袋实验板有如下特点:

- 采用TI公司的用于电机和数字电源控制的芯片TMS320F28027;
- 目前市场主推的32位DSC芯片,带浮点数处理能力;
- 实验板价格低廉(150元),芯片价格超低;
- 板载仿真器XDS100-V2,调试方便;
- 所有外设模块和实验均可完成;
- 可完成C语言学习开发调试;
- 放入口袋中便于携带的超小体积;
- 板载资源丰富,可拓展性强;
- 网上教学资源丰富;
- 可解决网络教学的学生动手实验问题;
- 学生学习成本低;
- 大学期间有多门课程、进行创新性试验和多种相关竞赛可使用,使用率超高。

1.7　口袋实验板原理图

基于TMS320F28027芯片口袋实验板的电路结构如图1-4所示。图中包含了串行外设接口SPI和驱动的LED数码管电路,开关量控制的LED(D15)显示电路,K1~K4的键盘输入电路;由U9芯片构成的SCI串口将CPU与外界通过串行通信联系在一起,可以将两块实验板的通信接口连在一起实现两块DSC之间的通信;将DSC上的所有引脚都连接到P1和P2焊盘上,可以方便地将其引出以作它用。图中电路的功能将在各个章节引用时再作介绍。

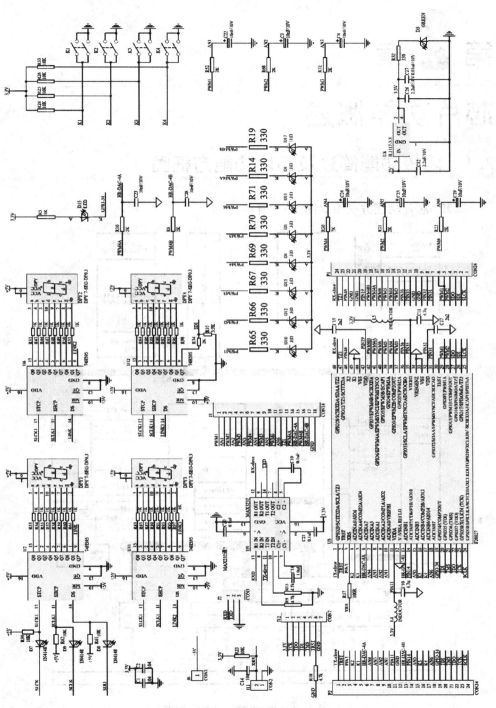

图 1-4　28027 口袋实验板电路结构图

第**2**章

芯片功能概述

2.1 内核功能简述及芯片功能方框图

28027 芯片功能方框图如图 2-1 所示。

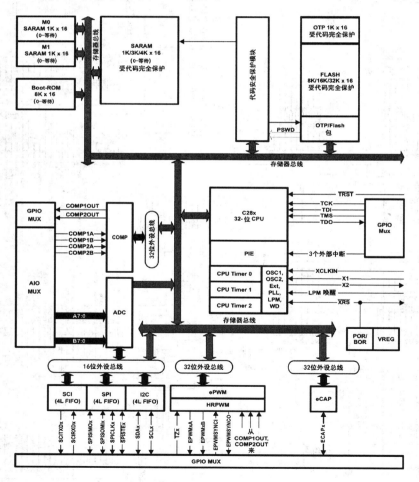

图 2-1 28027 芯片功能方框图

CPU：2802x 系列是 C2000 微控制器平台的产品成员，基于 C28x 的 32 位定点架构，是一个高效的 C/C++引擎。用户不仅能够用高级语言开发控制系统，也能够使用 C/C++开发算法。器件在同时处理 MCU 算术与系统控制时，其系统控制任务通常由微控制器处理。此效率可在很多应用系统中省去对第二个 CPU 的需求。32×32 位 MAC 64 位处理能力使得控制器能够更有效更高速地处理运算。由于添加了带有关键寄存器自动断点保存的快速中断响应，所以能够用最小的延迟处理更多的异步事件。具有 8 级深度并受保护的流水线存储器访问。此流水线操作无需昂贵的高速存储器便可高速执行。

内存总线（哈佛总线架构）：与很多公司的 MCU 一样，多总线技术用于内存和外设以及 CPU 之间高速数据交换。内存总线架构包含一个程序读取总线、数据读取总线和数据写入总线。程序读取总线由 22 条地址线和 32 条数据线组成。数据读取和写入总线由 32 条地址线和 32 条数据线组成。32 位宽数据总线可实现单周期的 32 位操作。多总线架构，通常称为哈佛总线架构，使得 C28x 能够在一个单周期内取一个指令、读取一个数据和写入一个数据。内存总线访问的优先级可概括如下：

最高级：数据写入（内存总线上不能同时进行数据和程序写入操作）；

　　　　程序写入（内存总线上不能同时进行数据和程序写入操作）；

　　　　数据读取；

　　　　程序读取（内存总线上不能同时进行程序读取和取指令操作）；

最低级：取指令（内存总线上不能同时进行程序读取和取指令操作）。

外设总线：为了在多种 TIMCU 器件之间方便地实现外设移植，此器件采用了一种针对外设互连的外设总线标准。外设总线桥复用了多种总线，并将 CPU 内存总线组装进一个由 16 条地址线和 16 或者 32 条数据线和相关控制信号组成的单总线中。支持外设总线的 3 种类型的版本。一种版本只支持 16 位访问（外设架构 2）。另一种版本支持 16 位和 32 位访问（外设架构 1）。还有一种是外设架构 0 的外设总线。

实时 JTAG：此器件执行 IEEE1149.1 标准，JTAG 接口用于基于芯片内的调试，此外，还支持实时模式运行。此运行模式可在 CPU 正在运行和执行代码且处理中断的同时允许修改内存内容、外设和寄存器。用户也可以通过非实时代码进行单步操作，同时在没有干扰的情况下使能处理时间关键中断。实时模式在 CPU 的硬件内执行，这是 28x 系列特有的，无需软件监控。此外，还提供了特别的分析硬件，以实现硬件断点或者数据/地址观察点的设置，并当一个匹配发生时，生成不同的用户可选中断事件，但是不支持边界扫描工作方式。

闪存：280200 包含 8K×4 的嵌入式闪存存储器，分别放置在 2 个 4K×16 扇区中。28021/23/27 器件包含 32K×16 的嵌入式闪存存储器，分别放置在 4 个 8K×16 扇区内。28020/22/26 器件包含 16K×4 的嵌入式闪存存储器，分别放置在 4 个 4K×16 扇区中。所有器件还包含一个单一 1K×16 OTP 内存（一次性可编程内存），其地址范围为 0x3D7800～0x3D7BFF。用户能够在不改变其他扇区的同时单独擦除、编辑和验证一个闪存扇区,但不能使用闪存的一个扇区或者 OTP 来执行擦除/编辑其他扇区的闪存算法。提供了特殊的内存流水线操作以使闪存块实现更高性能。闪存/OTP 映射到程序和数据空间,可用于执行代码或者存储数据信息。0x3F7FF0～0x3F7FF5 为数据变量保留地址且不包含程序代码。

M0、M1 SARAM:所有器件包含这两块单周期访问的内存,每一个的大小为 1K×16。复位时,堆栈指针指向 M1 块的开始位置。M0 和 M1 块,与所有其他 C28x 器件上的内存块一样,被映射到程序和数据空间。因此,用户能够使用 M0 和 M1 来执行代码或者用于数据变量。分区在连接器内执行,C28x 器件提供了一个到编程器的统一内存映射,使得用高级语言编程变得更加容易。

L0SARAM:器件含有 4K×16 的单一访问 RAM,此块可以映射到程序和数据空间。

引导 ROM:引导 ROM 由厂家使用引导加载软件进行设定。提供的引导模式信号告知引导加载软件在上电时使用哪种引导模式。用户能够选择正常引导或者从外部连接下载更新用户软件或者选择在内部闪存或 ROM 中编辑的引导软件。引导 ROM 还包含了相关数学算法中的标准函数表,例如 SIN/COS 波形数据表。

安全性:器件支持高级安全性以保护用户的固化软件不受逆向工程的损坏。此安全性特有一个 128 位密钥(针对 16 个等待状态的硬编码),密钥由用户编辑时写入闪存。一个代码安全模块 CSM 用于保护闪存/OTP 和 L0/L1SARAM 块。安全特性防止未经授权的用户通过 JTAG 接口查看内存内容,从外部内存执行代码或者试图引导加载一些将会输出安全内存内容的恶意软件。为了使能访问安全块,用户必须写入与存储在闪存密钥位置内的 128 位密钥值一致的密钥。

除了 CSM,仿真代码安全逻辑电路 ECSL 也已经实现防止未经授权的用户安全代码。在仿真器连接时,任何对于闪存、用户 OTP 或者 L0 内存的代码或者数据访问将生成 ECSL 错误并断开仿真连接。为了实现安全代码仿真,同时保持 CSM 安全内存读取,用户必须向 KEY 寄存器的低 64 位写入正确的值。这个值与存储在闪存密钥位置的低 64 位的值相吻合。请注意仍须执行闪存内 128 位密钥的假读取。如果密钥位置的低 64 位为全 1(未被编辑),那么无须写入 KEY 值。

当使用闪存内编辑的密钥进行最初调试时,CPU 将开始运行并执行一个指令来访问一个受保护的 ECSL 区域。如果此情况发生,ECSL 将发生错误并使仿真器连接断开。这是为了使用等待引导选项,这将进入一个软件断点周围的环路,以在不触发安全错误的情况下实现仿真器连接。Piccolo 系列不支持一个硬件复位等待模式。

外设中断扩展(PIE)模块:外设中断扩展模块将许多中断源复用至中断输入的较小集合中。外设中断扩展模块能够支持多达 96 个外设中断。在 2802x 上,外设使用 96 个中断中的 33 个。96 个中断被分成 8 组,每组提供 12 个 CPU 中断 INT1～INT12 中的 1 个。96 个中断中的每一个中断由其存储在一个可被用户写覆盖的专用 RAM 块中的向量支持。在处理此中断时,其向量由 CPU 自动抽取。抽取此向量以及保存关键 CPU 寄存器将占用 8 个 CPU 时钟周期。因此 CPU 能够对中断事件作出快速响应,可以通过硬件和软件控制中断的优先级。每个中断都可以在外设中断扩展(PIE)模块内使能/禁止。

外部中断 XINT1～XINT3:器件支持 3 个可屏蔽的外部中断 XINT1～XINT3。每一个中断可选择负边沿、正边沿或者正负边沿二者触发,并能够使能/禁止。这些中断还包含一个 16 位自由运行的增计数计数器,当检测到一个有效的中断边沿时,该计数器复位为 0。此计数器可用于对中断精确计时。没有用于外部引脚的专用引脚 XINT1、XINT2 和 XINT3 中断可接受从 GPIO 引脚来的输入。

内部零引脚振荡器、振荡器和锁相环 PLL:此器件可由两个内部零引脚振荡器、一个外部振荡器或者一个连接至片内振荡器电路(只适用于 48 引脚器件)的晶振中的任一个计时。一个提供的锁相环 PLL 支持高达 12 个输入时钟缩放比。PLL 比率可用软件在器件运行时更改,这使得用户在应用低功耗运行时能够按比例降低运行频率。锁相环 PLL 模块可设定为旁路模式工作。

安全模块:每个器件包含两个安全模块。CPU 安全模块用于监控内核,用户软件必须在特定的期限内定期复位 CPU 安全模块计数器;否则,CPU 安全模块将生产一个 CPU 的复位。如果需要,可将 CPU 安全模块禁止。而 NMI 安全模块是一个丢失时钟检测电路,只有在发生一个时钟故障的情况下,NMI 安全模块才起作用并可生成一个中断或者一个器件复位。

外设时钟:在外设闲置时,可使能/禁止每一个独立外设的时钟,以减少功耗;此外,送到串行接口(除 I²C)的系统时钟都可按照 CPU 时钟进行缩放。

低功耗模式:此器件是完全静态 CMOS 器件。提供 3 种低功耗模式:

(1) 空闲模式(IDLE):将 CPU 置于低功耗模式,可选择性地关闭外设时钟,只有那些在空闲模式(IDLE)期间正运行的外设保持运行状态。来自激活外设或安全模块定时器已使能的中断把 CPU 从空闲模式(IDLE)中唤醒。通过使能其 CPU 识别的中断来退出此模式。LPM(低功耗模块)模块在此模式期间,在低功耗模式控制寄存器 0(LPMCR0)的位 LPM 设定为 0 时,LPM 模块不执行任何任务。

(2) 待机模式(STANDBY):关闭 CPU 和外设的时钟。在该模式下,振荡器和 PLL 仍然运行。一个外部中断事件将唤醒 CPU 和外设。在检测到中断事件之后的下一个有效周期开始执行程序。任一 GPIO 端口信号 GPIO31：0 能够将器件从待机模式(STANDBY)中唤醒。用户必须在 GPIOLPMSEL 寄存器中选择哪一个信号将唤醒器件。在唤醒器件前,所选的信号宽度必须大于设定值才会响应中断,滤除硬件引脚上的尖脉冲干扰。在低功耗模式控制寄存器 0(LPMCR0)中指定 OSCCLK 的个数。

(3) 暂停模式(HALT):该模式将关断器件并将器件置于尽可能最低的功耗模式。如果内部零引脚振荡器用作时钟源,在默认情况下,暂停模式(HALT)将它们关闭。为了防止这些振荡器被关闭,可使用时钟控制寄存器(CLKCTL)内的 INTOSC-

nHALTI 位。这样,零引脚振荡器可在此模式下被用作 CPU 安全模块计时。如果片内晶体振荡器作为时钟源,在此模式中,它将被关闭;一个复位或者一个外部信号(通过一个 GPIO 引脚)或者 CPU 安全模块能够将器件从此模式唤醒。CPU 安全模块,XRS 和任一 GPIO 端口信号 GPIO31～0 可将器件从暂停模式(HALT)中唤醒。用户在 GPIOLPMSEL 寄存器中选择一种信号可将器件唤醒。

在需将器件置于暂停模式(HALT)或者待机模式(STANDBY)前,CPU 时钟 OSCCLK 和 WDCLK 应为同一个时钟源。

各种低功耗模式如表 2-1 所列。

表 2-1　低功耗模式

模　式	LPMCR0 (1:0)	OSCCLK	CLKIN	SYSCLKOUT	退出(1)
IDLE	00	打开	打开	打开	XRS,CPU 安全模块中断,任一被使能的中断
STANDBY	01	打开 (CPU 安全模块仍然运行)	关闭	关闭	XRS,CPU 安全模块中断,GPIO 端口 A 信号,调试器(2)
HALT(3)	1X	关闭 (片内振荡器和 PLL 关闭,零引脚振荡器和 CPU 安全模块状态取决于用户代码)	关闭	关闭	XRS,GPIO 端口 A 信号,调试器(2),CPU 安全模块

注:(1) 哪些信号在哪些情况下会退出低功耗模式。一个低电平信号必须保持低电平足够长时间以便器件识别中断。否则,将不会从低功耗模式退出,而器件将返回到低功耗模式。

(2) 即使关闭 CPU 时钟 CLKIN,JTAG 接口仍能运行。

(3) 为了使器件进入暂停模式 HALT,必须激活 WDCLK。

外设架构 0、1、2(PFn): 此器件将外设分成 3 个部分,外设架构映射如表 2-2 所列。

表 2-2　外设架构映射

PF0	PIE	PIE 中断使能、控制寄存器、PIE 向量表
	闪存	闪存写入状态寄存器
PF1	定时器	CPU -定时器 0、1、2 寄存器
	CSM	代码安全模块 KEY 寄存器
	ADC	ADC 结果寄存器
	GPIO	GPIO 多功能复用(MUX)配置和控制寄存器
	ePWM	增强型脉冲宽度调制模块和寄存器
	eCAP	增强型捕捉模块和寄存器
	比较器	比较器模块

PF0	PIE	PIE 中断使能、控制寄存器、PIE 向量表
PF2	SYS	系统控制寄存器
	SCI	串行通信接口(SCI)控制和 RX/TX 寄存器
	SPI	串行通信接口(SPI)和 RX/TX 寄存器
	ADC	ADC 状态、控制和配置寄存器
	I²C	集成电路间模块和寄存器
	XINT	外部中断寄存器

通用输入/输出(GPIO)多功能复用器：大多数的外设信号与通用输入/输出GPIO 信号多功能复用,这使得用户能够在外设信号或者功能不使用时将引脚用作GPIO。复位时,GPIO 引脚配置为输入。针对 GPIO 模式或者外设信号模式,用户能够独立设定每一个引脚。对于特定的输入,用户也可以选择输入尖脉冲滤除器的周期数量,以过滤掉有害的噪音毛刺干扰脉冲。GPIO 信号也可用于使器件脱离特定低功耗模式。

32 位 CPU 定时器 0、1、2：CPU 定时器 0、1 和 2 是功能完全一样的可预先设置周期的 32 位定时器,这些定时器带有可预先设定的周期和 16 位时钟前分频。3 个定时器都有一个 32 位减计数器,在计数器减到 0 时产生一个中断信号。减计数器的速度为 CPU 时钟速度除以设置的前分频值。当此计数器减到 0 时,它自动重新装载32 位的周期值。CPU 定时器 2 为实时操作系统(RTOS)/BIOS 应用而设置,CPU定时器 2 连接到 CPU 的 INT14,如果未使用实时操作系统(RTOS)/BIOS,CPU 定时器 2 也可作为通用定时器使用。CPU 定时器 1 为通用定时器并连接至 CPU 的INT13 中断,也为 TI 系统功能保留。CPU 定时器 0 为通用定时器并连接至外设中断扩展(PIE)模块。

CPU 定时器可由下列任一器件计时：
- 系统时钟 SYSCLKOUT(默认)；
- 内部零引脚振荡器 1(INTOSC1)；
- 内部零引脚振荡器 2(INTOSC2)；
- 外部时钟源。

控制外设：此器件支持下列用于嵌入式控制和通信的外设：

(1) ePWM：增强型 PWM 外设支持针对前沿/后沿、锁存的/周期机制的独立的/互补的 PWM 生成,可调节死区生成。一些 PWM 引脚支持高分辨率增强型脉宽调制(HRPWM)。2802x 器件上的类型 1 模块也支持增强的死区分辨率、增强型片内系统的单通道单转换(SOC)和中断生成,包括基于比较器输出的高级触发功能。

(2) eCAP：增强型捕捉外设使用一个 32 位时基并在连续/单次捕捉模式中记录多达 4 个可编程的事件。此外设也可配置为生成一个辅助的 PWN 信号。

(3) ADC：ADC 模块是一个 12 位模拟数字转换器。根据器件型号的不同,有

13个单端通道输出引脚,并包含两个用于同步采样的采样保持单元。

比较器:每个比较器模块由一个模拟比较器和一个为比较器输入供电的内部10位基准组成。

串行接口外设:此器件支持下列的串行通信外设:

(1) SPI:SPI是一个高速、同步串行I/O接口,此接口可在设定的位传送速率上将一个设定长度(1~16位)的串行位流移入和移出器件。SPI常用于MCU和外部外设或者与其他CPU之间的通信。典型应用包括外部I/O或者如移位寄存器、显示驱动器和ADC等器件。多器件通信由SPI主控/从动模式支持。SPI包含一个用于减少中断处理开销的4级接收/发送FIFO寄存器。

(2) SCI:串行通信接口是一个两线制异步串行接口,通常称为UART。SCI包含一个用于减少中断处理开销的4级接收/发送FIFO寄存器。

(3) I^2C:内部集成电路模块I^2C提供一个MCU和其他器件之间的接口,只要这些器件符合飞利浦半导体内部I^2C总线2.1版本并由I^2C总线相连。通过I^2C模块连接在此两线制总线上的外部组件能够发送高达8位数据到MCU,或者从MCU接收高达8位数据。I^2C包含一个用于减少中断处理开销的4级接收/发送FIFO寄存器。

2.2　内存映射

在图2-2中,适用以下规则:

- 内存块不可缩放;
- 外设架构0、外设架构1和外设架构2内存映射只限于数据内存,用户程序不能访问这些处于程序空间内的内存映射;
- 受保护为写后读操作的顺序被保护,而不是流水线顺序;
- 特定内存区域受EALLOW保护,以防止配置之后的误写入;
- 位置0x3D7C80~0x3D7CC0包含内部振荡器和ADC校准例程,这些位置保存的程序用户不能改动。

表2-3为28027中闪存扇区的地址。

表2-3　28027中闪存扇区的地址

地址范围	程序和数据空间
0x3F0000~0x3F1FFF	扇区D(8Kx16)
0x3F2000~0x3F3FFF	扇区C(8Kx16)
0x3F4000~0x3F5FFF	扇区B(8Kx16)
0x3F6000~0x3F7F7F	扇区A(8Kx16)
0x3F7F80~0x3F7FF5	当使用代码安全模块时,编程至0x0000
0x3F7FF6~0x3F7FF7	引导至闪存入口(程序分支指令)
0x3F7FF8~0x3F7FFF	安全密钥128位(用户不可设定为全零)

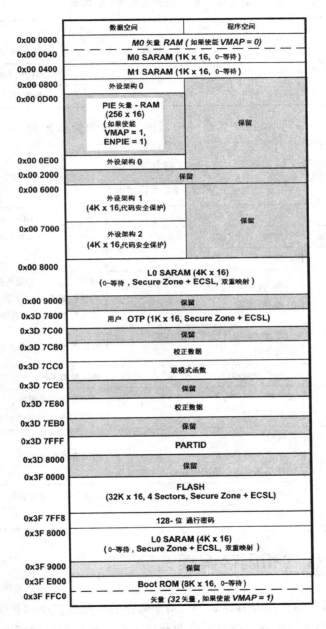

数据空间	程序空间

注：内存位置 0x3D7E80～0x3D7EAF 保留在 TMX/TMP 芯片内。

图 2－2　28027 的内存映射图

表 2-4 为使用安全代码模块的影响。

表 2-4　使用安全代码模块的影响

地　址	闪存	
	使能代码安全	禁止代码安全
0x3F7F80～0x3F7FEF	用 0x0000 填充	应用代码和数据
0x3F7FF0～0x3F7FF5		只为数据保留

外设架构 1 和外设架构 2 编在一组以便这些块为受保护的写入/读取外设块。受保护模式确保所有到这些块的访问是受保护的。

针对内存映射区域内不同空间的等待状态列在表 2-5 中。

表 2-5　等待状态

区　域	CPU 等待状态	备　注
M0 和 M1SARAM	0-等待	固定的
外设架构 0	0-等待	
外设架构 1	0-等待（写入） 2-等待（读取）	周期可由已生成的外设扩展。到外设架构 1 寄存器的背靠背写入操作将生成，一个周期停止（1 周期延迟）
外设架构 2	0-等待（写入） 2-写入（读取）	固定的周期不可由外设扩展
L0 SARAM	0-等待数据和程序	假定没有 CPU 冲突
OTP	可编程 最小 1-等待	由闪存寄存器设定。1-等待是等待状态所允许的最小数
闪存	可编程 0-页式等待最小值 1-随机等待最小值随机等待≥页式等待	由闪存寄存器设定
闪存密钥	固定的 16-等待	密钥位置的等待状态是固定的
引导-ROM	0-等待	

2.3　引导模式和闪存编程选项

所有 28x 系列器件都有引导 ROM，用于储存引导加载程序和数学函数表，如正弦/余弦表。在启动时引导加载程序启动器件工作。启动后再跳转到 Flash 程序空间进入执行用户编制的 Flash 程序。有些应用需要现场更新应用程序代码，此时就需要修改引导加载程序调用不同的执行程序。

引导 ROM 和引导模式选择：引导 ROM 中的复位向量将执行程序重定向到 Init

Boot()函数。执行器件初始化后，引导加载程序将检查 GPIO 引脚的状态，以确定引导储存在哪些存储空间的哪段程序进入执行状态。包括：跳转到闪存 Flash 空间，跳转到存储器 SARAM 空间，跳转到一次性可编程 OTP 空间，跳转到 XINTF 外部接口的存储空间，或调用片内引导程序从串行通信接口下载应用程序等。在器件复位（上电复位或复位信号复位）时，器件初始化后，引导加载程序检查 3 个 GPIO 引脚的状态，以确定执行哪种引导模式。不同的系列芯片有自己的引导模式标准和使用不同的 GPIO 引脚，详细内容如表 2-6 所列。

表 2-6   280x/280xx 器件的引导模式

GPIO18 SPICLK	GPIO29 SCITXDA	GPIO34 SCITXGB	模式说明
1	1	1	闪存引导跳转到 Flash 地址 0x3F7FF6。需用代码执行之前必须编程一个分支指令
1	1	0	SCI 引导从 SCI 加载一个数据流
1	0	1	SPI 引导从外部加载串行 SPI 上的 SPI EEPROM
1	0	0	I^2C 引导从地址 0x50 处的外部 I^2C 总线上 EEPROM 加载程序
0	1	1	eCAN 引导从 eCAN 调用 CAN_Boot 加载程序
0	1	0	引导至存储器 M0 SARAM 空间即跳转到存储器 M0 SARAM 的地址 0x00 0000
0	0	1	引导至 OTP 跳转到 OTP 0x3D 7800 地址处
0	0	0	并行 I/O 端口引导从 GPIO0～GPIO15 加载程序

注：(1) 必须注意，当外部逻辑切换被干扰影响后，可能会影响引导模式的运行。

(2) 在 0x3F 7FF6 存有一个分支指令来重定向程序流，可以直接引导到 Flash 存储空间。

(3) 有的器件上没有 eCAN 模块，此配置被保留。假如选中 eCAN，引导程序将永远循环运行等待数据传入。

(4) 已经编写好加载代码的入口位置时，可以直接引导至 OTP 存储空间或存储器 M0 SARAM。

硬件设计总存在某种引导模式有效。应用程序需要在不同的引导模式之间切换，例如：通过 SCI 编程闪存 FLASH，所以在需要时必须使用跳线来更改模式。

Flash 编程选项：所有 28x 系列器件都有驻留在片内闪存的程序，可以使用 JTAG 接头或 SCI 接口对片内闪存进行编程，使用计算机的 SCI 接口适用现场对片内闪存的程序更新。

在开发调试阶段采用 JTAG 接口方式编程为好，因为用 Code Composer IDE 与 CPU 连接便于调试。在产品定型外壳组装好后，只要做好了代码定型，用 SCI 接口连接计算机再对闪存 Flash 下载编程，仅使用输出文件，不再调试程序。若添加 RS-232 收发器到 DSC 器件的 SCI 接口，应用程序也可以使用 RS-485 通信协议下载程序。

引导程序存储器:此存储器是存放生产厂家编写的固定引导软件的存储空间,引导模式信号来告知引导程序在系统上电时使用哪一种引导模式。用户可以选择正常引导、从外部连接中下载新的程序和从内部 FLASH/ROM 中选择已经编好的引导程序。此存储器还包括一些函数表,比如正弦和余弦表,用来进行数学相关的运算。

用于引导程序的外部引脚:表 2-7 列出了每一个外设引导程序所使用的 GPIO 引脚,如果在应用中与外设使用发生冲突时,可参考通用 GPIO 表。

表 2-7　外设引导程序引脚

引导程序	外设加载引脚
SCI	SCIRXDA(GPIO28)、SCITXDA(GPIO29)
并行引导	数据(GPIO31,30,5;0)、28x 控制(AIO6)、Host 控制(AIO12)
SPI	SPISIMOA(GPIO16)、SPISOMIA(GPIO17)、SPICLKA(GPIO18)、SPISTEA(GPIO19)
I^2C	SDAA(GPIO32)、SCLA(GPIO33)
CAN	CANRXA(GPIO30)、CANTXA(GPIO31)

仿真引导模式:当与仿真器相连时,GPIO37/TDO 引脚不能用于选择引导模式。在此种情况下,当引导程序存储器检测到有仿真器相连时,会用 PIE 向量表中的两个保留的存储器 SARAM 地址里的内容来决定引导模式。如果这两个地址里的内容都无效,那么则使能等待模式。所有的引导模式选择都可以在仿真引导模式下进行。

获取模式:获取模式(GetMode)的默认运行状态是引导至闪存 FLASH,此种操作可以通过编程 OTP 中的两个存储单元转换成其他的引导模式。如果 OTP 中的两个存储单元的内容都无效,那么将引导至闪存 FLASH 中的程序,可以指定下载 SCI、SPI、I^2C、CAN 和 OTP 中的任何一个。

2.4　寄存器映射

此器件包含 3 个外设寄存器空间,这些空间分类如下:

外设架构 0:这些是直接映射到 CPU 内存总线的外设。详细内容可参阅表 2-8。

外设架构 1:这些是映射到 32 位外设总线的外设。详细内容可参阅表 2-9。

外设架构 2:这些是映射到 16 位外设总线的外设。详细内容可参阅表 2-10。

表 2-8　外设架构 0 寄存器(1)

名　称	地址范围	大小(×16)	受保护的 EALLOW(2)
器件仿真寄存器	0x000880~0x000984	261	支持

名 称	地址范围	大小(×16)	受保护的 EALLOW(2)
系统功率控制寄存器	0x000985~0x000987	3	支持
闪存寄存器(3)	0x000A80~0x000ADF	96	支持
代码安全模块寄存器	0x000AE0~0x000AEF	16	支持
ADC 寄存器(0 等待只读)	0x000B00~0x000B0F	16	否
CPU-定时器 0/1/2 寄存器	0x000C00~0x000C3F	64	否
PIE 寄存器	0x000CE0~0x000CFF	32	否
PIE 向量表	0x000D00~0x000DFF	256	否

注:(1) 在外设架构 0 中的寄存器支持 16 位和 32 位访问。

(2) 如果寄存器是受 EALLOW 保护的,那么在 EALLOW 指令执行前写入不能被执行。EDIS 指令禁止写入以防止非法代码或指针破坏寄存器内容。

(3) 闪存寄存器也受到代码安全模块 CSM 的保护。

表 2-9 外设架构 1 寄存器

名 称	地址范围	大小(×16)	受 EALLOW 保护
比较寄存器 1	0x006400~0x00641F	32	(1)
比较寄存器 2	0x006420~0x00643F	32	(1)
ePWM1+HRPWM1 寄存器	0x006800~0x00683F	64	(1)
ePWM2+HRPWM2 寄存器	0x006840~0x00687F	64	(1)
ePWM3+HRPWM3 寄存器	0x006880~0x0068BF	64	(1)
ePWM4+HRPWM4 寄存器	0x0068C0~0x0068FF	64	(1)
eCAP1 寄存器	0x006A00~0x006A1F	32	否
GPIO 寄存器	0x006F80~0x006FFF	128	(1)

注:(1) 有些寄存器是受 EALLOW 保护的。

表 2-10 外设架构 2 寄存器

名 称	地址范围	大小(×16)	受 EALLOW 保护
系统控制寄存器	0x007010~0x00702F	32	支持
SPI 寄存器	0x007040~0x00704F	16	否
SCI 寄存器	0x007050~0x00705F	16	否
NMI 安全模块中断寄存器	0x007060~0x00706F	16	支持
外部中断寄存器	0x007070~0x00707F	16	支持
ADC 寄存器	0x007100~0x00717F	128	(1)
I^2C 寄存器	0x007900~0x00793F	64	(1)

注:(1) 有些寄存器是受 EALLOW 保护的。

2.5 片内电压稳压器/欠压复位/上电复位

虽然内核和I/O电路运行在不同的两种电压上,但这些器件带有一个片内电压稳压器(VREG)来生成 V_{DD} 电压,此电压由 V_{DDIO} 电源提供。使用户应用板上不再需用另外的外部稳压器,节省了成本和空间;也免除了电源上电顺序和掉电顺序的控制。

此外,在上电和运行模式期间,内部上电复位(POR)和欠压复位(BOR)电路监控 V_{DD} 和 V_{DDIO} 电源上电轨迹。片内电压稳压器(VREG)虽然在每一个 V_{DD} 引脚上都需要电容器来稳定生成的电压,但是运行此器件并不需要为这些引脚供电。相反地,如果功率或者冗余是应用应考虑的首要问题,那么可禁止片内电压稳压器(VREG)。

1. 使用片内电压稳压器(VREG)

为了使用片内电压稳压器(VREG),VREGNZ引脚应该被接至低电平并且建议运行电压接到 V_{DD} 和 VDDIO 引脚。在此种情况下,内核逻辑所需的 V_{DD} 电压将由片内电压稳压器(VREG)生成。为了实现片内电压稳压器(VREG)的正确调节,每一个 V_{DD} 引脚需连接电容值为 $1.2\ \mu F$(最小值)的电容。这些电容放置应尽可能靠近 V_{DD} 引脚的位置。

2. 禁止片内电压稳压器(VREG)

为了节约片内能源,也可禁止片内电压稳压器(VREG),并使用一个效率更高的外部稳压器给 V_{DD} 引脚提供内核逻辑电压。为了使能此选项,VREGNZ引脚应接高电平。

3. 片内上电复位(POR)和欠压复位(BOR)电路

两个片内监视电路,上电复位(POR)和欠压复位(BOR)监控 V_{DD} 和 V_{DDIO} 电源轨迹。上电复位(POR)的目的是在整个上电过程,在整个器件上制造一个有效的复位。此复位触发点是一个非固定的、比欠压复位(BOR)更低的触发点,将在器件运行期间检测 V_{DD} 或 V_{DDIO} 电源轨迹的骤减。在器件首次上电后,欠压复位(BOR)功能是检测 V_{DD}。当其中一个电压低于各自的触发点时,连接至 XRS 引脚并输出低电平引起复位过程。此外,当使能片内电压稳压器时,一个过压保护电路将连接至 XRS 引脚使其为低电平,此时 V_{DD} 电源轨迹上升至高于其触发点。

图2-3显示了片内电压稳压器(VREG)、上电复位(POR)和欠压复位(BOR)。为了禁止 V_{DD} 和 V_{DDIO} 的欠压复位(BOR)功能,在欠压复位(BOR)配置寄存器(BORCFG)中留有此位。

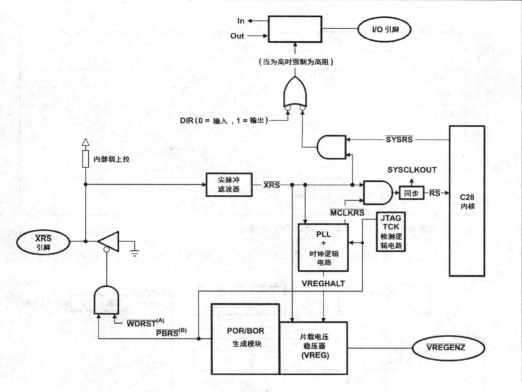

注：(1) WDST 是来自 CPU 安全模块的复位信号。

(2) PBRS 是来自上电复位(POR)/欠压复位(BOR)模块的复位信号。

图 2-3　VREG+POR+BOR+Reset 信号连接

2.6　系统工作模块的控制

PLL、时钟、安全模块和低功耗模式寄存器如表 2-11 所列。

表 2-11　PLL、时钟、安全模块和低功耗模式寄存器

名　称	地　址	大小(×16)	说明(1)
BORCFG	0x000985	1	欠压复位(BOR)配置寄存器
XCLK	0x007010	1	系统时钟输出(XCLKOUT)控制寄存器
PLLSTS	0x007011	1	锁相环状态寄存器
CLKCTL	0x007012	1	时钟控制寄存器
PLLLOCKPRD	0x007013	1	锁相环锁定周期寄存器
INTOSC1TRIM	0x007014	1	内部振荡器 1 调整寄存器
INTOSC2TRIM	0x007016	1	内部振荡器 2 调整寄存器
LOSPCP	0x00701B	1	低速外设时钟前分频寄存器

名　称	地　址	大小（×16）	说明（1）
PCLKCR0	0x00701C	1	外设时钟控制寄存器 0
PCLKCR1	0x00701D	1	外设时钟控制寄存器 1
LPMCR0	0x00701E	1	低功耗模式控制寄存器 0
PCLKCR3	0x007020	1	外设时钟控制寄存器 3
PLLCR	0x007021	1	锁相环控制寄存器
SCSR	0x007022	1	系统控制与状态寄存器
WDCNTR	0x007023	1	安全模块计数寄存器
WDKEY	0x007025	1	安全模块复位密钥寄存器
WDCR	0x007029	1	安全模块控制寄存器

注：(1) 此表中的所有寄存器是受 EALLOW 保护的。

　　图 2-4 显示了多种时钟域。图 2-5 显示了能够为器件运行提供时钟的多种时钟源。

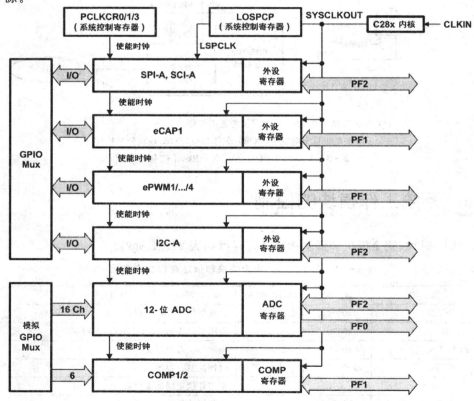

注：CLKIN 是 CPU 的内部时钟。它作为系统时钟 SYSCLKOUT 从 CPU 传出，即 CLKIN 与系统时钟 SYSCLKOUT 频率相同。

图 2-4　时钟和复位

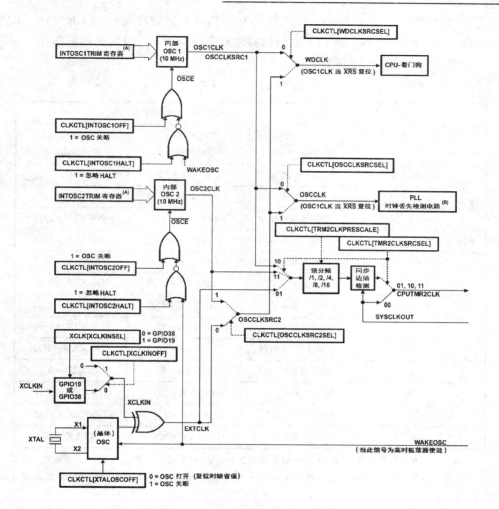

注：(1) 从 TI 基于 OTP 的校准功能载入的寄存器。
　　(2) 丢失时钟检测细节请见以后章节。

图 2-5　时钟树

内部零引脚振荡器：2802x 器件包含两个独立的内部零引脚振荡器。默认情况下，两个振荡器在上电时为打开，此时，内部振荡器 1 是默认时钟源。为了节能，用户可将不使用的振荡器断电。这些振荡器的中心频率由它们各自的振荡器调整寄存器决定，此寄存器在校准例程中被写入，作为引导 ROM 执行的一部分。

基于 PLL 的时钟模块：此器件有一个片内、基于 PLL 的时钟模块。此模块为器件提供所有的时钟信号，以及控制低功耗模式的进入。PLL 由一个 4 位比率控制的锁相环控制寄存器(PLLCR)的位 DIV 来选择不同的 CPU 时钟速率。在写入锁相环控制寄存器(PLLCR)之前，应该禁止安全模块模式。在 PLL 模式稳定后，再重新使能它,重新使能时需用 1 ms。输入时钟和锁相环控制寄存器(PLLCR)的位 DIV 的选择方法应该是在 PLL(VCOCLK)的输出频率至少为 50 MHz 的时再选择。

PLL 设置如表 2-12 所列。

表 2-12 PLL 设置

PLLCR 的 DIV 值(1)(2)	SYSCLKOUT(CLKIN)		
	PLLSTS 的位 DIVSEL=0 或 1	PLLSTS 的位 DIVSEL=2	PLLSTS 的位 DIVSEL=3
0000(PLL 旁路)	OSCCLK/4(默认)(1)	OSCCLK/2	OSCCLK
0001	(OSCCLK * 1)/4	(OSCCLK * 1)/2	(OSCCLK * 1)/1
0010	(OSCCLK * 2)/4	(OSCCLK * 2)/2	(OSCCLK * 2)/1
0011	(OSCCLK * 3)/4	(OSCCLK * 3)/2	(OSCCLK * 3)/1
0100	(OSCCLK * 4)/4	(OSCCLK * 4)/2	(OSCCLK * 4)/1
0101	(OSCCLK * 5)/4	(OSCCLK * 5)/2	(OSCCLK * 5)/1
0110	(OSCCLK * 6)/4	(OSCCLK * 6)/2	(OSCCLK * 6)/1
0111	(OSCCLK * 7)/4	(OSCCLK * 7)/2	(OSCCLK * 7)/1
1000	(OSCCLK * 8)/4	(OSCCLK * 8)/2	(OSCCLK * 8)/1
1001	(OSCCLK * 9)/4	(OSCCLK * 9)/2	(OSCCLK * 9)/1
1010	(OSCCLK * 10)/4	(OSCCLK * 10)/2	(OSCCLK * 10)/1
1011	(OSCCLK * 11)/4	(OSCCLK * 11)/2	(OSCCLK * 11)/1
1100	(OSCCLK * 12)/4	(OSCCLK * 12)/2	(OSCCLK * 12)/1

注:(1) 锁相环控制寄存器(PLLCR)和锁相环状态寄存器(PLLSTS)只能通过 XRS 信号或者一个安全模块复位,被复位为它们的默认值。一个调试器发出的复位或者丢失时钟检测逻辑对其不影响。

(2) 此寄存器是受 EALLOW 保护的。

(3) 默认情况下,锁相环状态寄存器(PLLSTS)的位 DIVSEL 配置为/4(引导 ROM 将这个配置改为/1)。在写入锁相环控制寄存器(PLLCR)前,锁相环状态寄存器(PLLSTS)的位 DIVSEL 必须为 0,而只有当锁相环状态寄存器(PLLSTS)的位 PLLOCKS=1 时才改变。

CLKIN 分频选项如表 2-13 所列。

基于 PLL 的时钟模块提供 4 种运行模式:

(1) INTOSC1(内部零引脚振荡器 1):内部片内振荡器 1。此振荡器可为安全模块、内核和 CPU 定时器 2 提供时钟。

表 2-13 CLKIN 分频选项

PLLSTS 的 DIVSEL 位	CLKIN 分频
0	/4
1	/4
2	/2
3	/1

(2) INTOSC2(内部零引脚振荡器 2):内部片内振荡器 2。此振荡器可为安全模

块、内核和 CPU 定时器 2 提供时钟。INTOSC1 和 INTOSC2 都可独立选择用于安全模块、内核和 CPU 定时器 2。

（3）晶振/谐振器运行：片内（晶振）振荡器使得器件可以使用一个连接在其上的外部晶振/振荡器来提供时基。晶振/谐振器被连接至 X1/X2 引脚上。有此型号不带 X1/X2 引脚。

（4）外部时钟源运行：如果片内（晶振）振荡器未使用，此模式可实现对振荡器的旁路模式。器件时钟由一个外部时钟源生成并从 XCLKIN 引脚输入。注意 XCLKIN 是一个多功能复用引脚。通过系统时钟输出（XCLKOUT）控制寄存器（XCLK）的位 XCLKINSEL 设置，XCLKIN 引脚也可选择为 GPIO 引脚。时钟控制寄存器（CLKCTL）的位 XCLKINOFF 禁止此时钟输入（强制低电平）。如果时钟源未使用或者各自的引脚用作 GPIO，用户应该在引导时将其禁止。

在改变时钟源前，应确保目标时钟的存在；如果此时钟不存在，那么此时钟源必须在开关时钟前被禁止（使用时钟控制寄存器（CLKCTL）设置）。

PLL 配置模式如表 2-14 所列。

表 2-14　PLL 配置模式

PLL 模式	注　释	PLLSTS 的 DIVSEL 位	CLKIN 和 SYSCLKOUT
PLL 关闭	由锁相环状态寄存器（PLLSTS）的位 PLLOFF 设置实现。在此模式中，PLL 模块被禁止，这对降低系统噪声和低功耗操作非常有用。在进入此模式之前，必须先将锁相环控制寄存器（PLLCR）设置为 0x0000（PLL 旁路）。CPU 时钟（CLKIN）直接从 X1/X2、X1 或者 XCLKIN 中任一个获取	0,1 2 3	OSCCLK/4 OSCCLK/2 OSCCLK/1
PLL 旁路	PLL 旁路是上电或外部复位（XRS）时的默认 PLL 配置。当锁相环控制寄存器（PLLCR）设置为 0x0000 时或在修改锁相环控制寄存器（PLLCR）已经被修改之后 PLL 锁定至新频率时，选择此模式。在此模式中，PLL 本身被旁路，但未关闭。	0,1 2 3	OSCCLK/4 OSCCLK/2 OSCCLK/1
PLL 使能	通过将非零值 n 写入锁相环控制寄存器（PLLCR）实现。在写入锁相环控制寄存器（PLLCR）时，此器件将在 PLL 锁定之前切换至 PLL 旁路模式。	0,1 2 3	OSCCLK * n/4 OSCCLK * n/2 OSCCLK * n/1

输入时钟的损耗（NMI 安全模块功能）：2802x 器件可由两个内部零引脚振荡器 INTOSC1/INTOSC2 中的任意一个片内晶体振荡器或者一个外部时钟输入计时。无论时钟源是什么，在 PLL 使能和 PLL 旁路模式中，如果到 PLL 的输入时钟消失，PLL 将在其输出端发出一个跛行模式时钟。此跛行模式时钟将持续为 CPU 和外设提供一个典型值为 1～5 MHz 的时钟。

当激活跛行模式时,将生成一个 NMI 中断的 CLOCLFAIL 信号。根据 NMIR-ESETSEL 位的配置,对器件的复位可立即启动或者是当它溢出时,NMI 安全模块计数器能够发出一个复位。并置位丢失时钟状态 MCLKSTS 位。可使用 NMI 中断来检测输入时钟故障并启动所需的校正操作,例如:切换到另一个时钟源或者为系统启动一个关闭过程。

如果软件对于时钟故障情况没有应答,NMI 安全模块将在一个设定时间间隔后触发一个复位信号。图 2-6 显示了相关的中断机制。

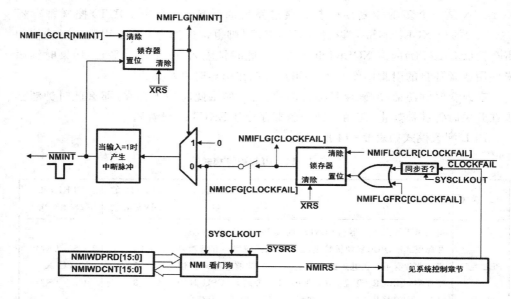

图 2-6　NMI-安全模块

CPU 安全模块:2802x 器件上的 CPU 安全模块与 281x/280x/283x 器件上所使用的模块相类似。只要 8 位安全模块增计数计数器达到了它的最大值,这个模块就产生一个输出脉冲,其宽度为 512 振荡器时钟。为了防止这一情况,用户必须禁止此计数器或者软件定期地向复位此安全模块计数器的安全模块密钥寄存器写入一个 0x55+0xAA 序列。图 2-7 显示了安全模块内的各种功能块。

通常情况下,当输入时钟出现时,CPU 安全模块计数器利用减计数来启动一个 CPU 安全模块复位或者 WDINT 中断。然而,当外部输入时钟发生故障时,CPU 安全模块计数器将停止减计数(也就是说,安全模块计数器不会随着跛行模式时钟而改变)。

WDINT 信号使得安全模块可被用作一个从 IDEL/STANDY 模式的唤醒信号。在待机模式(STANDBY)中,器件上的所有外设除 CPU 安全模块外将关闭,而 CPU 安全模块将关闭 OSCCLK。WDINT 信号被馈送到 LPM 模块,以便它可以将器件从待机模式中(STANDBY)唤醒(如果已使能)。在空闲模式(IDLE)中,WDINT 信

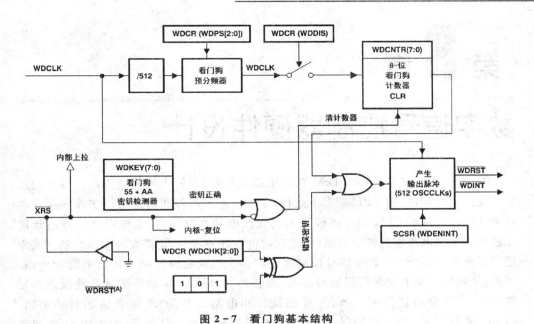

图 2-7　看门狗基本结构

号可通过外设中断扩展（PIE）来生成一个到 CPU 的中断，使 CPU 从 IDEL 模式中唤醒。在暂停模式（HALT）中，CPU 安全模块可用于通过一个器件复位来唤醒器件。

第 **3** 章

数字信号控制器硬件设计

　　28xx 和 28xxx 是 C2000 DSC 系列中的成员,用于嵌入式控制应用。目前的产品在高达 150 MHz 的 CPU 频率下运行,未来此系列的控制器还可以工作在更高的频率。这些器件的 CPU 频率已经进入到无线电频率范围,使系统设计师在设计阶段就必须考虑电路板的调试问题,即使在硬件设计完成后,也需要一个系统的方法来进行系统调试。28xxx 数字信号控制器包含多个以高超时钟频率运行的复杂外设。例如:片内的采集低频率模拟信号的模/数转换器 ADC。本章将按照系统级进行硬件设计,主要介绍器件的选择、原理图设计和电路板布局,将涉及诸如时钟电路、JTAG 接头、外部器件、电源供电干扰、ADC 模拟输入通道的处理、通用输入/输出口 GPIO 的连接、器件布局、测试和调试、电磁干扰(EMI)、电磁兼容性(EMC)和热设计的考虑等问题。

　　目前的数字信号控制器(DSC)已具有高性能的中央处理单元(CPU)和先进的集成高速外设。通过 CMOS 工艺大大地降低了 DSC 功耗。这些进步增加了 DSC 板设计的复杂程度和挑战性:电路板走线可以成为传送线,悬空未使用的器件引脚会消耗不必要的功率,不同的内核电源和输入/输出 I/O 电源需要电源管理技术。

　　典型的系统和挑战:典型的 C2000 的控制或数据采集系统如图 3-1 所示。系统由电池供电、电源管理电路、复位/时钟发生器、信号调理电路、脉冲宽度调制 PWM 输出的驱动电路、用户界面、串行通信接口、外部存储器或外部扩展并行接口 XINTF 或 I²C 串行 Flash 存储器以及其他辅助电路构成。

　　28xx/28xxx 器件包括多种片内外设模块。虽然这些外设模块扩展了外部接口,并可针对性地满足不同要求的系统级应用,但设计硬件去操作所有外部器件和动态稳定控制系统,实现最高等级的可靠性还是具有挑战性的。因此,设计定制一块电路板应作为一种尝试,这也是一次真正的挑战。

　　随着 CPU 的频率提高至 150 MHz,增加了一些功能模块,片内功能模块将工作在不同频率。如果在原理图和布局设计中没有适当的考虑,任何超过 10 MHz 的信号都有很强的对外辐射干扰,会干扰在同一个电路板上弱的模拟信号。在电路板整体设计之前应当考虑电磁干扰 EMI/电磁兼容 EMC 和电气噪音问题。

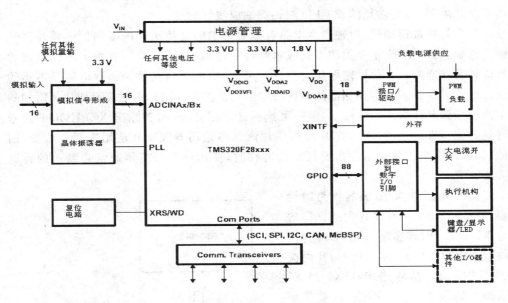

图 3-1 典型 28xx/28xxx 系统

3.1 时钟和振荡器电路

以下将介绍整个系统设计中相关的每个组成电路部分的设计细节和注意事项。

时钟电路：28x 系列器件为产生时钟提供了两种选择：利用片内晶体振荡器或外部时钟输入到 XCLKIN 引脚，如图 3-2 所示。基本的输入时钟频率（使用片内振荡器）是在 20～35 MHz 的范围之内。片内锁相环 PLL 可以在线编程设置为时钟系统提供的多种时钟频率。外部时钟频率从 CLKIN 引脚可以输入与系统时钟一样高的频率 SYSCLKOUT；而 CPU 可以工作的频率范围更宽，所有外设的时钟信号均可采用从 CPU 产生的时钟。

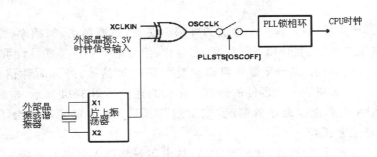

图 3-2 时钟输入框图

在一般情况下，可以选择最高频率时钟信号，以达到最快的执行速度；只是有可能受功耗限制,因为功耗随着 CPU 时钟频率成线性增长。

片内与外部振荡器:时钟产生电路首先要考虑的是使用片内振荡器还是外部时钟。这种选择的一个主要关注点是成本和可靠性,一个晶体和一些相关组件组成的片内振荡器通常比外部振荡器便宜并且更可靠,使用片内晶体振荡器电路是不错的选择。除非在系统中需要相同的时钟提供给其他器件使用。不建议增加任何附加的电路连接到晶体振荡器电路上,唯一可选择是使用 28xx 时钟输出 XCLKOUT 信号送到其他器件。然而,DSC 芯片使用的片内晶体振荡器频率在应用中经常改变,因此,如果系统中的其他器件需要固定的时钟时,使用外部振荡器通常是简单的首选方法。

使用外部晶体/谐振器作为时钟源:28xx/28xxx 所有芯片内的振荡器与 X1 和 X2 引脚连接。X1 引脚为内核数字电源 VDD。X2 引脚为片内振荡器的输出。晶体连接在 X1 和 X2 引脚。如果 X2 引脚不使用,就必须处于断开状态。图 3-3 图示了外部晶体与片内振荡器的连接方式,晶体的负载电容与晶体是需要匹配的,负载电容由两个外部电容器 C1 和 C2 组成,外部时钟模式控制片内振荡器使能/禁止。当使用片内振荡器时,选择时钟模式使能片内振荡器。

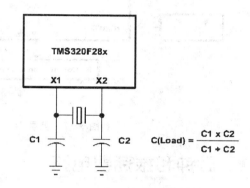

图 3-3 典型的晶体振荡器电路

负载电容 C1 和 C2 以构成晶体电路中负载电容正确与否作为晶体振荡器稳定运行的重要条件。晶体振荡器可以匹配为各种负载电容值,过高或过低的负载电容值会使片内振荡器无法启动和可靠地运行。建议选择一个基本的并行谐振型晶体振荡器,它的负载电容约为 12 pF,其等效交流电阻 ESR 约为 30～60 Ω。C1 和 C2 的实际离散值一般可达 5 pF,由于 PCB 走线和 DSC 输入引脚的寄生电容,因此电路板布局和布线非常重要。

使用外部振荡器:要选择一个合适的外部振荡器,需要考虑,如频率、稳定性、老化的规格、电压灵敏度、上升和下降时间、占空比、信号电平等。某些设计可能还要考虑时钟抖动问题。只有 28xxx 器件可以接受外部时钟信号,外部时钟信号应介于 0～V_{DD} 之间。280x 和 28xxx 器件的外部振荡器的连接如图 3-4 所示,应特别注意,X1 或 XCLKIN 引脚连接到地的情况,如果断开,CLKOUT 的频率将会不正确,和 DSC 可能无法正常工作。

输入时钟损失-跛行模式:锁相环 PLL 等出问题将进入时钟跛行模式。此时该时钟跛行模式会继续为 CPU 和外设提供 1～5 MHz 的时钟。看门狗计数器停止计数与输入时钟故障状态并不会改变时钟跛行模式;但应用程序可以检测时钟故障等

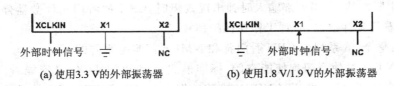

(a) 使用3.3 V的外部振荡器　　　　　(b) 使用1.8 V/1.9 V的外部振荡器

图 3-4　连接外部振荡器

问题,并在必要时关闭正在运行的程序。

XCLKOUT:从系统时钟 SYSCLKOUT 得到的输出时钟信号,可以作为一个通用时钟 XCLKOUT 源,可用于外部等待状态等。也作为检查 CPU 时钟频率的一个测试点,并确保 PLL 是否工作正常。复位时,XCLKOUT=SYSCLKOUT/4,也可以设置为与系统时钟 SYSCLKOUT 相同。在复位信号有效时激活 XCLKOUT。当复位信号为低时,XCLKOUT 应为 SYSCLKOUT/4,在调试时可以监视此信号来检测器件的时钟。在 XCLKOUT 引脚上有片内上拉电阻或下拉电阻。该引脚的驱动能力为 8 mA。如果不使用 XCLKOUT,可以通过设置配置寄存器(XINTCNF2)的位 CLKOFF=1 来关闭,该引脚为 CMOS 输出。

3.2　复位和看门狗电路

XRS 引脚为器件复位输入和看门狗复位输出信号的通道。复位脉冲宽度为 8 个振荡器时钟 OSCCLK 周期。为了确保 Flash 可靠性,在 V_{DD} 达到 1.5 V 前,复位脉冲宽度应更宽一些,振荡器启动会延时 10 ms。为了更好地复位所有器件,希望延迟时间超过 100 ms。

在掉电而电源重新达到 1.5 V 前,XRS 引脚必须拉低至少 8 ms,以保证 Flash 可靠性。

每当 8 位数的看门狗计数器达到它的最大值时,看门狗模块会产生一个 512 个振荡时钟周期的输出脉冲。WDRST 信号输出将复位 XRS 引脚。此引脚的输出缓冲器是一个漏极开路电路,接有片内上拉电阻(典型值 100 μA),建议采用漏极开路器件驱动此引脚。图 2-7 显示了看门狗模块的基本结构框图。

对于 XRS 引脚,经常采用简单的 RC 构成复位电路,采用 CM1215 ESD 保护二极管则更好。

CPU 看门狗模块:280xx 器件的 CPU 看门狗模块类似于 281x/280x/283xx 器件使用的一样。当 8 位数计数器的看门狗达到最大值,此模块将产生一个 512 个振荡周期(OSCCLK)的输出脉冲。为了避免产生不必要的复位,,用户必须定期采用正确的时序向看门狗复位密钥寄存器写入数据 0xAA0x55 复位看门狗计数器。图 2-7 展示了看门狗模块的功能模块。

通常情况下,CPU 的看门狗计数器减为零将启动 CPU 的看门狗复位或

WDINT 中断。然而,当外部输入时钟出现故障时,CPU 的看门狗计数器停止计数,即不改变看门狗计数器,时钟工作在保护模式。

注意:整个 28 系列中 CPU 看门狗和 NMI 看门狗是不同的。

WDINT 信号使看门狗使能空闲/标准模式。该 WDINT 信号使能看门狗等同于一个从空闲/待机模式 STANDBY 唤醒动作。在待机模式下,所有外设除 CPU 的看门狗在工作外都关闭。在空闲模式下,WDINT 信号可以向 CPU 产生一个中断;通过外设中断扩展(PIE)模块,可使 CPU 退出空闲模式。在暂停模式(HALT)下,CPU 的看门狗通过器件复位方式可将器件唤醒。

输入时钟丢失检测模块(不可屏蔽中断的看门狗功能):280xx 器件可以有以下 3 种方式提供时钟:内部振荡器 INTOSC1/INTOSC2、片内晶振和外部时钟源。不管时钟源是工作在 PLL 模式下,还是工作在 PLL 旁路模式下,当输入锁相环 PLL 的时钟丢失,PLL 便会在它的输出端输出一个紊乱时钟,并且这个紊乱时钟将继续提供给 CPU 和外设作为时钟,该时钟的典型频率为 1~5 MHz。

当工作于紊乱情况时,将会产生一个 CLOCKFAIL 信号引起一个非屏蔽中断。是立即产生一个复位信号,还是非屏蔽中断 NMI 看门狗计数器溢出时产生一个复位信号,则取决于非屏蔽中断复位选择位 NMIRESETSEL 的设置,另外,还需设置丢失时钟状态位 MCLKSTS。非屏蔽中断可以用于检测输入时钟的丢失和进行必要的改善作用,比如:转换成备用的时钟源、为系统启动一个关闭程序。

如果软件程序中没有对时钟丢失条件进行回应,则程序在执行一定的时间间隔后会产生一个 NMI 看门狗触发复位信号。图 3-5 显示了相关的中断架构。

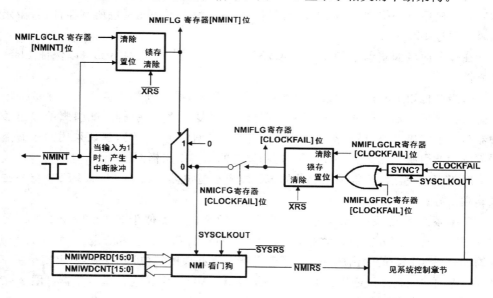

图 3-5　NMI-看门狗

3.3　仿真器接口电路

在 2802x 器件上仿真器接口电路采用 JTAG 接口，JTAG 接口减少为 5 个引脚：TRST、TCK、TDI、TMS、TDO。TCK、TDI、TMS 和 TDO 引脚也可以做 GPIO 引脚使用。在图 3-6 中 TRST 信号为引脚选择 JTAG 或者 GPIO 运行模式。在仿真/调试期间，这些引脚的 GPIO 功能不可用。如果 GPIO38/TCK/XCLKIN 引脚用于提供一个外部时钟，则一个替代的内部时钟源应该用于在仿真/调试期间为器件计时，这是因为 TCK 功能需要此引脚。

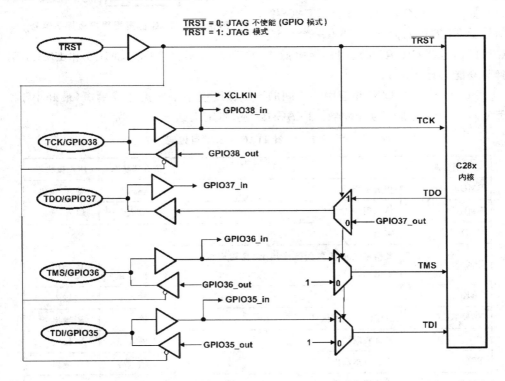

图 3-6　JTAG/GPIO 多功能复用方框图

由于 2802x 器件中 JTAG 引脚也可为 GPIO 引脚使用，因此在电路板设计时应注意，以确保连接到这些引脚的电路不会影响 JTAG 引脚功能的仿真能力。任何连接到这些引脚的电路都不应影响仿真器驱动 JTAG 引脚（或者被 JTAG 引脚驱动）成功地进行调试。

实时的 JTAG 和分析：器件遵循 IEEE 1149.1 JTAG 标准，是基于内部电路的调试接口。另外，该器件支持实时操作模式，在此模式下，即便控制器在运行及执行代码和中断的状态下也允许修改内存、外设和寄存器的内容。该器件可在 CPU 的硬件上执行实时模式,这是 C28x 系列器件的特性,不需要软件监督程序。另外,C28x 提供专门的硬件分析。当匹配出现时,它能设置硬件断点或者数据、地址观测点并且能够产生多种用户可选择的断点。该系列不支持边界扫描。

JTAG 仿真器接头信号:对于用户板级的调试接口,所有 28xx/28xxx 器件使用标准的 JTAG 接头信号 TRST、TCK、TMS、TDI 和 TDO 以及 TI 扩展信号的 EMU0、EMU1。图 3-7 给出了 JTAG 接头引脚的定义。

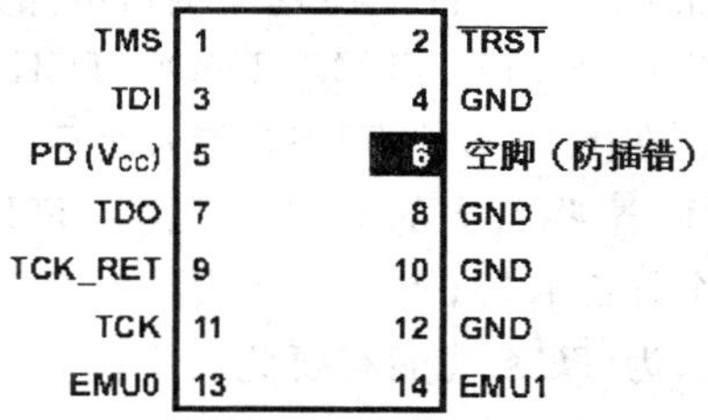

TMS	1	2	TRST
TDI	3	4	GND
PD (V_{CC})	5	6	空脚(防插错)
TDO	7	8	GND
TCK_RET	9	10	GND
TCK	11	12	GND
EMU0	13	14	EMU1

图 3-7 JTAG 仿真器用户板接头信号

如图 3-7 所示,除了 5 个 JTAG 接头信号及 TI 的扩展信号外,还有一个测试时钟返回信号(TCK_RET)、用户板电源 VCC 和地 GND。TDO、EMU0 和 EMU1 引脚驱动能力是 8 mA。

JTAG 接头到 DSC 相应引脚之间的连线长度应小于 6 英寸或更短(最好小于 2 英寸),否则应增加信号缓冲器。JTAG 接头引脚定义如表 3-1 所列。

表 3-1 14 针 JTAG 接头信号说明

引　脚	说　明	仿真器状态	用户板状态
EMU0	仿真引脚 0	输入	输入/输出
EMU1	仿真引脚 1	输入	输入/输出
GND	接地	输入	
PD(VCC)	此信号表示仿真器已连接上,且用户板已经上电	输出	输出
TCK	测试信号	输入	输入
TCK_RET	测试时钟返回信号	输出	输出
TDI	测试数据输入	输入	输入
TDO	测试数据输出	输入	输出
TMS	测试模式选择	输出	输入
TRST	测试复位	输出	输出

图 3-8 图示了 DSC 和 JTAG 接头之间的单 CPU 配置连接。如果 JTAG 接头和 DSC 之间的距离大于 6 英寸,那么仿真信号必须缓冲。如果距离小于 6 英寸,通常可以无需缓冲。由于 2802x 器件无 EMU0/EMU1 引脚。接头上的 EMU0/EMU1 引脚必须通过一个典型值为 4.7 kΩ 的电阻连接至 VDDIO。

需要特别注意的 JTAG 接头和 EMU 引脚:无论是否打算使用 JTAG 接头,需要确保系统在现场运行时这些信号不被干扰。特别注意 TRST 引脚,这是 JTAG 接头

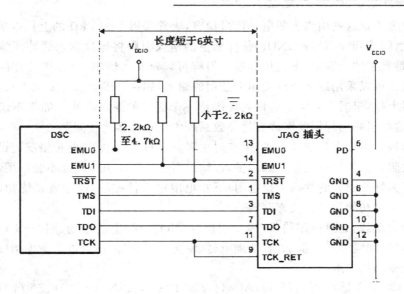

图 3-8　无信号缓冲的仿真器连接

的复位引脚。TRST 引脚驱动为高电平时,进入仿真器的操作控制。该引脚具有片内下拉,但是片内下拉不是很强。在嘈杂电噪声环境中,此引脚可能接收到强大的噪声信号,使装置进入测试模式。因此建议增加一个外部下拉电阻,通常使用 2.2 kΩ 的电阻。

　　电噪声始终存在。例如:驱动稍大的负载上就会产生一个电源电压的尖峰干扰。I/O 口和内核电源可能存在纹波噪声,电路板布局不佳也会引起噪声。TRST 引脚接收到了电压尖峰,将会使器件进入测试模式,它看起来就像突然在 DSC 运行时悬挂了应用程序。为了避免此种情况,应注意 TRST 引脚的处理。类似 TRST 引脚、EMU0 和 EMU1 引脚上的抗干扰也应注意处理。推荐这些引脚上使用 2.2~4.7 kΩ 的上拉电阻,可以确保不会加载调试器。如果存在更高的噪声,TRST 引脚上的电阻值还可进一步降低。也可增加旁路电容(0.01 μF)到 JTAG 接头信号上,包括 TRST、EMU0 和 EMU1。

3.4　中断、通用输入输出引脚和片内外设的外部电路设计

　　通用输入输出 GPIO 引脚:由于 GPIO 引脚可以两个或多个信号复用,可用于数字 I/O 和其他功能。GPIO 引脚输出缓冲器的驱动能力(灌电流/拉电流)通常为 4 mA。通用输入输出引脚 GPIO 引脚的最大切换频率为 25 MHz。

　　通用输入输出引脚 GPIO 引脚复位状态为输入。由于 28x 系列器件均采用 CMOS 技术,无论为输出、悬空或输入,都必须满足 CMOS 输入或输出应用的一些保

护规则。为了让这些引脚上的电平信号稳定,通常采用1～10 kΩ 的上拉电阻或下拉电阻,将引脚接到 VCC 或 GND。任何悬空的输入引脚将导致输入缓冲区流过较大电流,这是有害的。通常,不使用的输入引脚可以定义为输出,以减少芯片的功率损耗和发热。可以采用以下方法关闭未使用的输入:如果有多个输入要求上拉,可以用一个电阻上拉,只要电阻值足够低到能维持一个固定的逻辑电平。如果不能保证上拉有效,这些引脚的逻辑状态改变将导致系统中出现许多严重问题。

通常输入引脚上拉成高电平,但有时也需要下拉为低电平,此种情况应设置独立的下拉电阻。如果能确定某个通用输入/输出引脚 GPIO 引脚永远不会使用,则把它拉到"地"为好。引脚的片内上拉电阻/下拉电阻由软件控制,应注意系统初始化,并确保软件正确初始化了相关寄存器。

驱动大负载:如果通用输入/输出引脚(GPIO)引脚上的驱动超过±4 mA 的负载,则需要增加缓冲器。例如:直流继电器、发光二极管等,还可以考虑采用以下器件进行电流驱动的扩展:

- ±24 mA 输出驱动:SN54AC241、SN74AC241、SN54AC241、SN74AC241 八路缓冲器/驱动器/三态输出;
- 高电压,大电流负载:ULN2xxx 晶体管(50 V、500 mA 典型值)、高电压大电流达林顿晶体管 SLRS027。

3.5　模拟数字转换器外接电路设计

模拟数字转换器 ADC 外设需要片内带隙基准参考电压源和少量外部器件过滤片内带隙基准参考电压源中的噪声。结构连接示意图如图 3-9 所示。

模拟数字转换器 ADC 输入引脚的驱动:ADC 的前级电路为两个每路 8 通道的采样/保持电路。每路模拟信号输入的等效电路如图 3-10 所示。Ch 是采样/保持电容,Ron 是多功能复用器的导通电阻。Cp 是 ADCIN 引脚的寄生电容。

采用运算放大器来缓冲模拟信号的输入是一个可借鉴的好方法。运算放大器将 ADC 与外部信号隔离,提供给采样电容充电的一个低阻抗信号源,运算放大器可配置为单位增益跟随器或电平转换器,它提供低/稳定的输出阻抗,并可以保护 ADC 的输入端。图 3-11 图示了常用的 ADC 驱动器低频信号的电路。

外部 Rin 和 Cin 形成一阶低通滤波器。最佳电容值是 20～30 pF 的范围($C_{in} \geqslant 10 \times C_{SH}$)及电阻值的选择应满足速度和带宽的要求,一般不超过 100 Ω。

Vps 是前一次的采样值。实际应用中,如果要重复采样,它会接近前一次的采样值。Rsw 是多路选择器上的电阻。在采样时,S1 闭合、S2 断开,采样电容 C_{SH}(1.64 pF)充电,由 ADC 时钟的 ACQ_PS 控制。电容器按下式充电:

$$Vc(t) = Vin \times (1 - e^t)$$

对于由 Rsw 和 Csh 组成的片内 RC 电路,设定时间为 9 ns,比外部 RC 电路时间

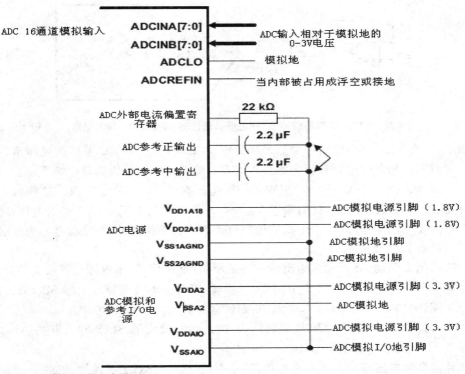

注意：(1) 低 ESR 的电容器；

(2) 外部去耦电容连接在所有电源引脚；

(3) 模拟输入引脚必须用不降低 ADC 性能的放大器驱动。为了确保正常工作，相关器件应该尽量放置在接近各自的引脚旁。

图 3 - 9　280XX ADC 引脚连接

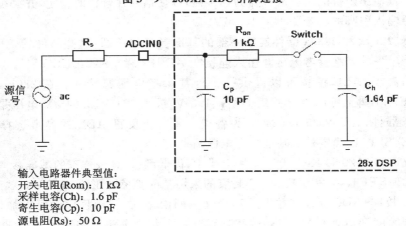

输入电路器件典型值：
开关电阻(Rom)：1 kΩ
采样电容(Ch)：1.6 pF
寄生电容(Cp)：10 pF
源电阻(Rs)：50 Ω

图 3 - 10　模拟输入通道的阻抗等效电路

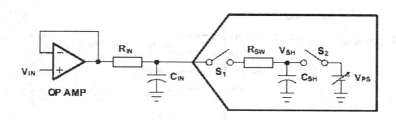

图 3－11　典型的缓冲器(一阶低通滤波器)驱动 ADC 输入电路

常数小,比在 12.5 MSPS 时的最低采样脉宽 40 ns 窄。计算 RC 电路的时间常数时还要考虑附加的跟踪电容和引脚的寄生电容。降低采样频率以满足系统要求。

必须保证模拟输入 ADCIN 引脚的输入电压在 0～3 V 的范围内。这些模拟信号首先通过多功能复用器,任何高于 $V_{DD}+0.3$ V 或者低于 $V_{ss}-0.3$ V 的电压,将会使多功能复用器工作异常,并干扰其他通道。为了得到精确的值,采样电容充电必须达到最低有效位(LSB)。

建议用来驱动 ADC 输入电路的一些低噪声/低偏移量,单电源运算放大器有:
- OPA4376－OPA376 高分辨率、低噪音、低静态电流运算放大器 SBOS406;
- OPA4343－OPA343 单电源、轨到轨运算放大器 SBOS090;
- TLV2474－TLV2470 轨到轨输入/输出运算放大器 SLOS232,有关 ADC 设计可参考文献 SPRAAP6。

片内参考电压源与外部参考电压源:所有的 28xx/28xxx 器件的 ADC 模块都有片内基准参考电压源。唯一考虑选用外部参考电压源的理由是温度的稳定性。片内基准参考电压源温度系数为 50 PPM/℃。如果最终产品在更宽的温度范围内有良好的 ADC 精度,则需要选择外部参考电压源以得到较低的温度系数值;同时还需要使用一个低输出阻抗的运算放大器为缓冲器,以使信号在转换时稳定,并必须确保参考电压源输入引脚的噪音要小于 100 μV。

280x、280xx 和 2833x 器件连接外部的基准参考电压源:这些器件的 ADC 模块需要一个单一的基准参考电压源输入连接在 ADCREFIN 和 ADCLO 引脚上。根据客户应用需求,ADC 模块可以提供一个外部参考电压源接入。在 280x ADC 的 ADCREFIN引脚上可以接受了 2.048 V、1.5 V,或 1.024 V、2.048 V 电压是工业标准的参考器件,1.5 V 和 1.024 V 为备选。还需要设置 ADC 的参考选择寄存器(ADCREFSEL)以确定外部基准参考电压源模式。

建议 REF3120 和 REF5020 采用低噪声,极低漂移,高分辨率的基准参考电压源 SBOS410。REF3140 为 SOT23－3 封装的采用基准参考电压源 SBVS046。

ADC 校准:ADC 存在增益误差和线性失调误差,在应用程序中可以加以修正,以提高准确度和有效位数。280x/280xx 器件最大的增益误差和线性失调误差为 ±60 LSB。较新的 2833x 器件改善到 ±15 LSB 的线性失调误差和 ±30 LSB 的增益误差。280x/280xx 和 2833x 器件都包含 ADC 偏移量微调寄存器(ADCOFFTRIM),

以校正误差；同时还提供了 ADC 采样校准 ADC_cal()子程序，并在芯片出厂前将其固化在 OTP 存储器中。引导 ROM 将自动调用 ADC_cal()该子程序来初始化 ADCREFSEL 和 ADCOFFTRIM 寄存器中的校准数据。详细内容可参阅 280x 的校准应用指南(SPRAAD8)，其中还包含了电路原理图和相关代码。

未使用的 ADC 输入引脚处理：应确保所有未使用的 ADC 输入引脚接到模拟"地"上。当这些引脚设置为输入并具有高输入阻抗时，这些引脚会接收输入噪声，从而会影响同一个多功能复用器上的其他 ADC 通道的性能。

未使用 ADC 时 ADC 的连接：如果 ADC 未使用 ADC 引脚连接应如下：

- VDD1A18/VDD2A18 连接到 VDD；
- VDDA2、VDDAIO 连接到 VDDIO；
- VSS1AGND/VSS2AGND、VSSA2、VSSAIO 连接到 VSS；
- ADCLO 连接到 VSS；
- ADCREFIN 连接到 VSS；
- ADCREFP/ADCREFM 通过 100 nF 电容器连接到 VSS；
- ADCRESEXT 通过 22 kΩ 的电阻器连接到 VSS；
- ADCINAn、ADCINBn 连接到 VSS。

当不使用 ADC，可以关闭 ADC 模块的时钟以省电。

3.6　脉宽调制、捕获、增强型正交编码接口电路设计

280xx/28xxx 的事件管理 ePWM、eCAP 和增强型正交编码 eQEP 模块为产生 PWM 脉冲信号而设计。如前所述，通过多功能复用寄存器(GPxMUX)设置相应的 GPIO 引脚。目前大部分 28x 系列器件的引脚的驱动能力灌电流/拉电流是 ±4 mA，需要添加一个适当的功率驱动电路以加强带负载的能力。当这些引脚不提供 PWM 输出时，应重置这些 GPIO 引脚为输入并使能片内上拉电阻。通常情况下，不需用任何外部的上拉/下拉电阻。

3.7　串行通信(I^2C、SPI、SCI 和 CAN)接口电路设计

I^2C 接口和串行外设接口 SPI 是板上连接方式，主要应用于同一块板上多个器件之间的连接。通常器件上的这些信号引脚都直接连接，不用增加驱动芯片；应根据信号使用的频率注意驱动能力和连线长度。I^2C 的 SCLA 和 SDAA 引脚连接时必须使用 5 kΩ 上拉电阻。

串行通信接口 SCI 和控制器区域网络 CAN 接口用于不同电路板和不同安装地方的设备之间的通信，它们的控制器上可能运行的系统不同。这些接口需要专门的收发器转换成其连接所需的电信号，单端的 RS - 232、RS422/RS485 信号、差分的

CAN 信号,电平能够与其他接口器件的电平匹配。

典型的 CAN/RS-232 收发器示意图如图 3-12 和图 3-13 所示。

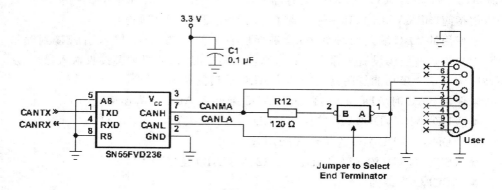

图 3-12　典型的 CAN 收发器示意图

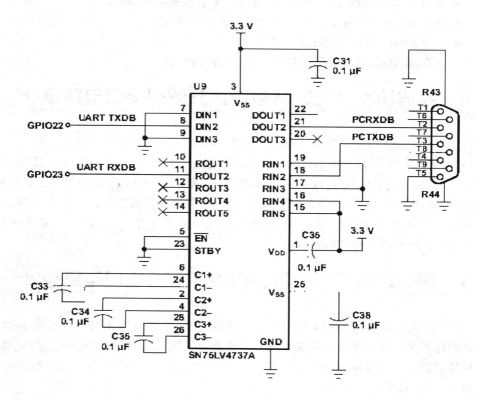

图 3-13　典型的 RS-232 收发器示意图

3.8　电源设计

28xx/28xxx 器件有多个电源引脚,包括:

- CPU 内核电源 V_{DD};
- I/O 电源 V_{DDIO};
- ADC 模拟电源引脚 V_{DDA2}、V_{DDAIO};
- ADC 核供应 V_{DD1A18}、V_{DD2A18}——用于 280x/280xx;
- Flash 的编程电压 V_{DD3VFL};
- 电源地 V_{SS}、V_{SSIO};
- ADC 模拟地 V_{SSA2}、V_{SSAIO};
- ADC 模拟/内核地 $V_{SS1AGND}$、$V_{DD2AGND}$。

所有器件具有为内核、I/O、ADC/模拟供电的多个供电引脚,为了正常运行,所有的电源引脚都必须正确连接到适当的供电电压,不要漏掉电源引脚连接。I/O 的引脚电平为 3.3 V,内核供电电压为 1.8 V 或 1.9 V,而 Flash 编程供电引脚必须连接至 3.3 V 电源。

数字 I/O 和模拟 3.3 V 电源: 模拟供电电源上的任何噪声都将大大降低转换器的性能,导致不准确、不稳定的转换值。为了使 A/D 转换器正常工作,模拟电源上的噪声要控制到最小值。开关 CMOS 电路时,将吸引较大的电源电流,因此数字电源上的噪声很大,所以必须将数字电源与模拟电源分开处理,才能保证模拟电源上的噪声较小。当一个连接点上的电平切换时,与该连接点连接的电容会进行充电或放电,供电电源必须为电容充电或放电提供电流,这种动态电路是引起电路中的主要噪声,而静态电路消耗电流较小。动态电路的电流消耗导致了电源上的大量噪声。如果模拟电路采用干扰较大的电源供电,性能将显著下降。例如:即使 ADC 的输入电压保持不变,从模/数转换器转换结果会跳动很大。为避免数字供电电源的噪声影响,有必要使用一个独立的模拟电源对 ADC 供电,如图 3-14 所示。通常运算放大器,比较器等也需要单独的模拟电源供电。

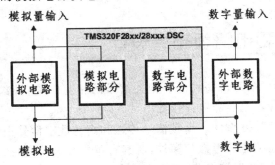

图 3-14　独立的数字电源和模拟电源

从数字电源中产生模拟电源：对于大部分应用，模拟电路消耗的电流较之数字电路小，一个可以为两部分提供足够电流的电压调整器可以满足要求。但是，需要将噪声较大的数字电源与模拟电源隔离。得到数字供电电源的最简单方式是使用无源器件，如用电感器来过滤掉噪声。该电感器设计为低通滤波器，让直流通过，抑制较高频率的噪声。使用铁氧体磁珠比选用标准电感更好，铁氧体磁珠寄生电容较小可以忽略。铁氧体磁珠的电气特性类似于电感，具有低直流电阻 DCR<0.1 Ω，以保证最低的数字电压压降。在噪声环境中，另一种选择是将模拟电源电压调节器和数字电源电压调节器分开。在使用模拟电源电压调节器和数字电源电压调节器分开的情况下，要特别注意数字电源地和模拟电源地的连接，因为接"地"不良会将噪声从数字电路传递到模拟电路。

在上述两种供电方式中，要注意电压调节器的补偿。许多电压调节器有足够的自动调节补偿功力，要确保使用的开关频率信号经过电压调节器后有较大的衰减。

供电上电顺序：280xx 不需要满足此上电顺序，该系列器件只有单一的 3.3 V 供电，由内部电压调节器提供内核电压，自动满足上电的顺序要求。在器件上电前，建议输入到输入引脚的电压不要超过一个二极管的压降电压 0.7 V。过高的电压加在器件引脚的片内 p－n 结上会产生不可预知的后果。

选择电压调节器的功率：电压调节器的功率大小主要考虑其电流输出驱动能力，注意电压调节器在电容器上电充可能导致流过电压调节器的瞬间电流较大；此外，外设信号（如 PWM）的驱动会引起较大的电流；在 Flash 编程时会需要额外的 200 mA 电流消耗；还需要考虑所有 GPIO 输出引脚输出的电流。电路设计时一定要留够余量：总电流要大于上述电流之和，严格避免设计的电流太小。根据电压调节器两端的电压和流过的最大电流来确定电压调节器的功耗，由功耗确定散热片的散热面积大小。

当输入范围为 0～3 V 时，ADC 的分辨率是 0.732 mV，对电源噪声的敏感要求应该是相当高的。ADC 供电的较大噪声纹波将会导致 ADC 转换数值波动较大。数字电源上的噪声、PLL 的抖动也会增大电源的噪声。噪声会影响 PWM 调速精度。

与开关型电压调节器相比较，线性电压调节器（LDO）具有：噪声低、高电源噪声抑制比（PSRR）高、负载变化响应时间更快，通常为 1 ms；但是 LDO 效率较低，过载能力稍差。

3.9 原理图和电路板布局设计

在原理图设计时，应考虑每种外设相关信号的相互影响：外部电路、模拟信号调理电路、供电电源、旁路电容器和连接器等。

器件布局设计极具挑战性。高频信号传送和高速数字信号设计原理在网上有大量资料可以借鉴。除了需要考虑频率外，对其有重要影响的还有：上升/下降时间、传送延迟、特性阻抗、反射、端接电路、串音等。

此处仅限于 28x 系列的电路板布局问题。一个 PCB 板上还存在许多寄生电路：寄生电感、寄生电容和寄生电阻。在高频电路中（通常超过 10 MHz）会破坏信号的频率响应特性。DSC 周边的器件运行在不同的频率下，一个好的布线可以避免互相之间的干扰，此问题解决不好会影响项目进度和产品成本的增加。良好的布局可以尽量减少更多电磁干扰的问题，以满足所需的性能要求。

旁路电容：C2000 器件采用先进的 CMOS 技术，具有良好的高速性能且低功耗。CMOS 电路的大电流在传送时会产生电流尖峰。这些上升和下降的变化都需要过滤掉后再传送到电路的其他部分。放置在供电正极和地之间的旁路或去耦电容器用于过滤器件的这种电流尖峰干扰。28x 系列所有的电源正极引脚，每个应加一个电容并且电容应尽可能靠近该引脚，通常使用 10～100 nF 低 ESR 的陶瓷电容器。

为了精心设计，应精确计算考虑噪声的频率、浪涌电流、最大纹波电压，并可以使用公式估算：

$$C_{\text{BYPASS}} = I_{\text{SURGE}} / (2 \times \Pi \times f_{\text{NOISE}} \times V_{\text{RIPPLE}})$$

增加旁路电容到模拟电源引脚处，有助于降低模拟电路的电源噪声。

电源供电的位置：理想的情况下，电压调节器应该放置在供电电路线不太长的位置。由于 DSC 需要连接到不同的接口，应该将其处于开发板的中心位置。DSC 和电路板边缘之间是放置电压调节器的最佳位置。此外，还需要考虑电压调节器的散热问题。如果采用线性低压差 LDO 电压调节器，电压调节器的温升与它消耗的功率相关。

电源/地布置和开发板的层数：为了达到信号效果好、低干扰、低噪声等效果，良好布局的一个重要条件是采用地平面，每路数字信号都有一个通过地平面的返回路径，有必要设计一个接地平面（一个单独的电路板铜层）。如果电路板上有模拟电路或者使用了 ADC，需要单独的模拟地线或分割一块单独的模拟地平面。

类似地平面，一个单独的电源铜层也是需要的。当有各种不同的电压时，为每个电压提供单独铜层不现实，但是可以仔细地分割电源铜层。电源铜层和地铜层使供电电路的噪声和地平面的噪声降至可控范围内，简化了大功率供电问题。

时钟产生电路：对于外部振荡器，需要选择负载电容值，晶体/谐振器和相应的负载电容应放置在靠近各自的引脚。如果使用外部振荡器，应将采用尽可能短的地线连接 X1 或 XCLKIN 引脚，以避免电磁干扰。

振荡器布局建议：图 3 - 15 显示了器件的放置和振荡器布局布线。

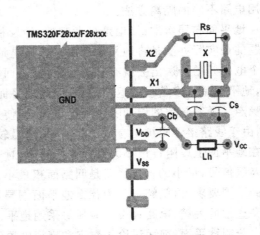

图 3 - 15　推荐的晶体振荡器布局和连线

这是一种简单的两脚直插元件的 DSC 振荡器电路,电路图中 Rs/Cs 的值有特殊要求。所有的连线都是直接连接,没使用过孔。

调试/测试注意事项:大多数设计者都使用一个调试/仿真的 JTAG 接头。JTAG 连接器必须放置在方便的地方,但到 DSC 引脚的线长度应限制在 6 英寸以内。

提供下列信号的测试点,将有助于排除故障和调试:

- XCLKOUT,此测试点应该是非常靠近器件的引脚;
- DGND,数字地连接到示波器要方便;
- AGND,模拟地;
- 3.3 V 的电压调节器的输出;
- 1.8 V/1.9 V,内核供电电压;
- ADCREFP 和 ADCREFM。

在调试系统时,增加一个跳线或者 0 Ω 电阻到想要连接或者断开的信号处。

电路板布局:一个良好的电路板布局,在原理图设计时应综合考虑零件选择、参数选择,例如:选择 DC - DC 变换器的开关频率,可以降低电噪声。

器件布局:设计中应考虑产生噪声的高速数字电路和容易被干扰的模拟电路、大电流开关器件,如:继电器、MOSFET 和 BJT 的大电流开关电路产生的非常强的噪声。设计时应考虑系统分割,将子系统和噪声敏感电路做好分割,抑制之间的电磁耦合;考虑布局、放置零件。像时钟、外部总线、串行接口和晶体振荡器回路的信号线需要特别注意;还应考虑这些信号线通过各自的地线或者地层返回回路。图 3 - 16 给出了通用电路不同的隔离方法。

图 3 - 16　分割电路的建议

地平面布局考虑:接地是最考究的,涉及板上噪声和 EMI 问题。尽量减少这些问题的最实际办法是将地平面分割。什么是地平面噪声呢?如前所述,每个信号从一个电路开始传送出去就有其返回路径,返回路径经过地线在地平面上就会流过电流,地平面是许多信号的返回路径,因此地平面上流过的电流会相互干扰,形成地平面噪声。随着频率的增加噪声干扰更强,即使是简单但大电流的开关器件,如:继电器,由于线路接地阻抗上有电压降,开关边沿较陡,会产生较大的辐射干扰。返回路径在地平面上以阻抗最小为路径选择原则:对于直流信号的最小阻抗线路是直线;对于高频信号,最小的阻抗线路是回路面积最小。地平面可以满足直流信号和高频信号的不同要求,这就解释了为什么地平面铜层可以简化噪声问题。地平面是确保信号完整性的关键,电路板设计时最好采用地平面。

分割地平面:前面讨论了数字和模拟电源的隔离问题,尽量避免数字返回的信号通道经过模拟区域和模拟地。因此,必须分割地平面让所有的数字信号在其各自的

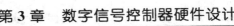

地线返回。地平面的分割需格外小心，许多设计人员利用一个单一的（共同）电压调节器来产生同样幅值的一个数字和模拟电源，如：提供 3.3 V，这时不可取的。需要隔离的模拟电源和数字电源应有各自的地线。在隔离地时需特别小心两个地在哪个地方短接。图 3 – 17 提供了一个方法。

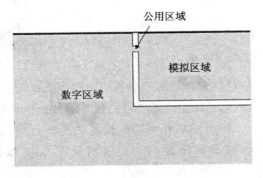

图 3 – 17　数字和模拟区域和公用区域

在设计中，需要考虑器件的布局以决定公共点位置，不要添加任何电感或电阻在地线上。电感与高频相关，会引起阻抗增加，从而引起高频的电压降。即便可以使线路更短，也不要将数字信号布线到模拟信号区域。特别是高频数字信号产生的噪声会导致 ADC 的误差增加。如果设计有不同的数字地平面层和模拟地平面层，不要将模拟地和数字地重叠，重叠后会因为平面间的分布电容而产生耦合，从而干扰到模拟地；可以将数字电路电源层与数字电路地平面层重叠，重叠后会因为平面间的分布电容而产生耦合而滤除高频干扰信号；可以将模拟电路电源层与模拟电路地平面层重叠，重叠后会因为平面间的分布电容而产生耦合从而滤除高频干扰信号。

处理双层板：如果考虑四层电路板的成本较贵，改为双层板。设计时需要使用星型地平面，所有信号在一个单点接地，接地点一般放在电源处，目的是所有信号尽量没有公共路径通过，以防止信号通过地线串扰。通常只能采用手动布线，可以做到这一点。必须尽一切努力，降低信号间的耦合噪声。使用铺地可以提供尽可能多的地平面区域。避免高频信号的输出路径和返回路径包围的面积较大，较大面积会耦合较强的电磁干扰噪声。将大电流返回通道与小电流返回通道隔离，将高速信号（如时钟信号）和低速信号或者模拟信号隔离也很重要。

通道、通孔和其他 PCB 器件：直角走线会导致更多的辐射和尖端放电现象。避免直角转弯，采用两个 45 度角转弯和圆弧转弯走线为好。为了尽量减少阻抗的变化，走线最好采用圆弧形状，如图 3 – 18 所示。

为了减少串扰，同一层的两个信号走线应该成直角相交，相邻层之间两个信号之间也要成直角相交。必须小心使用过孔，过孔会增加额外的电感和电容，过孔也会改变线路的阻抗特性，阻抗特性的改变会导致信号传送发生改变。当差分信号的两条线路走线时，使用过孔或者其他对称需要，应保证线路引起的时间延时相同。

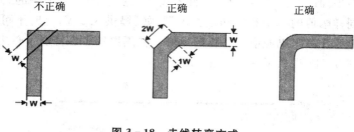

图 3 - 18　走线转弯方式

散热设计：根据最终应用设计和运行情况，I_{DD} 和 I_{DDIO} 电流应该不同。最终产品中超过建议最大功率耗散的系统也许需要增强额外的散热。环境温度 T_A 随着最终应用和产品设计而变化。影响可靠性和功能性的关键参数是 T_J 结温，而非环境温度。因此，应该保证 T_J 在额定限值内。应该测量 $T_{外壳温度}$ 以估计运行结温 T_J。$T_{外壳温度}$ 通常在封装顶部表面的中央进行测量。

3.10　电磁干扰、电磁兼容性和静电放电

电磁干扰（EMI）、电磁兼容性（EMC）和静电放电（ESD）对所有系统和电路板的设计都很重要。尽管其理论好理解，但是每块主板和系统都有自己的特点，与印刷电路板和组件相关因素很多，EMI/EMC 和 ESD 是最难设计的问题之一。

电磁干扰/电磁兼容：这里不去考虑电磁理论或者解释采用不同技术减小影响的原因，只讨论适用于 CMOS 电路的解决办法。电磁干扰是无线电能量随着电子器件的工作产生的干扰。电磁能量可以由器件本身或附近的其他器件产生。研究系统的EMC，可以测试系统在由周围器件产生的各种各样未预料到的电磁干扰环境中是否能可靠工作的能力。

电磁噪声或干扰主要通过传导和辐射两种方式传播。

系统的电磁干扰（EMI）源包括 PCB 布板、连接器、电缆等，印刷电路板 PCB 中是高频噪声辐射的主要来源。PCB 走线在高频和快速开关的情况下可以形成天线，会辐射电磁能量。例如：一个信号与相应的地平面包围的面积足够大时，便可形成环形天线。

电磁辐射的主要来源：线路上的数字信号传播、电流回路的环路面积、电源滤波或去耦电路、输电线路的影响以及缺少电源层和地层，快速切换的时钟信号，高速的外部总线信号，用于控制和开关电源的脉宽调制 PWM 信号。

电源是另一种 EMI 的主要来源。射频信号可以从板子的一部分传播到另一块板子构成电磁干扰。开关电源频率很高电流电压变化较大，是辐射能量的主要来源，是导致 EMI 测试失败的罪魁祸首，是工程应用的一大难题。

抑制 EMI 方法：每个电路板或系统都不相同，在 EMI/EMC 问题上，有自己的特

殊解决方案。但是一般情况下,减少不必要的电磁干扰产生需要共同遵守的准则如下:

(1) 使用多个不同容量和适当的电源去耦电容技术。容值不一样的电容器具有不同的谐振频率,其滤波效果和滤波频段也不同。

(2) 提供足够的供电电源滤波电容器。这些电容器和去耦电容器应具有低的等效串联电感(ESL)。有公司声称的三端电容器(NFM 系列)在大于 20 MHz 的频率的阻抗比其他类型的更低,是一个不错的选择。

(3) 如果有足够的布线层,最好方法是创建地层。用过孔连接这些地层,过孔位置尽量靠近器件。

(4) 高频信号(地址线,时钟信号,串行接口引线等)通常连接 CMOS 电路的输入端,输入阻抗大于 100 kΩ 其并联输入电容为 10 pF。为这样的负载充电/放电会导致较高的电流尖峰干扰。一种解决办法是串联一个约 50 Ω 的可调电阻,并微调电阻以保证最佳的信号完整性。按照分布参数的传送线理论,如果总的输出电阻比线路阻抗小,它对信号传送不影响。一般情况下,只是降低了信号的上升时间,如果上升时间不重要,可以串联一个电阻,串联电阻是一个低成本的解决方法。

(5) 通常的 PWM 信号驱动 3 相桥开通和关闭会导致很强的电流尖峰干扰。与非对称 PWM 相比,对称的 PWM 降低了 EMI,du/dt 和 di/dt 降约 66%。空间矢量 PWM 是对称 PWM。不过,在一个 PWM 周期只有两个开关器件切换,相对于不对称 PWM,空间矢量 PWM 的开关损耗以及 EMI 辐射降低了 30%,PWM 的调制方式也是减少干扰的研究热点。

(6) 尽可能使电流回路面积小。添加尽可能多的去耦电容器,减少电流回路的环路面积。

(7) 使高速信号远离其他信号,尤其是远离输入和输出端口或连接器。

(8) 为模拟电路使用隔离地层时,应使用电流返回原则去考虑地线的连接方式。

(9) 通过铁氧体磁珠隔离,在地线连接中避免使用铁氧体磁珠。铁氧体磁珠具有较高的高频阻抗,会引起地平面上较大的电位差。

(10) 为 PCB 板叠层添加尽可能多的电源和地平面。将电源和旁边的地线彼此靠近以确保低阻抗叠层或大寄生电容叠层。

(11) 在信号输入或者输出系统时添加一个 EMI 滤波器。

(12) 如果系统未通过 EMI 测试,需要追踪失败频率并查出来源。例如:假设在 300 MHz 的测试失败,但在该 PCB 板上没有运行该频率,则来源可能是一个 100 MHz信号的三次谐波。

(13) 确定出现故障的频率是共模模式或差分模式,移除所有连接在系统的线缆,如果辐射改变,则是共模干扰。如果不是,则为差模干扰。然后,找到干扰源,采用端接技术或者去耦技术,以减少辐射。如果是共模干扰,在输入和输出添加滤波器。添加一个共模抑制的电缆是有效的解决办法,但对降低 EMI 是比较昂贵方法。

静电放电(ESD)：28x 系列芯片经过了 TI 标准 ESD 测试，包括外设和接口引脚的测试。注意：28x 系列和 C28x 器件经过的测试相同，但它们对电气特性要求有区别。由于 C28x 使用 ROM 而不用 Flash 存储器，EMI/ESD 要求标准有些差异。

电源电压故障将会使器件进入一个未知状态。因此，为了得到最佳的抗噪声和 ESD 性能，一个良好的 PCB 布局布线非常重要。ESD 保护二极管可以用于 JTAG 接头引脚。确保关键电路环路面积(JTAG 插头、x1 和 x2 引脚)尽可能小。如果设计需要将引脚引出到板外，像 GPIO 引脚配置为引出到外部，则需要增加 ESD 保护器件，并特别小心设计 ESD 保护部分。

有些系统可能需要像金属样屏蔽。布线、路经等有关信息和减少 EMI/EMC 问题的 PCB 设计指南，可参阅相关文献：用于降低 EMI 的指南 SZZA009 和印刷电路板 PCB 设计电磁兼容性改良布局指南 SDYA011。

设计时需要注意的事项可以归纳为以下几点：

(1) 当使用外部振荡器时，密切关注振荡器的负载电容值。如果使用外部振荡器，器件的引线尽可能短并靠近芯片引脚。

(2) JTAG 接头：对 EMU0/EMU1 引脚使用小于 10 kΩ 的上拉电阻，TRST 引脚使用 2.2 kΩ 的上拉电阻。JTAG 接头连接器到 DSC 引脚的引线长度应在 6 英寸以内。在这些引脚增加 0.1 μF 的滤波电容将会大大减小噪声。

(3) ADC：使用提供低输出阻抗的放大器连接模拟信号源。使用适当的滤波电容连接到 ADCREF 引脚。短接所有未使用的 ADCIN 引脚到模拟地线上。如果系统需要在更宽广的工作温度范围工作，应考虑使用外部参考电压源。

(4) 电源：选择 3.3 V VDD 和 CPU 内核电压调节器具有两倍电流容量的总电流和低噪声纹波要求。对于 281x 芯片设计，密切注意电源上电和掉电顺序。如果使用 ADC，数字和模拟电源隔离以及模拟地和数字地隔离是必须的。

(5) 在每一个芯片的电源引脚上使用旁路电容器，与芯片电源引脚尽量近，并将地线就近直接连接到地平面。

(6) 放置器件时使模拟电路远离大电流开关电路。

(7) 为所有的高频信号提供最短的地平面返回路径，建议使用单独的地平面层。

(8) 设计原理图和布局需要考虑 EMI/EMC 的基本规则。

第 **4** 章

控制律加速器函数库应用快速入门

控制律加速器(CLA)是一个独立的、可编程的 32 位浮点数运算控制器,它给 C28x 系列带来了并行运算控制的能力。对时间要求严格的控制环节,由控制律加速器处理,可以实现降低 ADC 采样到输出的延迟,因此,控制律加速器支持更快的系统响应速度以及更高频率的控制。使用控制律加速器以满足严格控制时序的要求,而主 CPU 能自由地执行其他任务,比如通信和故障诊断处理。

4.1 控制律加速器概述

控制律加速器(CLA)是一个单精度的 32 位浮点型单元,可以通过增加并行控制器的方式来扩展 C28x 系列 CPU 的控制能力。控制律加速器有它自己的总线架构、捕获机制以及流水线架构的独立控制器。

C28x 系列芯片控制律加速器带有 8 个可以单独处理的任务,可以通过软件或者 ADC、ePWM、定时器 0 等外设启动每一个任务,当一个任务结束时,会有一个非屏蔽中断 PIE 告知主 CPU,同时,控制律加速器会自动地执行下一个最高优先级的任务。控制律加速器还可以直接访问 ADC 结果寄存器、ePWM 寄存器和高分辨率增强型脉宽调制(HRPWM)寄存器;专用的信息 RAM 用于 CPU 和控制律加速器 CLA 之间的数据交换。

TI 公司推出的控制律加速器 CLA math 函数库是经过优化的浮点数学函数集,适用于 C28x 控制律加速器;并提供了所有源代码,以方便用户能够根据自己的使用要求进行修改。

控制律加速器释放了主 CPU,减轻了主 CPU 的负担,让主 CPU 执行其他系统和通信任务。

控制律加速器的主要功能如下:

- 以与主 CPU 主频相同的系统时钟频率 SYSCLKOUT 运行
- 一个独立的架构允许控制律加速器算法执行时独立于主 CPU
  - 完整的总线架构
    - ➢ 程序地址总线和程序数据总线
    - ➢ 数据地址总线、数据读总线和数据写总线

— 独立的 8 级流水线
— 12 位的程序计数器 MPC
— 4 个 32 位的结果寄存器（MR0～MR3）
— 2 个 16 位的辅助寄存器（MAR0、MAR1）
— 控制律加速器状态寄存器（MSTF）

● 指令集包括
— IEEE 单精度 32 位浮点数运算
— 使用并行装载和并行存储的浮点数运算
— 使用并行加减法的浮点数乘法
— 1/X 和 1/sqrt(x)估计算法
— 数据类型的转换
— 条件分支和调用
— 数据装载/存储操作

● 控制律加速器的程序代码可以由 8 个任务和中断服务程序组成
— 每个任务的开始地址在任务中断向量寄存器 MVECT 中指定
— 只要任务的程序能装载在控制律加速器 CLA 程序存储器空间，程序的长度不受限制
— 一次只能响应一个任务并直到完成，任务之间不能嵌套运行
— PIE 模块的中断标志位置位直到任务完成
— 当任务完成时，下一个最高优先级挂起任务会自动立即启动执行

● 通过 IACK 指令的任务触发机制
— C28x CPU 使用 IACK 指令触发
— 任务 1～任务 7：相对应的 ADC 或 ePWM 模块中断。例如：
　➤ 任务 1：ADCINT1 或 EPWM1_INT
　➤ 任务 2：ADCINT2 或 EPWM2_INT
　➤ ……
　➤ 任务 7：ADCINT7 或 EPWM7_INT
　➤ 任务 8：由 ADCINT8 触发或 CPU 定时器 0 触发

● 存储器和外设共享
— 两个专用的消息存储器 RAMS 用来实现控制律加速器和主 CPU 之间的通信
— 数据存储器使主 CPU 的存储空间与控制律加速器存储空间相互映射
— 控制律加速器直接获取 ADC 结果寄存器、ePWM 寄存器、高分辨率增强型脉宽调制（HRPWM）寄存器的值。

4.2 控制律加速器函数库的安装

当进行安装时,C28x CLAmath 函数库可以自动分区到目录中。在默认情况下,函数库和源代码直接安装到:C:\ti\controlSUITE\libs\math\CLAmath。

4.3 控制律加速器函数库的使用

对初学者来说最好先调试 TI 提供的程序样例,在表 4-1 中的子目录中查找程序样例。下面将介绍程序样例的使用,打开一个工程文件,可学习如何使用 CLA 函数库。

表 4-1 函数库安装目录

目 录	说 明
<base>	在默认情况下,安装目录为:C:\ti\controlSUITE\libs\math\CLAmath\v100a 对于<base>文件中其他目录名称将省略
<base>\doc	该文件中包含了先前修改过的信息
<base>\lib	函数库的包含文件 函数库的头文件 使用宏(汇编程序文件)的查找表
<base>\2803x_examples	2803x 系列的程序样例

在每一个程序样例中都有一个头文件 CLAShared.h。该文件包含了头文件、变量和常数,并且这些都是在 C28x 和 CLA 代码中需要用到的。

打开一个程序样例,可学习使用 CLAShared.h 头文件:

IQmath:如果建立的工程中需要使用 IQmath 函数,那么将 IQmath 放入 CLAShared.h 中,当 CLAShared.h 中包含了 IQmath 后,就可以在这里面定义变量_iq,并且 CLA 将从这里知道 GLOBAL_Q 的值是多少。

C28x 的头文件:头文件使得访问外设时更加方便快捷、文件更容易读取,并且可以使用 C 语言和汇编语言两种方式来编写头文件。提供的 DSP28x_Projiect.h 头文件包含了程序样例中的所有外设的头文件。

CLAmath 的头文件:在 CLAmath 库中所用到的变量都可以在 CLAmath_type0.h 头文件中找到。

C28x 和 CLA 中的所有变量和常量都应该是明确的,例如:要访问变量 X 时,便需要加上以下语句:

extern float32 X;

变量 X 将在 C28x 的 C 语言环境中创建,同时 CLA 也可以查询到该变量 X。

　　在 CLA 汇编程序中的符号:在每个任务中,这些符号包括了开始/结束符号,这样 CPU 就能通过这些符号来计算向量地址。

　　C28X 的 C 语言代码:打开 main.c 文件可以看到 CPU 建立的整个系统。C28X 的 C 语言代码包含了 CLAShared.h 的头文件。

　　C28X 的 C 语言代码的主要作用在于:

- 声明所有 C28X 和 CLA 共享的变量;
- 通过使用 CODE_SECTION ♯ 分配变量给连接器,这样就能确保连接器中的文件能正确将变量放置于存储块或者放入信息 RAM;
- 打开 CLA 时钟;
- 初始化 CLA 数据和程序存储区。

　　前面提供的程序样例中,CLA 数据和程序是直接通过 CCS 进行下载,对于调试 CLA 代码这是重要的第一步。接下来将下载这些代码到 FLASH 区域,主 CPU 将复制这些代码到 CLA 数据和程序存储器。

- 分配 CLA 程序和数据存储区到 CLA 模块。在复位时,这些 CLA 使用的程序和数据区属于 C28x CPU,所以必需将这些存储空间分配给 CLA 使用。
- 使能 CLA 中断。

　　CLA 汇编语言代码:CLA 的汇编语言代码放在文件 CLA.asm 中。打开该文件可以发现:

- 头文件 CLAShared.h 可以通过以下指令进行调用:

    cdecls C,LIST,"CLAShared.h"

- CLAmath 函数库也包含在 CLA.asm 中,所以允许在 CLA 汇编文件中创建宏的实例如下:

    include "CLAmathLib_type0.inc"

- CLA 代码拥有单独的汇编程序空间,该程序空间称为 CLAProg 空间;在链接命令文件里这段程序空间代表了程序下载到的目标地址或者从哪里开始执行;
- CLA 代码与每个任务的开始入口地址由变量名表示;主 CPU 通过这些变量名可以计算每个 CLA 任务的向量注册表的地址值;
- 举例讲解 CLA 宏在一个或者多个任务中的应用:每一个宏的实例的输入输出都与在 C28x 的代码和 CLAShared.h 头文件中的参考变量有关,一个简单的任务可以包含一个或者多个宏,宏本身是不包含"MSTOP"指令,"MSTOP"指令表明每一个程序的结束。

　　函数库查表:在函数库中很多函数都通过查表的方式调用。这些表都位于"CLAmathTables"的汇编空间,并且在 CLAsincosTable_type0.asm 文件中是可以使用的。当需要使用 sin,cos 宏时,务必添加该文件到工程项目当中。

　　链接文件:链接文件必须按照下面的说明进行下载和运行:

- LCAProg,包含了 CLA 编译代码。程序样例提供了可以直接下载 CLA 编译代码到 CLA 编译空间进行调试的方法。当主程序调试完成后,可以将程序下载到 flash 中,也可以复制到 CLA 编译存储器 SARAM 中。
- Cla1ToCpuMsgRAM,在此程序样例通过 DATA_SECTION ♯ pragma 实现 CLA 与 CPU 信息之间的信息交换。数据只能从 CLA 传送到 CPU。
- CpuToCla1MsgRAM,同上,数据只能从 CPU 传送到 CLA。
- CLAmathTables,该表在调用 sin,cos 宏时使用。这部分内容应该在运行时放入 CLA 数据存储空间。在调试时,可以直接将代码下载到 CLA 数据存储空间。当需要关键数据表时,可以下载到 flash 中,或者复制到 CLA 编译存储器 SARAM 中。

4.4　控制律加速器函数库

控制律加速器函数库(CLA math)中有下面的函数。在 CLAmathLib_type0.inc 文件中所有宏都可以提供使用,可以根据需要对其进行修改。

CLAcos	单精度浮点数 COS(弧度)值
描述	通过查表和泰勒展开返回 32 位浮点数的 cosine 值
头文件	C28x C code: ♯ include "CLAmathLib_type0.h" CLA Code:.cdecls C,LIST,"CLAmathLib_type0.h"
宏定义	CLAcos.macro y, rad ; y=cos(rad) 输入:rad =弧度(32 位浮点数) 输出:y=cos(rad)值(32 位浮点数)
查表	该函数要求 CLAsincos Table 包含在 CLAsincosTable_type0.asm 中。通常在默认情况下,该表在汇编空间称为 CLAmath Tables。需要确认该表下载到了 CLA 数据空间
CLAdiv	单精度浮点数除法
描述	这是一个 32 位单精度浮点数的除法。该函数使用了牛顿-拉夫森算法
头文件	无
宏定义	CLAdiv.macro Dest, Num, Den 输入:Num=分子(32 位浮点数) Den=分母(32 位浮点数) 输出:Dest= Num/Den(32 位浮点数)
查表	无
CLAisqrt	单精度浮点数平方根分之一
描述	通过牛顿-拉夫森算法返回一个浮点数的平方根分之一
头文件	无

宏定义	CLAisqrt . macro y, x 输入：x＝32 浮点数输入 输出：y＝1/(sqrt(x))(32 位浮点数)
查表	无
特殊情况	If x＝FLT_MAX or FLT_MIN，CLAisqrt 将置位 LUF If x＝−FLT_MIN，CLAsqrt 将置位 LUF 和 LVF If x＝0.0，CLAsqrt 将置位 LVF If(x 是负数)，CLAsqrt 将置位 LVF 并返回值 0
CLAsin	单精度浮点数 sin(弧度)
描述	通过查表和泰勒展开返回 32 位浮点数的 sine 值
头文件	C28x C code：# include "CLAmathLib_type0. h" CLA Code：. cdecls C,LIST,"CLAmathLib_type0. h"
宏定义	CLAsin . macro y, rad ; y＝cos(rad) 输入：rad＝弧度(32 位浮点数) 输出：y＝cos(rad)值(32 位浮点数)
查表	该函数要求 CLAsincosTable 包含在 CLAsincosTable_type0. asm 中。通常在默认情况下，该表在汇编空间叫做 CLAmathTables。请确认该表下载到 CLA 数据空间
CLAsincos	单精度浮点数 sin 和 cos(弧度)值
描述	通过查表和泰勒展开返回 32 位浮点数的 sine 和 cosine 值
头文件	C28x C code：# include "CLAmathLib_type0. h" CLA Code：. cdecls C,LIST,"CLAmathLib_type0. h"
宏定义	CLAcos . macro y1, y2, rad, temp1, temp2 输入：rad＝弧度(32 位浮点数) 输出：y1＝sin(rad)值(32 位浮点数) y2＝cos(rad)值(32 位浮点数) 在函数调用过程中，temp1 和 temp2 是临时变量。
查表	该函数要求 CLAsincosTable 包含在 CLAsincosTable_type0. asm 中。通常在默认情况下，该表在汇编空间叫做 CLAmathTables。请确认该表下载到 CLA 数据空间
CLAsqrt	单精度浮点数的平方根
描述	通过牛顿-拉夫森算法返回一个浮点数的平方根
头文件	无
宏定义	CLAisqrt . macro y, x 输入：x＝32 位浮点数输入值 输出：y＝1/(sqrt(x))(32 位浮点数)

查表	无
特殊情况	If x=FLT_MAX or FLT_MIN,CLAisqrt 将置位 LUF If x=-FLT_MIN,CLAsqrt 将置位 LUF 和 LVF If x=0.0,CLAsqrt 将置位 LVF If(x 是负数),CLAsqrt 将置位 LVF 并返回值 0
CLAatan	单精度浮点数 atan(弧度)值
描述	返回浮点数 X 的 arc tan 值,该值在(−π,+π)之间
头文件	C28x C code:#include "CLAmathLib_type0.h" CLA Code:.cdecls C,LIST,"CLAmathLib_type0.h"
宏定义	CLAatan .macro y,x ; y=atan(x) 输入:x(32 位浮点数) 输出:y=atan(x)值(32 位浮点数)
查表	该函数要求 CLAatan2Table 包含在 CLAsincosTable_type0.asm 中。通常在默认情况下,该表在汇编空间叫做 CLAmathTables。请确认该表下载到 CLA 数据空间
CLAatan2	单精度浮点数 atan2(弧度)值
描述	返回浮点数 y/x 的 arc tan 值,该值在(−π,+π)之间
头文件	C28x C code:#include "CLAmathLib_type0.h" CLA Code:.cdecls C,LIST,"CLAmathLib_type0.h"
宏定义	CLAatan2 .macro z,y,x ; z=atan(y/x) 输入:x(32 位浮点数) 　　　Y(32 位浮点数) 输出:z=atan2(y,x)值(32 位浮点数)
查表	该函数要求 CLAatan2 Table 包含在 CLAsincosTable_type0.asm 中。通常在默认情况下,该表在汇编空间叫做 CLAmathTables。请确认该表下载到 CLA 数据空间

32 位数字信号控制器原理及应用

61

第 5 章

流水线和中断

流水线和中断是应用中经常遇到的问题,有时程序编程都是对的,只是流水线还未稳定,后面的指令对相同位置的数据空间和外设寄存器进行了操作,得到的结果将不确定,这是编程时必须注意的。流水线有多种应用,因此需要对流水线有比较深入的认识和了解;中断是实时控制程序编程时经常会遇到的,必须对其深入全面的了解,本章将作一些基本的介绍。

5.1 中央处理单元流水线

流水线硬件的保护功能可防止向某一寄存器或数据存储单元同时进行读和写操作,以免造成混乱。如果很好利用流水线的操作,可以提高程序执行的效率,并避免两种未加保护的流水线冲突。

指令的流水线操作:执行一条指令时,28X 内核将完成以下基本操作:

● 从程序存储器中取出指令;

● 对指令译码;

● 从存储器或中央处理单元(CPU)寄存器中读取数据;

● 执行指令;

● 将结果写入存储器或中央处理单元(CPU)寄存器。

为了提高效率,28X 分 8 个独立的阶段执行这些操作,即 8 级流水线操作,在某一时刻,可能会执行多达 8 条指令,而每条指令处于流水线的不同阶段。从存储器中读取数据分为两个步骤,相应的流水线操作分为两个阶段。下述按发生的先后顺序描述流水线的 8 个阶段:

(1) 取指令 1(F1):在取指令 1 阶段(F1)中,CPU 将某一程序存储器地址送给 22 位的程序地址总线,即 PAB(21~0)。

(2) 取指令 2(F2):在取指令 2 阶段(F2)中,CPU 通过程序读数据总线,即 PRDB(31~0),读取程序存储器的内容,并且将指令装载到取指令序列中。

(3) 译码 1(D1):28X 支持 32 位和 16 位指令,并且一条指令可以存入奇地址或偶地址开始的存储区中。译码 1(D1)通过硬件识别所取指令的边界,来确定下一条将执行指令的长度,也可以判断该指令是否合法。

（4）译码 2(D2)：通过硬件从取指令队列中取回一条指令，并将其存入指令寄存器中，在那里完成译码。一旦指令执行到 D2 阶段，则将一直执行到完毕。在这个流水线阶段，会完成以下任务：

- 如果从存储器中读取数据，CPU 将会生成源地址；
- 如果数据写到存储器中，CPU 会生成目标地址；
- 地址寄存器算术单元 ARAU 可按要求执行对堆栈指针 SP、辅助寄存器或辅助寄存器指针 ARP 的修改；
- 如果有必要，可以中断程序流程，如分支或非法指令陷阱。

（5）读取 1(R1)：如果要从存储器中读取数据，读取 1(R1) 就通过硬件将地址送到对应地址总线上。

（6）读取 2(R2)：如果在 R1 阶段送出了数据地址，那么读取 2(R2) 就通过硬件从对应的数据总线读取数据。

（7）执行(E)：在执行阶段(E)，CPU 执行所有乘法、移位和 ALU 操作，这包括所有涉及累加器和乘积寄存器的基本运算和逻辑操作。对"读数-修改-保存"这样的操作，特别是算术和逻辑操作，修改都将在流水线的 E 阶段完成。任何在乘法器、移位器和 ALU 用到的 CPU 寄存器值，都是在 E 阶段开始时从 CPU 寄存器读取，E 阶段结束时存入 CPU 寄存器。

（8）写入(W)：如果要将转换值或结果写入存储器，那么写操作就发生在写入(W)阶段。CPU 驱动目的地址，激活对应的写选通脉冲，然后写入数据。存储最少需要一个时钟周期。实际上，存储作为 CPU 流水线的一部分是不可见的，它通过存储器管理器和外设模块接口逻辑来处理。

虽然每条指令都要通过这 8 个阶段，但是并不是每个阶段都要执行。有一些指令在译码 2 阶段就完成所有操作，而另一些可在执行阶段完成，还有一些仍然要到写入阶段才能完成。例如：不需要从存储器读数据的指令不必执行读阶段的操作，不需要向存储器写数据的指令不必执行写入阶段的操作。

在流水线的各个阶段，由于不同的指令执行存储器和寄存器的更改，无保护的流水线可能不会按照预定的顺序在同一区域进行读和写操作。CPU 自动加入延时以确保读和写操作按预定的顺序进行。

流水线解耦：从取指令 1 到译码 1(即 F1～D1)的硬件与译码 2 到写入(即 D2～W)的硬件是各自独立执行的。这就使得当 D2～W 阶段中断时，CPU 可以继续进行取指令；在取新指令延时时，也可以取指令继续执行流水线的 D2～W 阶段。

如果产生了一个中断或者别的不连续程序流，这将导致处于取指令 1、取指令 2和译码 1 阶段的指令被舍弃。在程序流发生中断之前，进入到译码 2 的指令将会继续运行。

取指令机构：某些分支指令执行预取指令操作。分支目标的前面少数指令被取出，但不允许进入到 D2 阶段，直到知道是否会出现不连续执行程序。取指令机构是完成 F1～F2 流水线阶段的硬件。在 F1 阶段，此机构将地址送到程序地址总线 PAB 上；在 F2 阶段，通过程序读数据总线 PRDB 读取指令。在 F2 阶段，当从程序存储器中读出指令时，下一个要取指令的地址已经放到程序地址总线上了（在下一个 F1 阶段）。

取指令机构包含一个由 4 个 32 位寄存器组成的取指令队列。在 F2 阶段，取得的指令加入到队列中。此队列类似于先进先出缓冲（FIFO），队列中的第一条指令将第一个执行。取指令机构完成 32 位取指令直到队列充满。当程序流不连续时，如出现分支程序或者发生了中断，将会清空队列。当处于队列底部的指令到达 D2 阶段时，这条指令就会进入指令寄存器，为以后的译码作准备。

地址计数器 FC、IC 和 PC：在取指令和执行指令的项目中，涉及 3 个程序地址计数器：

（1）取指令计数器（FC）：取指令寄存器包含在 F1 流水线阶段送到程序地址总线 PAB 的地址。除非队列已满或者因程序流的中断而被清空，CPU 将会不断增加取指令计数器（FC）的值。一般情况下，取指令计数器（FC）保存偶地址，它的值每次增加 2，以适应 32 位取指令方式。唯一的例外是，当中断后的代码从一个奇地址开始执行时，在此种情况下，取指令计数器（FC）保存一个奇地址。在奇地址处执行 16 位取指令后，CPU 使取指令计数器（FC）的值增加 1，并且在偶地址处恢复 32 位取指令。

（2）指令计数器（IC）：在 D1 阶段硬件确定指令的长度（16 位或 32 位）后，指令计数器（IC）中装入下一条指令的地址，并一直保持到 D2 阶段译码。在中断或调用操作中，指令计数器（IC）值表示返回地址，此地址保存在堆栈、辅助寄存器 XAR7 或 RPC 中。

（3）程序计数器（PC）：当一个新的地址装入指令计数器（IC）时，之前指令计数器（IC）的值就会装入程序计数器（PC）中。程序计数器（PC）总是包含到达 D2 阶段指令的地址。

5.2　流水线活动

以下列举 8 条指令（I1～I8），并且列出了这些指令的流水线活动。在表 5-1 中，F1 栏表示地址，F2 栏表示从这些地址读出的操作代码。取指令时，读取一个 32 位的指令，其中 16 位取自指定的地址，另外 16 位取自下一个地址。D1 栏表示取指令队列中的分割开的指令，D2 栏表示地址的产生和地址寄存器的更改。指令栏表示到达 D2 阶段的指令。R1 栏和 R2 栏表示从这些地址读数据。在 E 栏列出了写入累加器低 8 位 AL 的结果。在 W 栏地址和数据值同时送到对应的存储器总线。例如在表 5-1 的最后一栏列出了有效的 W 阶段，地址 00.0202_{16} 驱动到写数据的写地址总线 DWAB，并且数据值 1234_{16} 驱动到写数据的数据总线 DWDB。其程序见例 5-1

的流水线活动情况。

例 5-1：流水线活动。

地址代码指令		初始值	
00 0040	F345	I1:MOV　DP,♯VarA	；DP 为 VarA 所在页。VarA 地址为 00 0203
00 0041	F346	I2:MOV　AL,@VarA	；将 VarA 的值放入 AL。VarA = 1230
00 0042	F347	I3:MOV　AR0,♯VarB	；AR0 指向 VarB。VarB 地址为 00 0066
00 0043	F348	I4:ADD　AL,＊XAR0++	；将 VarB 的值加入 AL,VarB = 0001
			；并将 XAR0 加 1。(VarB + 1) = 0003
00 0044	F349	I5:MOV　@VarC,AL	；将 VarC 的值替换为 (VarB + 2) = 0005
			；AL 的值。VarC 地址为 00 0204
00 0045	F34A	I6:ADD　AL,＊XAR0++	；将 (VarB + 1) 的值加入 VarD 地址为 00 0205
			；AL,并将 XAR0 加 1。
00 0046	F34B	I7:MOV　@VarD,AL	；将 VarD 的值替换为 AL 的值。
00 0047	F34C	I8:ADD　AL,＊XAR0	；将 (VarB + 2) 的值加入 AL。

表 5-1　流水线活动情况

F1	F2	D1	指令	D2	R1	R2	E	W
00 0040								
	F346;F345							
00 0042		F345						
	F348;F347	F346	I1:MOV　DP,♯VarA	DP=8				
00 0044		F347	I2:MOV　AL,@VarA	生成 VarA 的地址	—			
	F34A;F349	F348	I3:MOVB AR0,♯VarB	XAR0=66	00 0203	—		
00 0046		F349	I4:ADD AL,＊XAR0++	XAR0=67	—	1230	—	
	F34C;F34B	F34A	I5:MOV　@VarC,AL	生成 VarC 的地址	00 0066	—	AL=1230	—
		F34B	I6:ADD AL,＊XAR0++	XAR0=68	—	0001		
		F34C	I7:MOV　@VarD,AL	生成 VarD 的地址	00 0067	—	AL=1231	—
			I8:ADD　AL,＊XAR0	XAR0=68		0003		
					00 0068	—	AL=1234	00 0204 1231
						0005		
							AL=1239	00 0205 1234

注意：在 F2 和 D1 栏中展示的代码是为了举例选择的,并不是所示指令的实际代码。

表 5-1 中展示的流水线活动,也可以简单表示为表 5-2 所列。如果只关心每条指令的执行过程,而不针对特定的流水线事件,此种表是适用的。在第 8 周期时,流水线就满了:在每个流水线阶段都会有一个指令。当然,每一条指令的有效执行时间是一个周期。有些指令在 D2 阶段就完成了操作,有一些在 E 阶段完成,还有一些

在 W 阶段完成。但是,如果选择一段来观察,就可以看到每条指令在该阶段用一个周期完成的情况。

表 5－2　简化流水线活动表

F1	F2	D1	D2	R1	R2	E	W	周　期
I1								1
I2	I1							2
I3	I2	I1						3
I4	I3	I2	I1					4
I5	I4	I3	I2	I1				5
I6	I5	I4	I3	I2	I1			6
I7	I6	I5	I4	I3	I2	I1		7
I8	I7	I6	I5	I4	I3	I2	I1	8
	I8	I7	I6	I5	I4	I3	I2	9
		I8	I7	I6	I5	I4	I3	10
			I8	I7	I6	I5	I4	11
				I8	I7	I6	I5	12
					I8	I7	I6	13
						I8	I7	14
							I8	15

5.3　流水线活动的冻结

导致流水线冻结有两个原因:

- 等待状态;
- 无法获取指令的情况。

等待状态:当 CPU 需要对存储器或外设模块进行读/写操作时,该模块完成数据传送所花费时间可能要比 CPU 分配的默认时间要多。这时,每块模块都必须在数据传送中加入一个 CPU 准备好信号。CPU 有 3 个独立的模块等待信号:一个为读出或写入程序空间,第二个为读数据空间,第三个为写数据空间。如果在指令的F1、R1 或 W 阶段接收到等待状态信号,该信号就要求冻结部分流水线。

(1) F1 阶段的等待状态:在 F1 阶段出现等待状态时,取指令机构暂停,直到等待状态结束。此暂停有效的冻结了在 F1、F2 和 D1 阶段的指令动作。然而,因为 F1～D1 阶段的硬件和 D2～W 的硬件是解耦的,所以处于 D2～W 阶段的信号会继续执行。

　　(2) R1 阶段的等待状态：在 R1 阶段出现等待状态时，所有在 D2～W 流水线阶段的动作都会冻结。这样作是很有必要的，因为接下来的指令可能要读数据。取指令会继续，直到取指令队列装满或者在 F1 阶段收到一个等待状态请求。

　　(3) W 阶段的等待状态：在 W 阶段出现等待状态时，所有在 D2～W 流水线阶段的动作都会冻结。这样作是很有必要的，因为接下来的指令可能首先要进行写操作。取指令会继续，直到取指令队列装满或者在 F1 阶段收到一个等待状态请求。

　　无法获取指令的情况：D2 流水线阶段硬件请求从取指令队列获取一条指令。如果获取了一条新的指令，并且已经完成了 D1 阶段的操作，指令将装入指令寄存器以备进一步译码。然而，如果取指令队列中没有新的指令，这就出现不可获取指令的情况。F1～D1 阶段的硬件动作继续进行，而 D2～W 阶段的硬件停止，直到能获得新的指令为止。

　　如果指令不连续执行，而随后的指令是从奇地址开始并且有 32 位，就会出现指令不可获取的情况。不连续执行就是连续执行的程序流被中断，一般由分支、调用、返回语句或中断造成。当发生不连续执行时，取指令队列被清空，CPU 转移到一个指定的地址。如果指定的地址是奇地址，将在该奇地址执行 16 位取指令操作，在接下来的偶地址完成 32 位取指令操作。因此，如果不连续执行其随后的指令从奇地址开始并且为 32 位，就要求用两次取指令操作来取得完整的指令。D2～W 阶段硬件中断，直到指令准备进入 D2 阶段。

　　为了尽可能地避免延时，可以以一条或者两条（最好是两条）16 位指令作为代码块的开始：

```
Function    A:
   16 bit   instruction;      ;第一条指令
   16 bit   instruction;      ;第二条指令
   16 bit   instruction;      ;32 位的指令可以从这里开始
   ⋮
```

　　如果用 32 位指令作为函数或子程序的第一条指令，只能确保该指令从偶地址开始，才可以避免流水线的延时。

5.4　流水线保护

　　流水线中指令是并行执行的，指令执行的不同阶段，不同指令都在对存储器和寄存器进行修改。如果没有流水线保护，这将导致流水线冲突——在相同位置不按照预定的顺序进行读/写操作。但是，28x 有一个保护机制，可以自动避免流水线冲突。以下是 28x 中可能发生的两种流水线冲突：

- 在同一数据空间同时进行读和写操作产生的冲突；
- 寄存器冲突。

在可能导致冲突的指令之间,流水线通过增加无效周期来防止这些冲突。

以下介绍在什么情况下加上这些流水线保护周期,并且介绍如何避免冲突的发生,以便在程序中减少无效周期。

1. 对同一数据空间进行读和写的保护

假如有两条指令:指令 A 和指令 B。指令 A 在它的 W 阶段向一个存储区写入一个值;而指令 B 必须在 R1 和 R2 阶段从同一存储区读取该值。因为这两条指令是并行执行的,指令 B 的 R1 阶段可能发生在指令 A 的 W 阶段之前。如果没有流水线保护,指令 B 由于读得太早而取得的是错误值。28x 的流水线保护则为:让指令 B 的读操作等待一段时间再执行,即指令 B 保持在 D2 阶段,直到指令 A 完成写操作后再执行。

例 5-2 表示两条指令在访问同一数据存储器区时产生的冲突。为简便起见,F1~D1 阶段没有表示出来。在第 5 周期,I1 对 VarA 进行写操作。在第 6 周期,数据存储器完成存储。如果没有流水线保护机制,I2 不能早于第 7 周期从该存储区读取数据。不过,I2 也可以在第 4 周期(提前 3 个周期)执行读操作。为了预防这种冲突,流水线保护机制将 I2 停留在 D2 阶段,保持 3 个周期。在这些流水线保护周期中,不能作其他操作。表 5-3 表示有流水线保护时访问数据空间的流水线活动。

例 5-2:在同一存储区进行读和写的冲突。

```
I1:MOV    @VarA,AL    ;把 AL 的值写入数据存储区
I2:MOV    AH,@VarA    ;读出同一存储区的数据,存入 AH 中
```

表 5-3　有流水线保护时访问数据空间的流水线活动

D2	R1	R2	E	W	周　期
I1					1
I2	I1				2
I2		I1			3
I2			I1		4
I2				I1	5
	I2				6
		I2			7
			I2		8

如果在程序里采用其他指令插入产生冲突的两条指令之间,就能够减少或消除这些流水线保护周期。当然,插入的指令不能引起新冲突或导致后面的指令不能正确执行。例如:可以在例 5-2 代码的两条 MOV 指令之间插入一条 CLRC 指令(假设 CLRC　SXM 指令后的操作正好需要 SXM=0):

```
I1:MOV       @VarA,AL      ;把 AL 的值写入数据存储区
   CLRC      SXM           ;SXM = 0(取消符号扩展)
I2:MOV       AH,@VarA      ;读出同一存储区的数据,存入 AH 中
```

在 I1 和 I2 间插入 CLRC 指令,使流水线保护周期数减少到两个。再插入两条这样的指令,就不需要流水线保护周期了。一般情况下,如果对同一存储区的读操作和写操作之间少于 3 条指令,则流水线保护机制至少要加上一个保护周期。

2. 寄存器冲突的保护

所有对 CPU 寄存器的读和写操作都发生在指令的 D2 阶段或 E 阶段。当一条指令在 E 阶段对某个寄存器的写操作还没有完成,而其后的一条指令在 D2 阶段,要读取和/或修改该寄存器的值,就会产生寄存器冲突。

流水线保护机制将后一指令在 D2 阶段保持几个周期(1～3 个),以消除寄存器冲突。除非希望达到最高的流水线效率,则不必考虑寄存器冲突。如果希望尽可能少的流水线保护周期,就必须确定访问寄存器的流水线阶段,并且尽量把可能引起冲突的指令分开。

通常,寄存器冲突涉及下列寄存器:

- 16 位辅助寄存器 AR0～AR7;
- 32 位辅助寄存器 XAR0～XAR7;
- 16 位数据页指针 DP;
- 16 位堆栈指针 SP。

例 5-3 说明了涉及一个辅助寄存器 XAR0 的寄存器冲突。表 5-4 所列表示无流水线保护时的流水线活动,为简便起见,F1～D1 阶段没有表示出来。I1 写到周期 4 最后,I2 在第 4 周期结束时才能完成对 XAR0 的写操作,I2 至少要等到第 5 周期才能读 XAR0。但是有了流水线保护机制,I2 在第 2 周期读取 XAR0 的值(产生一个地址)也不会产生冲突,因为这种机构将使 I2 在 D2 阶段保持 3 个周期。在这些周期中,不会作其他操作。

表 5-4 无流水线保护时访问寄存器的流水线活动

D2	R1	R2	E	W	周　期
I1					1
I2	I1				2
I2		I1			3
I2			I1		4
I2				I1	5
	I2				6
		I2			7

69

例 5 - 3：寄存器冲突。

```
I1:  MOV B   AR0,@7   ;将由操作数@7 寻址的数据存储器的值装入 AR0
                      ;并把 XAR0 的高 16 位清零
I2:  MOV     AH,* XAR0 ;将由 XAR0 指向的 16 位存储单元的值装入 AH
```

当然也可以在引起寄存器冲突的的指令之间插入其他指令，以减少或消除流水线保护周期。例如，要改进例 5 - 3 的代码，可以把程序中其他地方的指令移到这里来（假设在指令 SETC　SXM 后面的操作恰好需要 PM＝1 和 SXM＝1）：

```
I1:  MOV B   AR0,@7   ;将由操作数@7 寻址的数据存储器的值装入 AR0,并把 XAR0 的
                      ;高 16 位清零
     SPM     0        ;PM = 1（乘积不移位）
     SETC    SXM      ;SXM = 1（符号扩展使能）
I2:  MOV     AH,* XAR0 ;将由 XAR0 指向的 16 位存储单元的值装入 AH
```

插入了 SPM 和 SETC 指令就使得流水线保护周期数减少到一个，再多插入一条指令就不需要流水线保护了。一般情况下，如果对同一寄存器进行读和写操作之间少于 3 条指令，则流水线保护机制至少要加上一个保护周期。

70

5.5　避免无保护的操作

本节描述流水线保护机制无法进行保护的流水线冲突。这些冲突是可以避免的，本节提供了避免这些冲突的一些建议。

1. 无保护程序空间的读和写

流水线仅仅保护寄存器和数据空间的读和写，它不保护 PREAD 和 MAC 指令对程序空间的读操作或 PWRITE 指令对程序空间的写操作。当用这些指令去访问一个数据空间和程序空间共享的存储块时，要特别当心。

例如：假设在程序空间的地址 00 0D50$_{16}$ 和数据空间的地址 0000 0D50$_{16}$ 都可以访问一个存储器区。考虑如下代码：

```
;在程序空间   XAR7 = 000D50
;在数据空间   Data1 = 000D50
ADD    @Data1, AH      ;将 AH 的值存入数据空间的位置 Data1 处
PREAD  @AR1,* XAR7     ;用 XAR7 指向的程序空间的值装载 AR1
```

操作符@Data1 和 * XAR7 指向同一位置，但是流水线不能识别。在 ADD 指令写入存储器区（在 W 阶段）之前，PREAD 指令就对该存储器区进行读操作（在 R2 阶段）。

但是，在这个程序里 PREAD 指令是不必要的，因为可以通过一条指令从数据空间读取这个存储区。即可以用另一条指令，比如 MOV 指令：

```
ADD    @Data1,AH      ;将 AH 的值存入数据空间的位置 Data1 处
```

```
MOV   AR1, *   XAR7        ;用 XAR7 指向的数据空间的值装载 AR1
```

2. 访问对其他单元产生影响的单元

　　如果对某一单元的访问影响到另一单元,就需要更改程序以防止流水线冲突。如果在不受保护的范围寻址,仅仅需要注意这种类型的流水线冲突。可以参见以下例子:

```
      MOV    @DataA, #4        ;这样写 DataA 会引起一个外设模块清除 DataB 的第 15 位
$10: TBIT    @DataB, #15       ;测试 DataB 的第 15 位
      SB      $10, NTC         ;循环直到第 15 位置 1
```

　　这个程序引起一个读错误。在 MOV 指令写入到第 15 位之前(在 W 阶段),TBIT 指令就读取了这一位(在 R2 阶段)。如果 TBIT 指令读取的是 1,代码就过早地结束了循环。因为 DataA 和 DataB 涉及不同的数据存储区,流水线不能够识别这种冲突。

　　但是,可以通过插入二个或更多的 NOP(空操作)指令来改正这种错误,即在写 DataA 和改变 DataB 的第 15 位之间加一定的延时。例如:如果有 2 个周期延时就足够了,前面的代码就可以修改如下:

```
      MOV    @DataA, #4        ;这样写 DataA 会引起一个外设模块清除 DataB 的第 15 位
      NOP                      ;延时一个周期
      NOP                      ;延时一个周期
$10: TBIT    @DataB, #15       ;测试 DataB 的第 15 位
      SB      $10, NTC         ;循环直到第 15 位置 1
```

3. 读操作紧跟写操作的保护模式

　　CPU 包含一个读操作紧跟写操作的保护模式,以确保任何在保护地址之内写操作之后才进行读操作。此种保护模式在写操作之后加一个延时,直到写操作完成后再执行读操作。要了解哪一部分属于有读操作紧跟写操作的保护模式的存储区可参阅芯片的数据手册。

　　PROTSTART(15~0)和 PROTRANGE(15~0)用以设置保护范围。PRO-TRANGE(15~0)值是一个二进制的倍数值,设置的保护范围最小值为 64 字,最大值为 4M 字(即:64、128、256、…、1M、2M、4M 字)。

　　PROTSTART 地址必须是所选定范围的倍数。例如:如果选择 4K 的模块为保护范围,那么启始地址必须是 4K 的倍数。

　　当设置 ENPROT 信号为高电平时使能该特性,当设置为低电平时禁止该特性。

　　以上所有的信号在每个周期都锁存一次。这些信号都与寄存器相关联,并且能够在应用程序里进行改变。

　　以上读操作紧跟写操作的保护机制,仅仅在保护范围内有效。对保护范围之外的区域,读和写的顺序无关,如以下例所示:

例1：write protected_area

　　　　write protected_area

　　　　write protected_area

　　　　　　　　←流水线保护（3 个周期）

　　　　read protected_area

例2：write protected_area

　　　　write protected_area

　　　　write protected_area

　　　　　　　　←无流水线保护

　　read non_protected_area

　　　　　　　　←流水线保护（两个周期）

　　　　read protected_area

　　　　read protected_area

例3：write non_protected_area

　　　　write non_protected_area

　　　　write non_protected_area

　　　　　　　　←无流水线保护

　　　　read protected_area

5.6　控制律加速器流水线

控制律加速器流水线和 C28x 流水线非常相似。流水线包括 8 个阶段：

（1）取指令 1(F1)：在第一阶段程序读地址放置于控制律加速器的程序地址总线上；

（2）取指令 2(F2)：在第二阶段用控制律加速器的程序数据总线读指令；

（3）译码 1(D1)：在 D1 阶段指令译码；

（4）译码 2(D2)：产生数据读地址，在 D2 阶段根据以前的增量利用间接寻址将 MAR0 换成 MAR1，在这个阶段根据 CLA 状态寄存器(MSTF)的标志位判断是否条件分支；

（5）读取 1(R1)：在控制律加速器数据读地址总线上放置数据读地址，如果又冲突，R1 将延时；

（6）读取 2(R2)：利用控制律加速器数据读的数据总线上读数据；

（7）执行(EXE)：执行操作，根据载入的及时数据或这一阶段的存储数据 MAR0 换成 MAR1；

（8）写入(W)：将写入的地址和数据放置于控制律加速器的写入数据总线上，如果有冲突存在，W 阶段将延时。

　　控制律加速器流水线队列：主要的控制律加速器流水线指令不需要任何特殊的流水线注意事项。这部分列举了一些需要考虑特殊注意事项的操作以及紧跟读操作后的写操作。

　　在控制律加速器流水线中读操作发生在写操作之前。这表示如果一个读操作后紧跟着一个写操作，那么这个读操作首先完成。在大多数情况下不会造成问题，只要存储器的内容不相干。向外设写地址可以影响另一个存储位置的代码必须读操作发生错误之前等待写操作完成。这种性能与 28x CPU 不同。这种保护会自动排列流水线，在读操作之前完成写操作。此外一些外设也有保护，如 28x CPU 向一个外设写入总是在读这个外设之前完成。控制律加速器没有这种保护机能，而是操作代码必须等待写完成后再执行读操作。

5.7　外设中断扩展模块和外部中断

　　外设中断扩展（the Peripheral Interrupt Expansion，PIE）模块可以把大量的中断源组合复用到较小的中断输入组中。PIE 模块支持 96 个独立的中断，它们分为 8 组。每一组对应 12 个内核中断（INT1 到 $\overline{\text{INT12}}$）中的一个。每一个中断在专门的 RAM 中都有自己的中断向量（即地址），用户可以修改此向量，即修改 PIE 向量表。中断服务时，CPU 会自动地取对应的中断向量。取中断向量和保存一些关键的 CPU 寄存器需要花费约 9 个 CPU 时钟周期。也就是说，CPU 可以快速响应中断事件。中断的优先级由硬件和软件控制。在 PIE 模块中，可以独立地使能或禁止每一个中断。

　　PIE 控制器：F28x CPU 支持一个非屏蔽中断（NMI）和 16 个可屏蔽的有优先级的 CPU 级中断请求（INT1～INT14，NMI）。F28x 器件有大量的外设模块，每一个外设模块都可以产生一个或多个对应于外设模块事件的外设模块级中断。由于 CPU 没有能力在 CPU 级处理所有的外设中断请求，因此需要外设中断扩展（PIE）控制器去集中和仲裁不同来源的中断请求。

　　PIE 向量表用来存储各个中断服务程序的入口地址。包括所有复用和非复用的每个中断都有一个向量。在器件初始化阶段，用户需要配置 PIE 向量表，而在操作运行期间也可以更新 PIE 向量表。

　　中断操作顺序：如图 5-1 所示为所有通过 PIE 复用的中断的概况。非复用的中断源则直接输入到 CPU。外部中断和外设中断扩展（PIE）中断源归纳如图 5-1 所示。

　　8 个 PIE 模块中断被组合在一个 CPU 中断中。12 个 CPU 中断组，每组 8 个中断，总共 96 个中断。图 5-2 显示了 PIE 模块的中断架构，PIE 的中断标志寄存器（PIEIFRX）和中断使能寄存器（PIEIERX）控制了 PIE 中断是否有效，CPU 的中断标志寄存器（IFR）和中断使能寄存器（IER）控制了 CPU 中断是否有效，全局中断使能

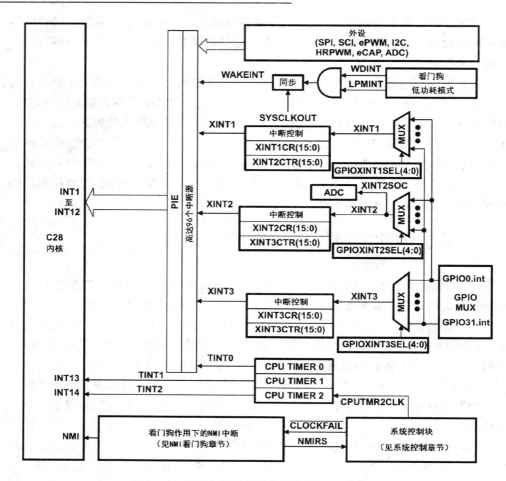

图 5-1　外部中断和外设中断扩展（PIE）中断源

寄存器（INTM）开放 CPU 中断。在中断初始化程序中需要对这些寄存器进行设置。

1. 外设模块级

一个外设模块产生一个中断事件。对应于该事件的特定寄存器中的中断标志位将置位。如果对应的中断使能位已置位，则外设模块就向 PIE 控制器发出一个中断请求。如果外设模块级中断没有使能，则中断标志位保持置位，直到被软件清零。如果中断标志位先置位且保持为 1，然后再使能中断，则 PIE 模块对这种中断请求的响应是不确定的，应该避免这种情况。在外设模块寄存器中的中断标志位必须用户程序清零。

2. PIE 级

PIE 模块将 8 个外设模块和外部引脚的中断组合到一个 CPU 中断。这些中断分为 12 组：PIE 组 1～PIE 组 12。一个组的中断组合到一个 CPU 中断。例如，PIE

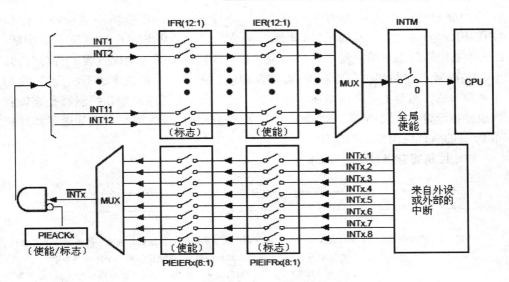

图 5 – 2　外设中断扩展(PIE)模块的中断架构

组 1 组合到 CPU 中断 1(INT1),而 PIE 组 12 组合到 CPU 中断 12(INT12)。其余的 CPU 中断为单路。对于这些单路的中断,PIE 直接将中断请求直接送到 CPU 中断。在 PIE 模块中的每一个中断组都有对应的中断标志位(PIEIFRx. y)和中断使能位(PIEIERx. y)。另外,每一个 CPU 中断(INT1～INT12)都有一个应答位(PIEACK),标记为 PIEACKx。图 5 - 2 举例说明了在不同的 PIEIFR 和 PIEIER 寄存器条件下 PIE 控制器的硬件行为。

　　一旦向 PIE 控制器发出中断请求后,对应的 PIE 中断标志位(PIEIFRx. y)置 1。如果对应的 PIE 中断使能位(PIEIERx. y)也为 1,则 PIE 将检查对应的 PIEACKx 位,确定 CPU 是否做好准备来响应该组的一个中断。如果该组的 PIEACKx 位为 0,那么 PIE 将向 CPU 发出中断请求。如果 PIEACKx 位为 1,那么 PIE 将等待 CPU,直到 CPU 清零 PIEACKx 位时,才能再次发出中断请求 INTx。

3. CPU 级

　　一旦中断请求送到 CPU 中断上,对应于 INTx 的 CPU 级中断标志位(IFR)将置位。标志锁存到 IFR 后,只要相应的 CPU 中断使能(IER)寄存器或仿真中断使能寄存器(DBGIER)使能,而且全局中断屏蔽位也使能,则 CPU 就会响应该中断。

　　一旦发出中断请求,并且中断又使能了,CPU 就会准备执行相应的中断服务程序。在开始阶段,CPU 将相应的 IFR 和 IER 位清除,清除 EALLOW 和 LOOP,置位 INTM 和 DBGM,清空流水线,保存返回地址并自动保存上下文信息。然后从 PIE 模块取出 ISR 向量。如果该中断是组合的,则 PIE 模块将由 PIEIERx 和 PIEIFRx 寄存器给出相应的中断服务程序入口地址。

　　将要执行的中断服务程序的入口地址直接从 PIE 中断向量表中取得。PIE 中的

96 个中断的每一个中断都有一个对应的 32 位向量。PIE 模块中的中断标志位 (PIEIFRx. y)在取回中断向量后,硬件自动清零。为了从 PIE 中接收更多的中断, PIE 中断应答位必须用户程序清零。为了更好地理解中断的响应过程,下面列出几个 PIE 配置和控制相关的寄存器,以加深理解。由于单片机技术的不断发展,将芯片硬件和软件编程的分界线定在了寄存器,在芯片内的硬件设置和控制都是在寄存器配置和设置中实现的,简言之学习了寄存器知道如何设置寄存器就知道了单片机和 DSC 的软件应用编程和设计。

PIE 控制寄存器(PIECTRL)

15		1	0
PIEVECT			ENPIE
R−0			R/W−0

位 15~1　PIEVECT　这些位域保存从 PIE 向量表中读取的中断向量地址。忽略了地址的最低有效位, 只用到位 15~1。用户可以读取该向量值,以确定是哪一个产生的中断。
　　　　　　　　　　　例如:如果 PIECTRL=0x0D27,则从地址 0x0D26(非法操作中断入口)处读取回入口向量。

位 0　ENPIE　使能从 PIE 中取向量。当该位置 1 时,所有向量从 PIE 向量表中取。如果该位为 0,禁止 PIE,向量从 Boot ROM 或 XINTF Zone7 中的 CPU 向量表中取。即使禁止 PIE,所有的 PIE 寄存器(PIEACK,PIEIFR,PIEIER)都是可以访问的。

即使 PIE 是使能的,复位向量也不会从 PIE 读取。复位向量总是从 Boot ROM。

PIE 中断应答寄存器(PIEACKx)

15	12	11	0
保留位		PIEACK	
R−0		R/W1C−1	

位 15~12　保留位

位 11~0　PIEACK　向中断应答位写入 1 将使能 PIE 的 12 个中断之一,如果有中断正悬挂着,则会引起 CPU 内核中断。读该寄存器可以查看各个中断组中是否有中断悬挂。位 0 对应于 INT1,……,位 11 对应于 INT12。

PIE 中断标志寄存器(PIEIFRx,x=1 到 12)

CPU 的每一个中断对应 12 个 PIEIFR 寄存器的一个。

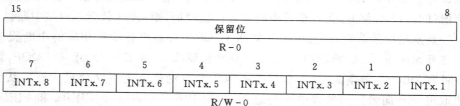

15							8
保留位							
R−0							

7	6	5	4	3	2	1	0
INTx. 8	INTx. 7	INTx. 6	INTx. 5	INTx. 4	INTx. 3	INTx. 2	INTx. 1
			R/W−0				

位 15~8　保留位

位 7　INTx. 8　这些寄存器位表示当前是否有中断。它们的作用与 CPU 内核中断标志寄存器类似。当一个中断有效时,对应的寄存器位置 1。当响应中断或向寄存器中的对应位写入 0 可以清零该位。读这些寄存器位也可以确定哪一个中断有效或悬挂着。x＝1 到 12。INTx 对应于 CPU 的 INT1 到 INT12。

位 6　　INTx.7
位 5　　INTx.6
位 4　　INTx.5
位 3　　INTx.4
位 2　　INTx.3
位 1　　INTx.2
位 0　　INTx.1

上述所有寄存器复位时都置位。CPU 访问 PIEIFR 寄存器时,有硬件优先级。在读取中断向量时,硬件自动清零 PIEIFR 寄存器位。PIE 中断使能寄存器(PIE-IERx,x＝1 到 12),每一个 CPU 中断对应 12 个 PIEIER 寄存器的一个。

PIE 中断使能寄存器(PIEIERx,x＝1 到 12)

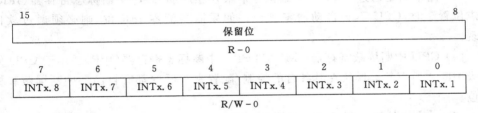

位 15～8　保留位
位 7　　INTx.8　这些寄存器位分别使能中断组中的一个中断,与 CPU 内核中断使能存寄存器作用相似。写入 1 则对应的中断使能,写入 0 将禁止对应的中断 x＝1 到 12。INTx 将对应于 CPU 的 INT1 到 INT12。
位 6　　INTx.7
位 5　　INTx.6
位 4　　INTx.5
位 3　　INTx.4
位 2　　INTx.3
位 1　　INTx.2
位 0　　INTx.1

CPU 中断标志寄存器(IFR)是 16 位的 CPU 寄存器,用来识别和清除悬挂着的中断。CPU 中断标志寄存器(IFR)包含 CPU 级的所有可屏蔽中断(INT1～INT14,DLOGINT 和 RTOSINT)的标志位。当 PIE 使能时,PIE 模块组合中断到 INT1～INT12。

当请求一个可屏蔽中断时,对应的外设模块控制寄存器的标志位置 1。如果对应的屏蔽位也为 1,则向 CPU 发出中断请求,设置 CPU 中断标志寄存器(IFR)中的相应标志位。这表示中断正被悬挂或等待应答。

为了识别正悬挂着的中断,用"PUSH IFR"汇编指令,然后测试堆栈值。用"OR

IFR"汇编指令置位 CPU 中断标志寄存器(IFR),用"AND IFR"汇编指令用户程序可以清除悬挂的中断。用汇编指令"AND IFR ♯0"或通过硬件复位可以清除所有正悬挂着的中断。

以下事件也可以清除 CPU 中断标志寄存器(IFR)的标志位:

● CPU 应答中断;

● 28x 器件复位。

以下几点需要注意:

(1)为了清除 CPU 中断标志寄存器(IFR)的标志位,必须向其写入1,而不是写入0。

(2)当应答一个可屏蔽中断时,硬件自动清零 CPU 中断标志寄存器(IFR)的标志位。对应的外设模块控制寄存器中的标志位不清零。如果需要清零控制寄存器,则必须通过软件实现。

(3)当中断是通过"INTR"汇编指令请求且相应的 CPU 中断标志寄存器(IFR)标志位置1时,CPU 不会自动清零该位。如果需要清零 IFR 位,则必须通过软件实现。

(4)CPU 中断屏蔽寄存器(IMR)和 CPU 中断标志寄存器(IFR)适用于 CPU 内核级中断。所有外设模块在其各自的控制/配置寄存器中都有自己的中断屏蔽和标志位。

(5)一个内核级中断对应一组外设中断。

CPU 中断标志寄存器(IFR)

15	14	13	12	11	10	9	8
RTOSINT	DLOGINT	INT14	INT13	INT12	INT11	INT10	INT9

R/W – 0

7	6	5	4	3	2	1	0
INT8	INT7	INT6	INT5	INT4	INT3	INT2	INT1

R/W – 0

位 15　RTOSINT　实时操作系统(RTOS)中断标志位。该位是 RTOS 中断的标志。

　　　0　无 RTOS 中断悬挂

　　　1　至少有一个 RTOS 中断正悬挂着。向其写入0将清零该位和清除中断请求

位 14　DLOGINT　数据记录中断标志位。该位是数据记录中断的标志。

　　　0　无 DLOGINT 中断悬挂

　　　1　至少有一个 DLOGINT 中断正悬挂着。向其写入0将清零该位和清除中断请求

位 13　INT14　中断 14 的标志位。该位是连接到 CPU 中断优先级 INT14 中断的标志。

　　　0　无 INT14 中断悬挂

　　　1　至少有一个 INT14 中断正悬挂着。向其写入0将清零该位和清除中断请求

位 12　INT13　中断 13 的标志位。该位是连接到 CPU 中断优先级 INT13 中断的标志。

　　　0　无 INT13 中断悬挂

　　　1　至少有一个 INT13 中断正悬挂着。向其写入0将清零该位和清除中断请求

位 11　INT12　中断 12 的标志位。该位是连接到 CPU 中断优先级 INT12 中断的标志。

　　　　0　　无 INT12 中断悬挂

　　　　1　　至少有一个 INT12 中断正悬挂着。向其写入 0 将清零该位和清除中断请求

位 10　INT11　中断 11 的标志位。该位是连接到 CPU 中断优先级 INT11 中断的标志。

　　　　0　　无 INT11 中断悬挂

　　　　1　　至少有一个 INT11 中断正悬挂着。向其写入 0 将清零该位和清除中断请求

位 9　INT10　中断 10 的标志位。该位是连接到 CPU 中断优先级 INT10 中断的标志。

　　　　0　　无 INT10 中断悬挂

　　　　1　　至少有一个 INT10 中断正悬挂着。向其写入 0 将清零该位和清除中断请求

位 8　INT9　中断 9 的标志位。该位是连接到 CPU 中断优先级 INT9 中断的标志。

　　　　0　　无 INT9 中断悬挂

　　　　1　　至少有一个 INT9 中断正悬挂着。向其写入 0 将清零该位和清除中断请求

位 7　INT8　中断 8 的标志位。该位是连接到 CPU 中断优先级 INT8 中断的标志。

　　　　0　　无 INT8 中断悬挂

　　　　1　　至少有一个 INT8 中断正悬挂着。向其写入 0 将清零该位和清除中断请求

位 6　INT7　中断 7 的标志位。该位是连接到 CPU 中断优先级 INT7 中断的标志。

　　　　0　　无 INT7 中断悬挂

　　　　1　　至少有一个 INT7 中断正悬挂着。向其写入 0 将清零该位和清除中断请求

位 5　INT6　中断 6 的标志位。该位是连接到 CPU 中断优先级 INT6 中断的标志。

　　　　0　　无 INT6 中断悬挂

　　　　1　　至少有一个 INT6 中断正悬挂着。向其写入 0 将清零该位和清除中断请求

位 4　INT5　中断 5 的标志位。该位是连接到 CPU 中断优先级 INT5 中断的标志。

　　　　0　　无 INT5 中断悬挂

　　　　1　　至少有一个 INT5 中断正悬挂着。向其写入 0 将清零该位和清除中断请求

位 3　INT4　中断 4 的标志位。该位是连接到 CPU 中断优先级 INT4 中断的标志。

　　　　0　　无 INT4 中断悬挂

　　　　1　　至少有一个 INT4 中断正悬挂着。向其写入 0 将清零该位和清除中断请求

位 2　INT3　中断 3 的标志位。该位是连接到 CPU 中断优先级 INT3 中断的标志。

　　　　0　　无 INT3 中断悬挂

　　　　1　　至少有一个 INT3 中断正悬挂着。向其写入 0 将清零该位和清除中断请求

位 1　INT2　中断 2 的标志位。该位是连接到 CPU 中断优先级 INT2 中断的标志。

　　　　0　　无 INT2 中断悬挂

　　　　1　　至少有一个 INT2 中断正悬挂着。向其写入 0 将清零该位和清除中断请求

位 0　INT1　中断 1 的标志位。该位是连接到 CPU 中断优先级 INT1 中断的标志。

　　　　0　　无 INT1 中断悬挂

　　　　1　　至少有一个 INT1 中断正悬挂着。向其写入 0 将清零该位和清除中断请求

　　CPU 中断使能寄存器（IER）是一个 16 位的 CPU 寄存器。CPU 中断使能寄存器（IER）包含所有可屏蔽的 CPU 中断（INT1～INT14，RTOSINT 和 DLOGINT）的使能位。NMI 和 XRS 不包括在 CPU 中断使能寄存器（IER）中，因此 CPU 中断使能寄存器（IER）对它们无效。用户可以读 CPU 中断使能寄存器（IER）去识别已使能或禁止的中断，也可以写 CPU 中断使能寄存器（IER）去使能或禁止中断。为了使能一

个中断,可以用"OR IER"汇编指令把对应的 CPU 中断使能寄存器(IER)使能位置 1。为了禁止一个中断,可以用"AND IER"汇编指令把对应的 CPU 中断使能寄存器(IER)使能位清零。当禁止一个中断时,不论 INTM 位的值,都不响应它。当使能一个中断时,如果对应的 CPU 中断使能寄存器(IER)使能位为 1 和 INTM 位为 0,则中断会得到响应。

当使用"OR IER"和"AND IER"汇编指令修改 CPU 中断使能寄存器(IER)的使能位时,要确定不修改 RTOSINT 位的状态,除非当前是处于实时操作系统模式。

当执行一个硬件中断或执行"INTR"汇编指令时,会自动清零对应的 CPU 中断使能寄存器(IER)使能位。当响应"TRAP"指令发出的中断请求时,CPU 中断使能寄存器(IER)使能位不会自动清零。在"TRAP"指令产生中断的情况中,如果对应的 CPU 中断使能寄存器(IER)使能位需要清零,则必须在中断服务程序中由用户程序完成。

复位时,所有的 CPU 中断使能寄存器(IER)使能位都为 0,禁止所有可屏蔽的 CPU 级中断。

CPU 中断使能寄存器(IER)

15	14	13	12	11	10	9	8
RTOSINT	DLOGINT	INT14	INT13	INT12	INT11	INT10	INT9

R/W - 0

7	6	5	4	3	2	1	0
INT8	INT7	INT6	INT5	INT4	INT3	INT2	INT1

R/W - 0

位 15　RTOSINT　实时操作系统中断使能位。该位使能或禁止 CPU RTOS 中断。

　　0　禁止 INT6

　　1　使能 INT6

位 14　DLOGINT　数据记录中断使能位。该位使能或禁止 CPU 数据记录中断。

　　0　禁止 INT6

　　1　使能 INT6

位 13　INT14　中断 14 使能位,该位使能或禁止 CPU 中断 INT14。

　　0　禁止 INT14

　　1　使能 INT14

位 12　INT13　中断 13 使能位,该位使能或禁止 CPU 中断 INT13。

　　0　禁止 INT13

　　1　使能 INT13

位 11　INT12　中断 12 使能位,该位使能或禁止 CPU 中断 INT12。

　　0　禁止 INT12

　　1　使能 INT12

位 10　INT11　中断 11 使能位,该位使能或禁止 CPU 中断 INT11。

　　0　禁止 INT11

　　1　使能 INT11

位 9　INT10　中断 10 使能位,该位使能或禁止 CPU 中断 INT10。

　　　　0　禁止 INT10

　　　　1　使能 INT10

位 8　INT9　中断 9 使能位,该位使能或禁止 CPU 中断 INT9。

　　　　0　禁止 INT9

　　　　1　使能 INT9

位 7　INT8　中断 8 使能位,该位使能或禁止 CPU 中断 INT8。

　　　　0　禁止 INT8

　　　　1　使能 INT8

位 6　INT7　中断 7 使能位,该位使能或禁止 CPU 中断 INT7。

　　　　0　禁止 INT7

　　　　1　使能 INT7

位 5　INT6　中断 6 使能位,该位使能或禁止 CPU 中断 INT6。

　　　　0　禁止 INT6

　　　　1　使能 INT6

位 4　INT5　中断 5 使能位,该位使能或禁止 CPU 中断 INT5。

　　　　0　禁止 INT5

　　　　1　使能 INT5

位 3　INT4　中断 4 使能位,该位使能或禁止 CPU 中断 INT4。

　　　　0　禁止 INT4

　　　　1　使能 INT4

位 2　INT3　中断 3 使能位,该位使能或禁止 CPU 中断 INT3。

　　　　0　禁止 INT3

　　　　1　使能 INT3

位 1　INT2　中断 2 使能位,该位使能或禁止 CPU 中断 INT2。

　　　　0　禁止 INT2

　　　　1　使能 INT2

位 0　INT1　中断 1 使能位,该位使能或禁止 CPU 中断 INT1。

　　　　0　禁止 INT1

　　　　1　使能 INT1

PIE 配置和控制寄存器如表 5-5 所列。

表 5-5　PIE 配置和控制寄存器

名　称	地　址	大小(×16)	说　明
PIECTRL	0x0CE0	1	PIE,控制寄存器
PIEACK	0x0CE1	1	PIE,应答寄存器
PIEIER1	0x0CE2	1	PIE,INT1 组使能寄存器
PIEIFR1	0x0CE3	1	PIE,INT1 组标志寄存器
PIEIER2	0x0CE4	1	PIE,INT2 组使能寄存器
PIEIFR2	0x0CE5	1	PIE,INT2 组标志寄存器
PIEIER3	0x0CE6	1	PIE,INT3 组使能寄存器

续表 5 - 5

名　称	地　址	大小(×16)	说　明
PIEIFR3	0x0CE7	1	PIE,INT3 组标志寄存器
PIEIER4	0x0CE8	1	PIE,INT4 组使能寄存器
PIEIFR4	0x0CE9	1	PIE,INT4 组标志寄存器
PIEIER5	0x0CEA	1	PIE,INT5 组使能寄存器
PIEIFR5	0x0CEB	1	PIE,INT5 组标志寄存器
PIEIER6	0x0CEC	1	PIE,INT6 组使能寄存器
PIEIFR6	0x0CED	1	PIE,INT6 组标志寄存器
PIEIER7	0x0CEE	1	PIE,INT7 组使能寄存器
PIEIFR7	0x0CEF	1	PIE,INT7 组标志寄存器
PIEIER8	0x0CF0	1	PIE,INT8 组使能寄存器
PIEIFR8	0x0CF1	1	PIE,INT8 组标志寄存器
PIEIER9	0x0CF2	1	PIE,INT9 组使能寄存器
PIEIFR9	0x0CF3	1	PIE,INT9 组标志寄存器
PIEIER10	0x0CF4	1	PIE,INT10 组使能寄存器
PIEIFR10	0x0CF5	1	PIE,INT10 组标志寄存器
PIEIER11	0x0CF6	1	PIE,INT11 组使能寄存器
PIEIFR11	0x0CF7	1	PIE,INT11 组标志寄存器
PIEIER12	0x0CF8	1	PIE,INT12 组使能寄存器
PIEIFR12	0x0CF9	1	PIE,INT12 组标志寄存器
保留	0x0CFA - 0x0CFF	6	保留

注：PIE 配置和控制寄存器未受 EALLOW 模式保护。PIE 向量表受保护。

有些器件支持 3 个可屏蔽的外部中断：XINT1，XINT2 和 XINT13。其中 XINT13 与一个非屏蔽中断 XNMI 复用。这些外部中断都可以选择上升沿、下降沿、正负边沿触发，也可以使能/禁止尖脉冲滤除的功能，可以分别使能或禁止(包括 XNMI)。可屏蔽中断也包含一个 16 位自由运行的增计数器，当检测到有效的中断边沿时，复位为 0。该计数器用来精确地标记中断时间。外部中断寄存器如表 5 - 6 所列。

表 5 - 6　外部中断寄存器

名　称	地　址	大小(×16)	说　明
XINT1CR	0x007070	1	XINT1 配置寄存器
XINT2CR	0x007071	1	XINT2 配置寄存器

续表 5-6

名 称	地 址	大小（×16）	说 明
XINT3CR	0x007072	1	XINT3 配置寄存器
XINT1CTR	0x007078	1	XINT1 计数寄存器
XINT2CTR	0x007079	1	XINT2 计数寄存器
XINT3CTR	0x00707A	1	XINT3 计数寄存器

外部中断 1 控制寄存器（XINT1CR）

15							8
保留							
R-0							

7			3	2	1	0
保留				Polarity	保留	Enable
R-0				R/W-0	R/W-0	R/W-0

位 15～3　保留位　读出值为 0，写操作无效。

位 2　Polarity　极性位，写该位决定是引脚信号的上升沿还是下降沿产生中断。

　　　 0　下降沿产生中断（高到低跳变）

　　　 1　上升沿产生中断（低到高跳变）

位 1　保留位　读出值为 0，写操作无效。

位 0　Enable　使能位。写该位使能或禁止外部中断 XINT1。

　　　 0　禁止中断

　　　 1　使能中断

外部 NMI 中断控制寄存器（XNMICR）

15							8
保留							
R-0							

7			3	2	1	0
保留				Polarity	Select	Enable
R-0				R/W-0	R/W-0	R/W-0

位 15～3　保留位　读出值为 0，写操作无效。

位 2　Polarity　极性位。写该位决定是引脚信号的上升沿还是下降沿产生中断。

　　　 0　下降沿产生中断（高到低跳变）

　　　 1　上升沿产生中断（低到高跳变）

位 1　Select　选择位

　　　 0　CPU 定时器 1 连接到 INT13

　　　 1　XNMI 连接到 INT13

位 0　Enable　使能位。写该位使能或禁止外部非屏蔽中断 NMI。

　　　 0　禁止中断

　　　 1　使能中断

对于每一个外部中断,各有一个 16 位计数器,当检测到中断边沿时复位为 0。这些计数器用来精确标记中断发生的时间。

外部中断 1 计数寄存器(XINT1CTR)

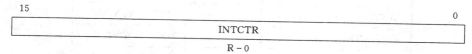

位 15～0　INTCTR　它是一个以 SYSCLKOUT 时钟频率自由增计数的 16 位计数器。当检测到有效的中断边沿时复位到 0x0000,然后连续计数直到检测到下一个有效中断边沿为止。当禁止中断时,计数器停止计数。当计数到最大值时,计数器会返回到 0,继续计数。该计数器是一个只读寄存器,只有在检测到有效中断边沿或复位时才跳变为 0。

外部 NMI 中断计数寄存器(XNMICTR)

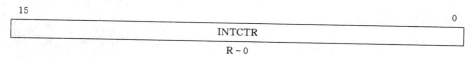

位 15～0　INTCTR　与外部中断 1 计数寄存器相同作用。

5.8　使用中断的定时器例程

以下介绍使用 TMS320F28027 芯片的定时器实现定时的例程。例程中实现了定时器 Timer0 定时 1 s,对应 LED 灯 D10 状态翻转,由亮到灭,再由灭到亮,一直循环下去;定时器 Timer1 定时 2 s,对应 LED 灯 D12 状态翻转;定时器 Timer2 定时 4 s,对应 LED 灯 D13 状态翻转。

适用范围:所描述的例程适用于 TMS320F28027 芯片,对于其他型号或封装的芯片,未经测试。

表 5－7 为输出引脚硬件配置表。图 5－3 为 LED 灯显示及输出接头电路图。图 5－4 为主函数流程框图。

表 5－7　输出引脚硬件配置表

序　号	LED 编号(PCB 上的元件编号)	IO 口	引脚号	说　明
1	D10	GPIO0	29	Timer0 对应 LED
2	D12	GPIO1	28	Timer1 对应 LED
3	D13	GPIO2	37	Timer2 对应 LED

1. 主函数例程

```
void main(void)
{
```

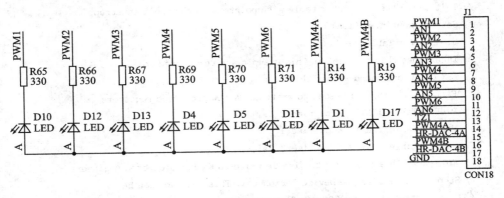

图 5 - 3　LED 灯显示及输出接头电路图

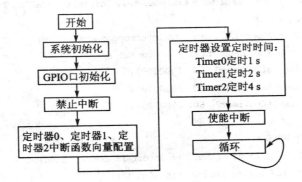

图 5 - 4　主函数流程框图

```
// Step 1. Initialize System Control：
// PLL, WatchDog, enable Peripheral Clocks
// This example function is found in the DSP2802x_SysCtrl.c file.
    InitSysCtrl();
// Step 2. Initalize GPIO：
// InitGpio();  // Skipped for this example
    InitTimerGpio();
// Step 3. Clear all interrupts and initialize PIE vector table：
// Disable CPU interrupts
    DINT;
// Initialize the PIE control registers to their default state.
// The default state is all PIE interrupts disabled and flags are cleared.
// This function is found in the DSP2802x_PieCtrl.c file.
    InitPieCtrl();
// Disable CPU interrupts and clear all CPU interrupt flags：
    IER = 0x0000;
    IFR = 0x0000;
```

```
// Initialize the PIE vector table with pointers to the shell Interrupt
// Service Routines (ISR).
    InitPieVectTable();
// Interrupts that are used in this example are re - mapped to
// ISR functions found within this file.
    EALLOW;  // This is needed to write to EALLOW protected registers
    PieVectTable.TINT0 = &cpu_timer0_isr;
    PieVectTable.TINT1 = &cpu_timer1_isr;
    PieVectTable.TINT2 = &cpu_timer2_isr;
    EDIS;  // This is needed to disable write to EALLOW protected registers
// Step 4. Initialize the Device Peripheral. This function can be
//         found in DSP2802x_CpuTimers.c
    InitCpuTimers();  // For this example, only initialize the Cpu Timers
#if (CPU_FRQ_60MHZ)
// Configure CPU - Timer 0, 1, and 2 to interrupt every second:
// 60MHz CPU Freq, 1 second Period (in uSeconds)
    ConfigCpuTimer(&CpuTimer0, 60, 1000000);
    ConfigCpuTimer(&CpuTimer1, 60, 2000000);
    ConfigCpuTimer(&CpuTimer2, 60, 4000000);
#endif
#if (CPU_FRQ_50MHZ)
// Configure CPU - Timer 0, 1, and 2 to interrupt every second:
// 50MHz CPU Freq, 1 second Period (in uSeconds)
    ConfigCpuTimer(&CpuTimer0, 50, 1000000);
    ConfigCpuTimer(&CpuTimer1, 50, 1000000);
    ConfigCpuTimer(&CpuTimer2, 50, 1000000);
#endif
#if (CPU_FRQ_40MHZ)
// Configure CPU - Timer 0, 1, and 2 to interrupt every second:
// 40MHz CPU Freq, 1 second Period (in uSeconds)
    ConfigCpuTimer(&CpuTimer0, 40, 1000000);
    ConfigCpuTimer(&CpuTimer1, 40, 1000000);
    ConfigCpuTimer(&CpuTimer2, 40, 1000000);
#endif
    CpuTimer0Regs.TCR.all = 0x4001; // Use write - only instruction to set TSS bit = 0
    CpuTimer1Regs.TCR.all = 0x4001; // Use write - only instruction to set TSS bit = 0
    CpuTimer2Regs.TCR.all = 0x4001; // Use write - only instruction to set TSS bit = 0
// Step 5. User specific code, enable interrupts:

// Enable CPU int1 which is connected to CPU - Timer 0, CPU int13
// which is connected to CPU - Timer 1, and CPU int 14, which is connected
// to CPU - Timer 2:
```

```
    IER |= M_INT1;
    IER |= M_INT13;
    IER |= M_INT14;
// Enable TINT0 in the PIE: Group 1 interrupt 7
    PieCtrlRegs.PIEIER1.bit.INTx7 = 1;


// Enable global Interrupts and higher priority real-time debug events:
    EINT;     // Enable Global interrupt INTM
    ERTM;     // Enable Global realtime interrupt DBGM


// Step 6. IDLE loop. Just sit and loop forever (optional):
    for(;;);
}
```

第**6**章

通用输入/输出

28027 器件有 22 个 GPIO 引脚,可以提供单个引脚的位触发功能。可独立编程为多功能复用的通用输入/输出(GPIO)引脚,每个引脚除了具有输入/输出功能之外,每个通用输入/输出(GPIO)引脚上还可以复用多达 3 个独立的功能,如图 6-1 所示。

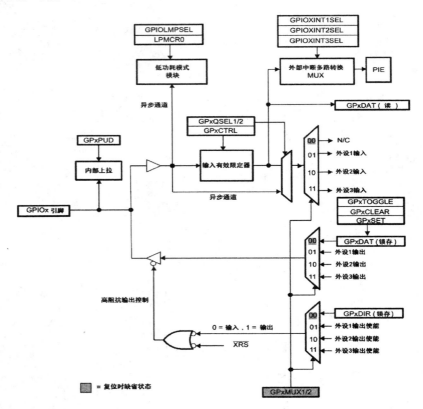

(1) x 代表端口,可以是 A 或 B。例如,根据特定的 GPIO 引脚的选择,GPxDIR 可以表示为 GPADIR 和 GPBDIR 寄存器。

(2) GPxDAT 的锁存和读都是访问同一个内存位置。

(3) 这是一个通用的 GPIO 多功能复用器(MUX)方框图。并不是所有选项都可用于所有 GPIO 引脚。

图 6-1　GPIO 多功能复用方框图

通用输入/输出多功能复用寄存器可以设置引脚的部分功能。这些引脚可以通过多功能复用寄存器(GPAMUX1/2)和多功能复用寄存器(GPBMUX1/2)分别设置成数字量输入/输出引脚或外设模块引脚。如果设置成数字量输入/输出引脚模式,GPIOA 方向寄存器(GPADIR)和 GPIOB 方向寄存器(GPBDIR)可以设置引脚的数据传送方向,并且还可以通过尖脉冲滤除选择寄存器(GPAQSEL1/2)、尖脉冲滤除选择寄存器(GPBQSEL1/2)、GPIOA 控制寄存器(GPACTRL)和 GPIOB 控制寄存器(GPBCTRL)对输入信号的窄脉冲进行滤除处理。这也是 28x 系列与 24x 系列相比其改进特点之一,它对按键消抖动,输入信号抗干扰十分有利。

通用输入/输出(GPIO)的控制和数据寄存器被映射到外设架构1,以 32 位寄存器方式运行(也可以 16 位方式运行)。表 6-1 展示了 GPIO 寄存器地址和功能。

表 6-1 GPIO 的寄存器组

名 称	地 址	大小(×16)	说 明
GPIO 控制寄存器(受 EALLOW 保护)			
GPACTRL	0x6F80	2	GPIOA 控制寄存器(GPIO0 至 31)
GPAQSEL1	0x6F82	2	GPIOA 尖脉冲滤除选择寄存器 1(GPIO0 至 15)
GPAQSEL2	0x6F84	2	GPIOA 尖脉冲滤除选择寄存器 2(GPIO16 至 31)
GPAMUX1	0x6F86	2	GPIOA 多功能复用(MUX)寄存器 1(GPIO0 至 15)
GPAMUX2	0x6F88	2	GPIOA 多功能复用(MUX)寄存器 2(GPIO16 至 31)
GPADIR	0x6F8A	2	GPIOA 方向寄存器(GPIO0 至 31)
GPAPUD	0x6F8C	2	GPIOA 上拉电阻禁止寄存器(GPIO0 至 GPIO31)
GPBCTRL	0x6F90	2	GPIOB 控制寄存器(GPIO32 至 38)
GPBQSEL1	0x6F92	2	GPIOB 尖脉冲滤除选择寄存器 1(GPIO32 至 38)
GPBMUX1	0x6F96	2	GPIOB 多功能复用(MUX)寄存器 1(GPIO32 至 38)
GPBDIR	0x6F9A	2	GPIOB 方向寄存器(GPIO32 至 38)
GPBPUD	0x6F9C	2	GPIOB 上拉电阻禁止寄存器(GPIO38 至 38)
AIOMUX	0x6FB6	2	模拟 I/O 多功能复用(MUX)寄存器(AIO0 至 AIO15)
AIODIR	0x6FBA	2	模拟 I/O 方向寄存器(AIO0 至 AIO15)
GPIO 数据寄存器(不受 EALLOW 保护)			
GPADAT	0x6FC0	2	GPIOA 数据寄存器(GPIO0 至 31)
GPASET	0x6FC2	2	GPIOA 数据设定寄存器(GPIO0 至 31)
GPACLEAR	0x6FC4	2	GPIOA 数据清除寄存器(GPIO0 至 31)
GPATOGGLE	0x6FC6	2	GPIOA 数据切换寄存器(GPIO0 至 31)
GPBDAT	0x6FC8	2	GPIOB 数据寄存器(GPIO32 至 38)

名　称	地　址	大小(×16)	说　明
GPBSET	0x6FCA	2	GPIOB 数据设定寄存器(GPIO32 至 38
GPBCLEAR	0x6FCC	2	GPIOB 数据清除寄存器(GPIO32 至 38
GPBTOGGLE	0x6FCE	2	GPIOB 数据切换寄存器(GPIO32 至 38)
AIODAT	0x6FD8	2	模拟 I/O 数据寄存器(AIO0 至 AIO15)
AIOSET	0x6FDA	2	模拟 I/O 数据设定寄存器(AIO0 至 AIO15)
AIOCLEAR	0x6FDC	2	模拟 I/O 数据清除寄存器(AIO0 至 AIO15)
AIOTOGGLE	0x6FDE	2	模拟 I/O 数据切换寄存器(AIO0 至 AIO15)
GPIO 中断和低功耗模式选择寄存器(受 EALLOW 保护)			
GPIOXINT1SEL	0x6FE0	1	XINT1GPIO 输入选择寄存器(GPIO0 至 31)
GPIOXINT2SEL	0x6FE1	1	XINT2GPIO 输入选择寄存器(GPIO0 至 GPIO31)
GPIOXINT3SEL	0x6FE2	1	XINT3GPIO 输入选择寄存器(GPIO0 至 GPIO31)
GPIOLPMSEL	0x6FE8	2	LPMGPIO 选择寄存器(GPIO0 至 GPIO31)

通过尖脉冲滤除选择寄存器(GPAQSEL1/2)可以有 4 种选择,用户可为每一个通用输入/输出(GPIO)引脚选择尖脉冲滤除的输入类型:

(1) 只与系统时钟 SYSCLKOUT 同步(尖脉冲滤除选择寄存器 GPxQSEL1/2＝00):这是复位时所有通用输入/输出(GPIO)引脚的默认模式,只是将输入信号与系统时钟 SYSCLKOUT 同步。

(2) 使用采样窗口的尖脉冲滤除条件(尖脉冲滤除选择寄存器 GPxQSEL1/2＝01 和 10):此模式中,当与系统时钟 SYSCLKOUT 同步后,输入信号在输入值改变前,需要满足一定数量的时钟周期的宽度要求。

(3) 由 GPxCTRL 寄存器内的 QUALPRD 位指定采样周期,此采样周期可以配置 8 路输入信号,是所指定的系统时钟周期的倍数。采样窗口可指定 3 个采样点或者 6 个采样点宽度,只有全部采样的值是一样的(全为 0 或者全为 1)输出才会发生变化,如图 6-2 所示的 6 个采样点的情况,当全 0 或者全 1 时,输出才会改变。

(4) 不同步(尖脉冲滤除选择寄存器 GPxQSEL1/2＝11):此模式用于无需同步的外设。

由于器件上所要求的多功能复用,有可能会有一个外设输入信号被映射到多于一个通用输入/输出(GPIO)引脚的情况。另外,当一个输入信号未选择时,输入信号将默认为 0 或 1 状态,这由外设而定。

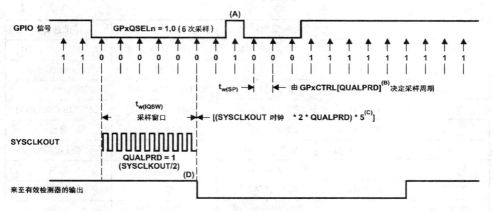

（A）此毛刺干扰脉冲将被输入尖脉冲滤除器所忽略。QUALPRD 位字段指定了尖脉冲滤除采样周期。它可在 00 至 0xFF 间变化。如果 QUALPRD=00，那么采样周期为 1 个系统时钟 SYSCLKOUT 周期。对于任何其他的"n"值，尖脉冲滤除采样周期为 2nSYSCLKOUT 周期（也就是说，在每一个系统时钟 SYSCLKOUT 周期上，GPIO 引脚将被采样）。

（B）通过 GPxCTRL 寄存器选择的尖脉冲滤除周期应用于一组 8 个 GPIO 引脚上。

（C）此尖脉冲滤除可采样 3 个或者 6 个样本。尖脉冲滤除选择寄存器（GPxQSELn）选择使用的采样模式。

（D）在图 6-2 中，为了使尖脉冲滤除器检测到变化，输入应该在 10 个系统时钟 SYSCLKOUT 周期或者更长的时间内保持稳定。也就是说，输入应该在（5×QUALPRD×2）×SYSCLKOUT 周期内保持稳定。这将确保发生 5 个用于检测的采样周期。由于外部时钟被异步驱动，一个 13×SYSCLKOUT 宽的脉冲将确保可靠识别。

图 6-2　采样模式示意图

6.1　通用输入 /输出引脚多功能复用寄存器选择功能

从写入多功能复用寄存器（GPxMUXn）/多功能复用寄存器（AIOMUXn）和尖脉冲滤除选择寄存器（GPxQSELn）到动作有效发生有两个系统时钟 SYSCLKOUT 周期延迟。

GPIO 多功能复用寄存器的选择功能如表 6-2～表 6-6 所列。

表 6-2　GPIO 多功能复用寄存器的选择功能

	初始功能默认设置	外设选择 1	外设选择 2	外设选择 3
GPA 多路开关 寄存器 1 的位	GPAMUX1=00	GPAMUX1=01	GPAMUX1=10	GPAMUX1=11
1-0	GPIO0	EPWM1A(O)	保留	保留
3-2	GPIO1	EPWM1B(O)	保留	COMP1OUT(O)
5-4	GPIO2	EPWM2A(O)	保留	保留

32位数字信号控制器原理及应用

92

	初始功能默认设置	外设选择 1	外设选择 2	外设选择 3
7-6	GPIO3	EPWM2B(O)	SPISOMIA(I/O)	COMP2OUT(O)
9-8	GPIO4	EPWM3A(O)	保留	保留
11-10	GPIO5	EPWM3B(O)	SPISOMOA(I/O)	ECAP1(I/O)
13-12	GPIO6	EPWM4A(O)	EPWMSYNCI(I)	EPWMSYNCO(O)
15-14	GPIO7	EPWM4B(O)	SCIRXDA(I)	保留
17-16	GPIO8	EPWM5A(O)	保留	$\overline{ADCSOCAO}$(O)
19-18	GPIO9	EPWM5B(O)	LINTXA(O)	保留
21-20	GPIO10	EPWM6A(O)	保留	$\overline{ADCSOCBO}$(O)
23-22	GPIO11	EPWM6B(O)	LINRXA(I)	保留
25-24	GPIO12	$\overline{TZ1}$(I)	SCITXDA(O)	SPISIMOB(I/O)
27-26	GPIO13	$\overline{TZ2}$(I)	保留	SPISIMIB(I/O)
29-28	GPIO14	$\overline{TZ3}$(I)	LINTXA(O)	SPICLKB(I/O)
31-30	GPIO15	$\overline{TZ4}$(I)	LINRXA(I)	$\overline{SPISTEB}$(I/O)
GPA 多路开关寄存器 2 的位	GPAMUX2=00	GPAMUX2=01	GPAMUX2=10	GPAMUX2=11
1-0	GPIO16	SPISIMOA(I/O)	保留	$\overline{TZ2}$(I)
3-2	GPIO17	SPISOMOA(I/O)	保留	$\overline{TZ3}$(I)
5-4	GPIO18	SPICLKA(I/O)	LINTXA(O)	SCLKOUT(O)
7-6	GPIO19	$\overline{SPISTEA}$(I/O)	LINRXA(I)	ECAP(I/O)
9-8	GPIO20	eQEP1A(I)	保留	COMP1OUT(O)
11-10	GPIO21	eQEP1B(I)	保留	COMP2OUT(O)
13-12	GPIO22	eQEP1S(I/O)	保留	LINTXA(O)
15-14	GPIO23	eQEP1L(I/O)	保留	LINRXA(I)
17-16	GPIO24	ECAP1(I/O)	保留	SPISIMOB(I/O)
19-18	GPIO25	保留	保留	SPISIMOB(I/O)
21-20	GPIO26	保留	保留	SPICLKB(I/O)
23-22	GPIO27	保留	保留	$\overline{SPISTEB}$(I/O)
25-24	GPIO28	SCIRXDA(I)	SDAA(I/OD)	$\overline{TZ2}$(I)
27-26	GPIO29	SCITXDA(O)	SCLA(I/OD)	$\overline{TZ3}$(I)
29-28	GPIO30	CANRXA(I)	保留	保留
31-30	GPIO31	CANTXA(O)	保留	保留

注：(1)"保留"是指没有周边分配到此多功能复用寄存器(GPxMUX1/2)设置。如果它被选中,该引脚的状态是不确定的并且可能被驱动。这一选择是为将来扩展预留的配置。

(2) I表示输入,O表示输出,OD表示漏极开路。

表 6－3　GPIOB 多功能复用寄存器的选择功能

GPBMUX 寄存器 1 的位	复位时默认状态下为基本 I/O 功能	外设选择 1	外设选择 2	外设选择 3
	GPBMUX1＝00	GPBMUX1＝01	GPBMUX1＝10	GPBMUX1＝11
1－2	GPIO32	SDAA(I/OD)	EPWMSYNCI(I)	ADCSOCAO(O)
3－2	GPIO33	SCLA(I/OD)	EPWMSYNCO(O)	ADCSOCBO(O)
5－4	GPIO34	COMP2OUT(O)	保留	COMP3OUT(O)
7－6	GPIO35(TDI)	保留	保留	保留
9－8	GPIO36(TMS)	保留	保留	保留
11－10	GPIO37(TDO)	保留	保留	保留
13－12	GPIO38/XCLKIN(TCK)	保留	保留	保留
15－14	GPIO39(2)	保留	保留	保留
17－16	GPIO40(2)	EPWM7A(O)	保留	保留
19－18	GPIO41(2)	EPWM7B(O)	保留	保留
21－20	GPIO42(2)	保留	保留	COMP1OUT(O)
23－22	GPIO43(2)	保留	保留	COMP2OUT(O)
25－24	GPIO44(2)	保留	保留	保留
27－26	保留	保留	保留	保留
29－28	保留	保留	保留	保留
31－30	保留	保留	保留	保留

注：(1) I＝输入，O＝输出，OD＝漏极开路；

　　 (2) 64 引脚封装中没有这些引脚。

表 6－4　模拟多功能复用寄存器的选择功能

AIOMUX 寄存器 1 的位	复位时的默认状态	
	AIOx 和外部器件选择 1	外部器件选择 2 和外部器件选择 3
	AIOMUX1＝0，x	AIOMUX1＝1，x
1－0	ADCINA0(I)	ADCINA0(I)
3－2	AD4CINA1(I)	ADCINA1(I)
5－4	AIO2(I/O)	ADCINA2(I)，COMP1A(I)
7－6	ADCINA3(I)	ADCINA3(I)
9－8	AIO4(I/O)	ADCINA4(I)，COMP2A(I)

续表 6-4

		复位时的默认状态
11-10	ADCINA5(I)	ADCINA5(I)
13-12	AIO6(I/O)	ADCINA6(I)COMP3A(I)
15-14	ADCINA7(I)	ADCINA7(I)
17-16	ADCINB0(I)	ADCINB0(I)
19-18	ADCINB1(I)	ADCINB1(I)
21-20	AIO10(I/O)	ADCINB2(I)COMP1B(I)
23-22	ADCINB3(I)	ADCINB3(I)
25-24	AIO12(I/O)	ADCINB4(I),COMP2B(I)
27-26	ADCINB5(I)	ADCINB5(I)
29-28	AIO14(I/O)	ADCINB6(I),COMP3B(I)
31-30	ADCINB7(I)	ADCINB7(I)

注：(1) I=输入,O=输出。

(2) 64 引脚封装中没有这些引脚。用户可以通过尖脉冲滤除选择寄存器(GPxQSEL1/2)来选择每个 GPIO 引脚的输入类型。

6.2 输入信号的采样窗口宽度设置

本节总结了不同的输入尖脉冲滤除器配置下用于输入信号的采样窗口宽度。采样频率表明相对于系统时钟 SYSCLKOUT 的信号采样频率。

如果 QUALPRD≠0,采样频率=SYSCLKOUT/(2×QUALPRD)；

如果 QUALPRD=0,采样频率=SYSCLKOUT；

如果 QUALPRD≠0,采样周期=SYSCLKOUT 周期×2×QUALPRD。

在上面的等式中,表明了系统时钟 SYSCLKOUT 的周期。如果 QUALPRD=0,采样周期=SYSCLKOUT 周期。

在一个指定的采样窗口中,输入信号的 3 个样本或者 6 个样本被采样以确定信号的有效性。由写入到尖脉冲滤除选择寄存器(GPxQSELn)的值确定。

情况 1：

使用 3 个样本的尖脉冲滤除

如果 QUALPRD≠0,采样窗口宽度=(SYSCLKOUT 周期×2×QUALPRD)×2

如果 QUALPRD=0,采样窗口宽度=(SYSCLKOUT 周期)×2

情况 2：

使用 6 个样本的尖脉冲滤除

如果 QUALPRD≠0,采样窗口宽度=(SYSCLKOUT 周期×2×QUALPRD)×5

如果 QUALPRD=0,采样窗口宽度=(SYSCLKOUT 周期)×5

6.3 开关量输出 LED 灯显示例程

本节描述了在 F28027 芯片上的数字引脚控制输出例程。例程中实现了对 8 个 LED 灯的跑马灯控制。相关硬件结构可参见图 1-4。

适用范围:本节所描述的例程适用于 F28027 芯片,对于其他型号或封装的芯片,未经测试。

表 6-5 为输出引脚硬件配置表。

表 6-5 输出引脚硬件配置表

序 号	LED 编号(PCB 上的元件编号)	IO 口	引脚号
1	D10	GPIO0	29
2	D12	GPIO1	28
3	D13	GPIO2	37
4	D4	GPIO3	38
5	D5	GPIO4	39
6	D11	GPIO5	40
7	D1	GPIO6	41
8	D17	GPIO7	42

开关量输出和 LED 灯显示电路及输出接头电路图可参见图 6-3。

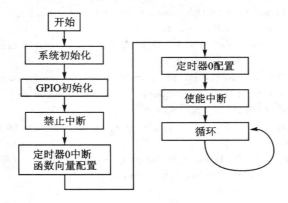

图 6-3 主函数流程框图

1. 主函数例程(程序流程框图见图 6-3)

```
void main(void)
{
// Step 1. Initialize System Control:
```

```
// PLL, WatchDog, enable Peripheral Clocks
// This example function is found in the DSP2802x_SysCtrl.c file.
    InitSysCtrl();
// Step 2. Initalize GPIO:
// This example function is found in the DSP2802x_Gpio.c file and
// illustrates how to set the GPIO to it's default state.
// InitGpio();  // Skipped for this example
    GPIO_init();
// Step 3. Clear all interrupts and initialize PIE vector table:
// Disable CPU interrupts
    DINT;
// Initialize the PIE control registers to their default state.
// The default state is all PIE interrupts disabled and flags
// are cleared.
// This function is found in the DSP2802x_PieCtrl.c file.
    InitPieCtrl();
// Disable CPU interrupts and clear all CPU interrupt flags:
    IER = 0x0000;
    IFR = 0x0000;
// Initialize the PIE vector table with pointers to the shell Interrupt
// Service Routines  (ISR).
// This will populate the entire table, even if the interrupt
// is not used in this example.   This is useful for debug purposes.
// The shell ISR routines are found in DSP2802x_DefaultIsr.c.
// This function is found in DSP2802x_PieVect.c.
    InitPieVectTable();
// Interrupts that are used in this example are re - mapped to
// ISR functions found within this file.
    EALLOW;  // This is needed to write to EALLOW protected registers
    PieVectTable.TINT0 = &cpu_timer0_isr;
    EDIS;     // This is needed to disable write to EALLOW protected registers
// Step 4. Initialize the Device Peripheral. This function can be
//           found in DSP2802x_CpuTimers.c
    InitCpuTimers();    // For this example, only initialize the Cpu Timers
# if (CPU_FRQ_60MHz)
// Configure CPU - Timer 0, 1, and 2 to interrupt every second:
// 60MHz CPU Freq, 1 second Period  (in uSeconds)
    ConfigCpuTimer(&CpuTimer0, 60, 1000000);
    ConfigCpuTimer(&CpuTimer1, 60, 2000000);
    ConfigCpuTimer(&CpuTimer2, 60, 3000000);
# endif
# if(CPU_FRQ_50MHz)
// Configure CPU - Timer 0, 1, and 2 to interrupt every second:
// 50MHz CPU Freq, 1 second Period  (in uSeconds)
    ConfigCpuTimer(&CpuTimer0, 50, 1000000);
```

```
    ConfigCpuTimer(&CpuTimer1, 50, 1000000);
    ConfigCpuTimer(&CpuTimer2, 50, 1000000);
# endif
# if (CPU_FRQ_40MHz)
// Configure CPU - Timer 0, 1, and 2 to interrupt every second：
// 40MHz CPU Freq, 1 second Period (in uSeconds)
    ConfigCpuTimer(&CpuTimer0, 40, 1000000);
    ConfigCpuTimer(&CpuTimer1, 40, 1000000);
    ConfigCpuTimer(&CpuTimer2, 40, 1000000);
# endif
// To ensure precise timing, use write - only instructions to write to the entire regis-
ter. Therefore, if any
// of the configuration bits are changed in ConfigCpuTimer and InitCpuTimers (in
DSP2802x_CpuTimers.h), the
// below settings must also be updated.
    CpuTimer0Regs.TCR.all = 0x4001; // Use write - only instruction to set TSS bit = 0
// Step 5. User specific code, enable interrupts：
// Enable CPU int1 which is connected to CPU - Timer 0
    IER | = M_INT1;
// Enable TINT0 in the PIE: Group 1 interrupt 7
    PieCtrlRegs.PIEIER1.bit.INTx7 = 1;
// Enable global Interrupts and higher priority real - time debug events：
    EINT;    // Enable Global interrupt INTM
    ERTM;    // Enable Global realtime interrupt DBGM
    CpuTimer0.InterruptCount = 0;
// Step 6. IDLE loop. Just sit and loop forever (optional)：
for(;;);
}
```

2. 跑马灯函数例程(程序流程框图见图 6 - 4)

```
interrupt void cpu_timer0_isr(void)
{
    CpuTimer0.InterruptCount ++ ;
    // D15 呼吸灯
    GpioDataRegs.GPBTOGGLE.bit.GPIO34 = 1;
    switch(CpuTimer0.InterruptCount)
    {
        case 1：
            GpioDataRegs.GPATOGGLE.bit.GPIO0 = 1;
            break;
        case 2：
            GpioDataRegs.GPATOGGLE.bit.GPIO1 = 1;
            break;
        case 3：
```

```
                GpioDataRegs.GPATOGGLE.bit.GPIO2 = 1;
                break;
        case 4:
                GpioDataRegs.GPATOGGLE.bit.GPIO3 = 1;
                break;
        case 5:
                GpioDataRegs.GPATOGGLE.bit.GPIO4 = 1;
                break;
        case 6:
                GpioDataRegs.GPATOGGLE.bit.GPIO5 = 1;
                break;
        case 7:
                GpioDataRegs.GPATOGGLE.bit.GPIO6 = 1;
                break;
        case 8:
                GpioDataRegs.GPATOGGLE.bit.GPIO7 = 1;
                break;
        default:
                break;
    }
    if(CpuTimer0.InterruptCount == 8)
    {
        CpuTimer0.InterruptCount = 0;
    }
    // Acknowledge this interrupt to receive more interrupts from group 1
    PieCtrlRegs.PIEACK.all = PIEACK_GROUP1;
}
```

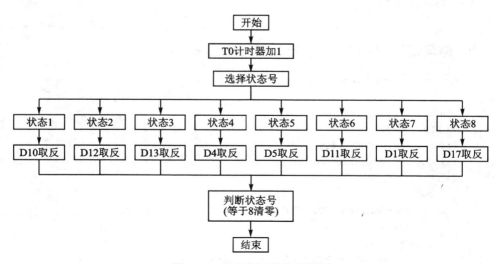

图 6-4 跑马灯函数流程框图

第 7 章

串行外设接口

串行外设接口(Serial Port Interface,SPI)是一个高速同步串行输入/输出接口，允许 1～16 位字符长度的可编程数据流以可编程的位传送速率移入或移出器件。MCU 通常使用 SPI 与外围设备或其他控制器进行通信。主要应用包括外部输入/输出或通过移位寄存器、显示驱动器、模数转换器进行扩展,也可采用主控/从动模式实现多控制器间的数据交换。为了降低 CPU 的开销,支持 4 级先进先出缓冲(FIFO)的接收和发送。28027 提供一个 SPI 模块。

SPI 模块的特性包括：

- 4 个外部引脚：
  - SPISOMI：SPI 从机输出/主控输入引脚；
  - SPISIMO：SPI 从机输入/主控输出引脚；
  - SPISTE：SPI 从机发送使能引脚；
  - SPICLK：SPI 串行时钟引脚。

如果不使用 SPI 模块,所有 4 个引脚还可用作 GPIO 功能。

- 两种运行模式：主控和从动。
- 波特率：125 个不同的可编辑速率；

$$波特率 = \frac{LSPCLK}{(SPIBRR + 1)}(当 SPIBRR = 3 \sim 127)$$

$$波特率 = \frac{LSPCLK}{4}(当 SPIBRR = 0,1,2)$$

- 数据字长度：1～16 数据位；
- 包括 4 个计时机制(由时钟极性和时钟相位的位控制)：
  - 无相位延迟的下降沿：串行时钟 SPICLK 高电平有效。SPI 在串行时钟 SPICLK 信号的下降沿上发送数据,而在串行时钟 SPICLK 信号的上升沿上接收数据。
  - 有相位延迟的下降沿：串行时钟 SPICLK 高电平有效。SPI 在串行时钟 SPICLK 信号下降沿之前的半个周期发送数据,而在串行时钟 SPICLK 信号的下降沿上接收数据。
  - 无相位延迟的上升沿：串行时钟 SPICLK 低电平无效。SPI 在串行时钟

SPICLK 信号的上升沿上发送数据,而在串行时钟 SPICLK 信号的下降沿上接收数据。

— 有相位延迟的上升沿:串行时钟 SPICLK 低电平无效。SPI 在串行时钟 SPICLK 信号的上降沿之前的半个周期发送数据,而在串行时钟 SPICLK 信号的上升沿上接收数据。

● 同时接收和发送操作(发送功能可在软件中被禁止);
● 通过中断驱动或者轮询算法来完成发射器和接收器运行;
● 9 个 SPI 模块的控制寄存器:位于外设架构开始地址 7040h。

增强型特性:
● 4 级发送/接收 FIFO 寄存器;
● 经延迟的发射控制;
● 支持双向 3 线 SPI 模式。

SPI 与 CPU 连接框图如图 7-1 所示。

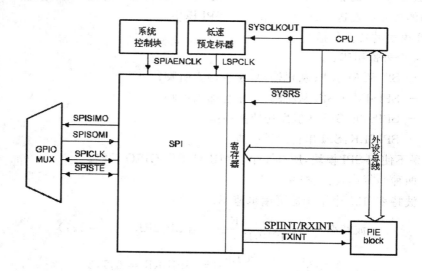

图 7-1　SPI 与 CPU 连接框图

SPI 工作在从动模式的框图如图 7-2 所示,显示了与 SPI 模块相关的基本控制模块。

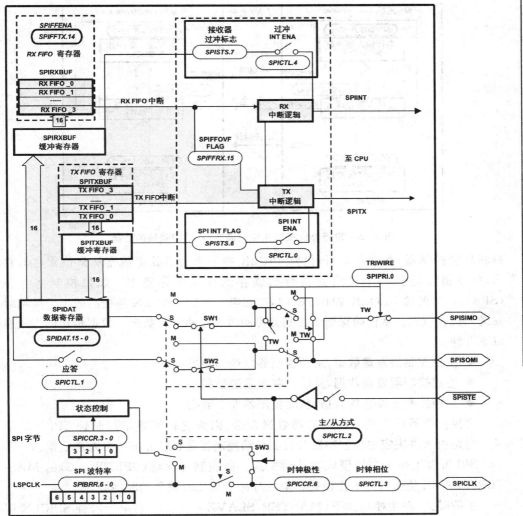

注：SPISTE 被主控器件驱动为用于从动器件的低电平。

图 7 - 2　SPI 模块方框图(从动模式)

7.1　串行外设接口主从工作原理

对串行外设接口 SPI 的操作包括 SPI 的工作模式设置、中断设置、数据格式、时钟源以及初始化,等等。用于通信的 SPI 在两个控制器(主控控制器和从动控制器)之间的连接应用如图 7 - 3 所示。

主控控制器通过输出串行时钟信号 SPICLK 来启动数据传送。对于主控控制

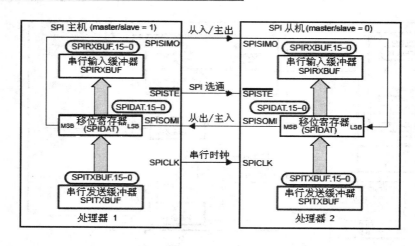

图7-3 串行外设接口主控控制器/从动控制器的连接

器和从动控制器,都是在串行时钟 SPICLK 的一个边沿处将数据从移位寄存器移出,并在相反的另一个边沿处将数据锁存到移位寄存器中。如果控制寄存器(SPICTL 3)的位 CLOCK PHASE=1,则在串行时钟 SPICLK 跳变前的半个周期时发送和接收数据。从而确保两个控制器可同时发送和接收数据。数据传送的方法有以下 3 种:

● 主控控制器发送数据,从动控制器发送伪数据;
● 主控控制器发送数据,从动控制器发送数据;
● 主控控制器发送伪数据,从动控制器发送数据。

主控控制器可在任一时刻启动数据发送,因为它控制着串行时钟 SPICLK 信号。但是由软件决定主控控制器来检测从动控制器是否已经准备好发送数据。

SPI 可以工作于主控模式和从动模式。由控制寄存器(SPICTL 2)的 MAS-TER/SLAVE 位来选择工作模式和串行时钟 SPICLK 信号的时钟源。

主控模式:在主控模式下(MASTER/SLAVE=1),SPI 在串行时钟 SPICLK 引脚上提供整个串行通信网络的串行时钟。数据从 SPISIMO 引脚输出,并锁存 SPI-SOMI 引脚上输入的数据。

SPI 波特率寄存器(SPIBRR)设定网络发送和接收的位传送率,SPI 可选择 125 种不同的数据传送率。

写入到串行数据寄存器(SPIDAT)或串行发送缓冲寄存器(SPITXBUF)的数据启动 SPISIMO 引脚上的数据发送,先发送最高有效位(MSB)。同时,接收到的数据通过 SPISOMI 引脚移入到串行数据寄存器(SPIDAT)的最低有效位(LSB)。当选定的位发送完时,整个数据发送完毕。接收到的数据传送到串行接收缓冲寄存器(SPIRXBUF),并在串行接收缓冲寄存器(SPIRXBUF)中右对齐存储供 CPU 读取。

当指定的数据位通过串行数据寄存器(SPIDAT)移位后,将发生下列事件:

- 串行数据寄存器(SPIDAT)中的内容被传送到串行接收缓冲寄存器(SPIRX-BUF)中；
- 状态寄存器(SPISTS 6)的位 SPI INT FLAG＝1；
- 如果串行发送缓冲寄存器(SPITXBUF)中存在有效数据,需要判断状态寄存器(SPISTS)的 TXBUF FULL 标志位来确定,此数据将传送到串行数据寄存器(SPIDAT)中并被发送；否则就将接收到的数据移出串行数据寄存器(SPIDAT)之后,串行时钟 SPICLK 时钟停止。

如果控制寄存器(SPICTL 0)的中断使能位 SPI INT ENA＝1,将产生中断请求。

在典型应用中,SPISTE 引脚可以做为 SPI 从动控制器的片选信号引脚,此引脚由主控控制器驱动,在发送主控控制器的数据前将 SPISTE 引脚置低,在主控控制器的数据发送完后将 SPISTE 引脚置高。

从动模式: 在从动模式下(MASTER/SLAVE＝0),数据从 SPISOMI 引脚移出并由 SPISIMO 引脚移入。串行时钟 SPICLK 引脚用于串行移位时钟的输入,该时钟由 SPI 主控控制器提供。该时钟决定了传送率,串行时钟 SPICLK 的输入频率应不超过器件系统时钟的1/4。

当网络主控控制器的串行时钟 SPICLK 信号为合适的边沿时,写入串行数据寄存器(SPIDAT)或串行发送缓冲寄存器(SPITXBUF)的数据被送出。当移出数据寄存器(SPIDA)T 中的所有数据位后,则将串行发送缓冲寄存器(SPITXBUF)中的数据移到串行数据寄存器(SPIDAT)中。如果当前没有数据正在发送,则写入串行发送缓冲寄存器(SPITXBUF)中的数据会立即移到串行数据寄存器(SPIDAT)中并开始发送。当接收数据时,SPI 等待主控控制器发送串行时钟 SPICLK 信号,随着串行时钟 SPICLK 信号,将 SPISIMO 引脚上的数据移入到串行数据寄存器(SPIDAT)。如果从动控制器同时也在发送数据,之前串行发送缓冲寄存器(SPITXBUF)中也没有写入数据,则必须在串行时钟 SPICLK 信号开始之前将数据写入到串行发送缓冲寄存器(SPITXBUF)或串行数据寄存器(SPIDAT)中。

当控制寄存器(SPICTL 1)的 TALK 位清零时,数据发送被禁止,控制器输出引脚 SPISOMI 置为高阻态。当在数据发送期间 TALK 位清零,虽然 SPISOMI 引脚强制置为高阻态了,但当前正在发送的数据将会发送完。以便确保 SPI 仍然可以正确接收完输入的数据。有了 TALK 位则允许在同一个 SPI 上连接多个从动器件,但是任一时刻只能有一个从动器件可以驱动 SPISOMI 引脚。

当 SPISTE 引脚用于从动控制器的片选引脚时,SPISTE 引脚上的低电平有效信号使从动控制器的 SPI 将数据传送到串行数据线上。而高无效信号则使从动控制器的 SPI 串行移位寄存器停止移位,并且串行输出引脚置成高阻态。使同一网络上可以连接多个从动器件,但是任一时刻只能有一个从动器件起作用。

7.2 串行外设接口中断

SPI 的操作涉及中断初始化、数据格式、时钟和数据传送等。SPI 有 5 个控制位用于串行外设接口中断初始化：

SPI 控制寄存器(SPICTL 0)的中断使能位(SPI INT ENA)：当 SPI 中断使能位置 1 并且中断发生时，将申请相应的中断。

SPI 状态寄存器(SPISTS 6)的中断标志位(SPI INT FLAG)：该状态标志表示一个数据已经放入 SPI 接收缓冲器，并且可以读出。在 SPI 中断使能的情况下，当数据移入或移出串行数据寄存器(SPIDAT)时，中断标志位将置位，若 SPI 中断使能将产生中断。中断标志位保持置位，直到以下情况之一发生时才清除：

- 中断确认；
- CPU 读取串行接收缓冲寄存器(SPIRXBUF)(注意读仿真缓冲寄存器 SPIRXEMU 并不会清除中断标志位)；
- 用一个空闲模式 IDLE 指令，器件进入空闲模式或暂停模式；
- 软件清除 SPI 配置控制寄存器(SPICCR 7)的 SW RESET 位；
- 系统复位。

当 SPI 的位 INT FLAG=1 时，表示一个字符已存放在串行接收缓冲寄存器(SPIRXBUF)中并等待 CPU 读取，如果 CPU 在下一个字符已经接收完毕时还没有读取串行接收缓冲寄存器(SPIRXBUF)中的数据，则新数据写入到串行接收缓冲寄存器(SPIRXBUF)，并覆盖旧数据，此时 SPI 接收过冲中断标志位将置位。

SPI 控制寄存器(SPICTL 4)的过冲中断使能位(OVERRUN INT ENA)：无论何时硬件置位状态寄存器(SPISTS7)的接收过冲标志位，过冲中断就会发出中断请求。由 SPI 状态寄存器(SPISTS7)和状态寄存器(SPISTS6)的中断标志位产生的中断共用同一个中断向量。

SPI 状态寄存器(SPISTS 7)的接收过冲中断标志位(RECEIVE OVERRUN INT FLAG)：如果前一个已接收的数据没有从串行接收缓冲寄存器(SPIRXBUF)中读出，而接受到的新数据又写入串行接收缓冲寄存器(SPIRXBUF)，那么接收过冲标志位将置位。接收过冲标志位必须由软件清零。

数据格式：

SPI 配置控制寄存器(SPICCR3～0)位确定了数据的位数(1～16 位)，该信息引导状态控制逻辑计算接收和发送的位数，从而判定何时处理完一个数据，少于 16 位的数据采用下列方法处理：

- 当数据写入到串行数据寄存器(SPIDAT)或串行发送缓冲寄存器(SPITXBUF)时必须左对齐；
- 数据从串行接收缓冲寄存器(SPIRXBUF)读取时必须右对齐；

● 串行接收缓冲寄存器(SPIRXBUF)中存放最新接收到的数据位(右对齐),再加上已移位到左边的前次留下的数据位。

如果发送字符的长度为1位,则SPI配置控制寄存器(SPICCR3~0)且串行数据寄存器(SPIDAT)当前值为737BH。在主控模式下,串行数据寄存器(SPIDAT)和串行接收缓冲寄存器(SPIRXBUF)在数据发送前和发送后的数据格式表示如图7-4所示。

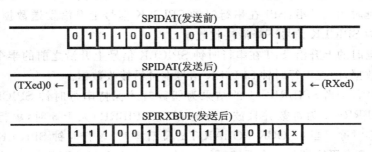

注意:在主控状态下,如果SPISOMI引脚上的电平为高,则X=1;如果SPI-SOMI引脚上的电平为低,则X=0。

图7-4 SPI发送前后的数据格式

SPI波特率设置和时钟模式:

SPI支持125种波特率和4种时钟模式。根据SPI的工作模式(从动或主控),SPICLK引脚可分别接收一个外部的SPI时钟信号或由片内提供SPI时钟信号。

● 在从动工作模式中,SPI通过串行时钟SPICLK引脚接收来自外部的时钟信号,时钟频率小于LSPCLK/4;

● 在主控工作模式中,SPI时钟由片内的SPI产生并由串行时钟SPICLK引脚输出,时钟频率小于LSPCLK/4。

波特率的确定:

● 对于SPIBRR=3~127:SPI波特率=LSPCLK/(SPIBRR+1);

● 对于SPIBRR=0、1或2:SPI波特率=LSPCLK/4。

其中LSPCLK为系统的低速外设模块时钟频率。SPI波特率寄存器(SPIBRR)是8位寄存器,其中第7位为设置数据。

为了确定波特率寄存器(SPIBRR)的值,必须知道工作模式下的系统时钟频率(由器件自身决定)和波特率。

例:如何确定F240xA SPI的最大波特率。假设LSPCLK=40 MHz。

SPI最大波特率=LSPCLK/4=$(40 \times 10^6)/4 = 10 \times 10^6$ bps。

SPI的时钟模式:

SPI配置控制寄存器(SPICCR 6)的时钟极性位CLOCK POLARITY和控制寄存器(SPICTL 3)的时钟相位(CLOCK PHASE)位设定串行时钟SPICLK引脚上的

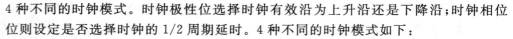

4 种不同的时钟模式。时钟极性位选择时钟有效沿为上升沿还是下降沿；时钟相位位则设定是否选择时钟的 1/2 周期延时。4 种不同的时钟模式如下：

- 无延时的下降沿：SPI 在串行时钟 SPICLK 信号下降沿发送数据，而在串行时钟 SPICLK 信号上升沿接收数据。
- 有延时的下降沿：SPI 在串行时钟 SPICLK 信号下降沿之前的半个周期时发送数据，而在串行时钟 SPICLK 信号下降沿接收数据。
- 无延时的上升沿：SPI 在串行时钟 SPICLK 信号上升沿发送数据，而在串行时钟 SPICLK 信号下降沿接收数据。
- 有延时的上升沿：SPI 在串行时钟 SPICLK 信号上升沿之前的半个周期时发送数据，而在串行时钟 SPICLK 信号上升沿接收数据。

对于 SPI，仅当 SPIBRR+1 的结果为偶数时才保持串行时钟 SPICLK 的对称性。当 SPIBRR+1 为奇数并且波特率寄存器（SPIBRR）大于 3 时，串行时钟 SPICLK 变成非对称。当 CLOCK POLARITY 位清零时，串行时钟 SPICLK 脉冲的低电平宽度比高电平宽度长一个系统时钟；当位 CLOCK POLARITY＝1 时，串行时钟 SPICLK 脉冲的高电平宽度比低电平宽度长一个系统时钟。图 7-5 为当 SPIBRR+1 为奇数、SPIBRR＞3 且 CLOCK POLARITY＝1 时的串行时钟 SPICLK 引脚的输出特性。

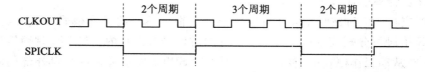

图 7-5　串行时钟 SPICLK 引脚输出特性

串行外设接口的初始化：

当系统复位时，串行外设接口进入下列默认的配置：

- SPI 被配置成从动模式（MASTER/SLAVE＝0）；
- 禁止发送功能（TALK＝0）；
- 在串行时钟 SPICLK 信号的下降沿输入的数据被锁存；
- 字符长度设定为 1 位；
- 禁止 SPI 中断；
- 串行数据寄存器（SPIDAT）中的数据被复位为 0000H；
- SPI 模块的 4 个引脚配置成通用的 I/O 输入引脚（由 I/O 多功能复用控制寄存器 MCRB 控制）。

为了改变 SPI 在系统复位后的配置，应进行如下操作：

➢ 将 SPI 配置控制寄存器（SPICCR　7）的 SPI SW RESET 位清零，强制 SPI 进入复位状态；

> ➢ 初始化 SPI 的配置包括数据格式、波特率、工作模式和所需引脚的功能；
> ➢ 置位 SPI SW RESET＝1，使 SPI 进入工作状态；
> ➢ 写数据到串行数据寄存器（SPIDAT）或串行发送缓冲寄存器（SPITXBUF）中（启动主控模式下的通信过程）；
> ➢ 状态寄存器（SPISTS 6）＝1 数据传送结束，读取串行接收缓冲寄存器（SPIRXBUF）的数据；

为了防止初始化改变时发生意外事件，在对 SPI 初始化之前将 SPI 配置控制寄存器（SPICCR　7）的 SPI SW RESET 位清零，在初始化完成之后再对该位置 1。

注意：在 SPI 通信过程中不能改变 SPI 的配置。

数据传送：SPI 数据传送时序：

（1）从动控制器将 0D0H 写入到数据寄存器（SPIDAT），并等待主控控制器移出数据；

（2）主控控制器将从动控制器的 SPISTE 引脚的电平置低（有效）；

（3）主控控制器将 058H 写入到数据寄存器（SPIDAT）来启动传送过程；

（4）第一个字节传送完成，设置中断标志位；

（5）从动控制器从它的接收缓冲寄存器（SPIRXBUF）（右对齐）中读取数据 0BH；

（6）从动控制器将 04CH 写入到数据寄存器（SPIDAT）中，并等待主控控制器移出数据；

（7）主控控制器将 06CH 写入到数据寄存器（SPIDAT）中来启动传送过程；

（8）主控控制器从接收缓冲寄存器（SPIRXBUF）（右对齐）中读取 01AH；

（9）第二个字节传送完成，设置中断标志位。

（10）主、从动控制器分别从各自的接收缓冲寄存器（SPIRXBUF）中读取 89H 和 8DH。在用户程序屏蔽掉了未使用的位之后，主、从动控制器分别接收到 09H 和 0DH；

（11）主控控制器将从动控制器的 SPISTE 引脚的电平置高（无效）。

7.3　串行外设接口先入先出缓冲器概述

以下几个步骤说明了先进先出缓冲（FIFO）的特点以及如何对 SPI 的先进先出缓冲（FIFO）进行编程：

（1）复位：上电复位时，SPI 工作在标准 SPI 模式，禁止先进先出缓冲（FIFO）功能。先进先出缓冲（FIFO）寄存器 SPIFFTX、SPIFFRX 和 SPIFFCT 不起作用；

（2）标准 SPI：工作在标准的 240x SPI 模式，SPIINT/SPIRXINT 作为中断源；

（3）模式转换：将 SPIFFTX 寄存器中的 SPIFFEN 位置 1，使能先进先出缓冲（FIFO）模式。在任何操作阶段 SPIRST 都可以复位先进先出缓冲（FIFO）模式；

（4）激活寄存器：激活所有的 SPI 寄存器和 SPI 的先进先出缓冲（FIFO）寄存器 SPIFFTX、SPIFFRX 和 SPIFFCT；

（5）中断：先进先出缓冲（FIFO）模式有两个中断，一个用于先进先出缓冲（FIFO）发送 SPITXINT，一个用于先进先出缓冲（FIFO）接收 SPIINT/SPIRXINT；SPIINT/SPIRXINT 是 SPI FIFO 接收、接收错误和先进先出缓冲（FIFO）接收溢出的通用中断。在标准 SPI 中，用于发送和接收中断的 SPIINT 使能，然而这个中断将用于 SPIFIFO 接收中断；

（6）缓冲器：用两个 16×16 的先进先出缓冲（FIFO）扩充发送和接收缓冲器。标准 SPI 的一字节发送缓冲器 TXBUF 做为先进先出缓冲（FIFO）发送和移位寄存器之间的转换缓冲器。只有在移位寄存器的最后一位被移出之后，先进先出缓冲（FIFO）发送中的数据才被载入一字节发送缓冲器；

（7）延时传送：先进先出缓冲（FIFO）的发送速率是可编程的。SPIFFCT 寄存器的 FFTXDLY7～FFTXDLY0 位定义了字传送之间的延时。以 SPI 串行时钟周期的个数来定义延时长短。8 位寄存器可以定义最小为 0 个串行时钟周期的延时和最大为 255 个串行时钟周期的延时。在 0 个串行时钟周期延时的情况下，SPI 模块可以以连续模式（FIFO 数据一个接一个移出）发送数据。在 255 个串行时钟周期延时的情况下，SPI 模块可以以最大延时模式（FIFO 数据两个字节移出间隔 255 个串行时钟周期）发送数据。可编程延时传送可以方便的用于速度较慢的 SPI 外设的发送，如 EEPROMs、模数转换、DAC 等；

（8）先进先出缓冲（FIFO）状态位：先进先出缓冲（FIFO）的发送和接收有状态位 TXFFST 或 RXFFST（位 12～0）状态位定义了任何时刻 FIFOs 可以使用的字节数。当先进先出缓冲（FIFO）发送复位位（TXFIFO）和先进先出缓冲（FIFO）接收复位位（RXFIFO）置为 1 时，先进先出缓冲（FIFO）的指针被复位并指向 0。一旦这些位清零，FIFOs 将从原始状态重新启始；

（9）可编程的中断优先级：先进先出缓冲（FIFO）的发送和接收可以产生 CPU中断。当先进先出缓冲（FIFO）发送状态位（TXFFST）（位 12～8）与中断触发档位（TXFFIL）（位 4～0）匹配时（前者小于或等于后者），产生相应的中断。这样就提供了一个 SPI 发送和接收部分的可编程中断触发器。先进先出缓冲（FIFO）接收和先进先出缓冲（FIFO）发送中断触发档位的默认值分别为 0x11111 和 0x00000。

7.4　串行外设接口先入先出缓冲器中断

SPI 的先进先出缓冲（FIFO）中断标志位和使能逻辑图如图 7-6 所示。SPI 中断标志位模式如表 7-1 所列。

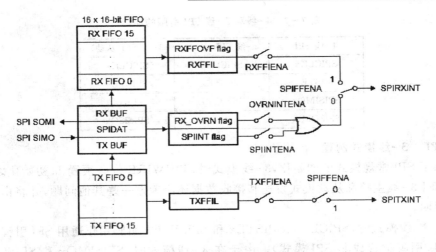

图 7-6   SPI 的先进先出缓冲(FIFO)中断标志位和使能逻辑图

表 7-1   SPI 中断标志模式

先进先出缓冲(FIFO)模式选择	SPI 中断源	中断标志	中断使能	FIFO 使能	中断
无先进先出缓冲(FIFO) 的 SPI 模式	接收过冲	RXOVRN	OVRNINTENA	0	SPIRXINT
	数据接收	SPIINT	SPIINTENA	0	SPIRXINT
	发送数据空	SPIINT	SPIINTENA	0	SPITXINT
有先进先出缓冲(FIFO) 的 SPI 模式	FIFO 数据接收	RXFFIL	RXFFIENA	1	SPIRXINT
	发送数据空	TXFFIL	TXFFIENA	1	SPITXINT

7.5   串行外设接口 3-线模式概述

SPI 3-线模式允许 SPI 使用 3 个引脚而不是常规的 4 个引脚通信。

在主控模式下,中断优先级控制寄存器(SPIPRI0)的 TRIWRE 位置位将使能 3-线 SPI 模式,SPISIMOx 变成双向 SPIMOMIx(SPI 主控输入,主控输出)引脚,SPI 不再使用 SPISOMIx。在从动模式下,当 TRIWIRE 位置位时,SPISOMIx 用作双向 SPISISOx(SPI 从动输入,从动输出)引脚,SPISIMOx 不再被 SPI 使用。

SPI 3-线和 4-线模式时主控和从动 SPI 引脚功能的不同如表 7-2 所列。

由于在 3-线模式下,SPI 内的接收和发送路径是相连的,SPI 发送的数据也能被其自身接受到。应用软件执行清除 SPI 数据寄存器可以接收到附加数据。

在 3-线模式下,控制寄存器(SPICTL 1)的 TALK 位起着很重要的作用。发送数据时该位被置位,读数据前该位清零。在主控模式下,应用软件必须向 SPI 数据寄存器写入伪数据来启动读操作,同时在从数据寄存器读数据之前,TALK 位被清零(没有数据从 SPIMOMI 引脚发出)。

表 7-2　4-线和 3-线 SPI 引脚的功能

4-线 SPI	3-线 SPI(主控)	3-线 SPI(从动)
SPICLKx	SPICLKx	SPICLKx
SPISTEx	SPISTEx	SPISTEx
SPISIMOx	SPIMOMIx	Free
SPISOMIx	Free	SPISISOx

SPI　3-线模式例程

除了 SPI 常规模式的初始化,3-线模式时,TRIWIRE 位必须置 1;初始化之后,使用 SPI 3-线主控和从动模式发送和接收数据还应考虑一些其他问题,并将由如下示例说明。

在 3-线模式时,SPICLKx、SPISTEx 和 SPISIMOx 引脚用作通用 SPI 引脚(SPISOMIx 引脚配置成非 SPI 模式)。由于在 3-线模式时,SPISIMOx 和 SPISOMIx 内部相连,当主控控制器发送数据时,也接收到它自己所发送的数据。因此,每次发送完数据后接收到的垃圾数据必须从接收缓冲器中清除。

例 7-1:3-线主控模式发送。

```
Unit16 data;
Unit16 dummy;
    SpiaRegs.SPICTL.bit.TALK = 1; //发送使能
    SpiaRegs.SPITXBUF = data; //主控方式发送数据
    while(SpiaRegs.SPISTS.bit.INT_FLAG! = 1){}  //等待直到接收数据完成
    dummy = SpiaRegs.SPIRXBUF;//清除垃圾数据
                                //发送和接收的数据相同
```

3-线主控模式接收数据时,控制寄存器(SPICTL 1)的 TALK 位清零关闭发送路径,然后发送伪数据启动从动发送。因为 TALK 位为 0,主控模式发送的伪数据不出现在 SPISISMO 引脚。并且主控控制器也不接收它发送的伪数据。主控控制器接收从动控制器发送的数据。

例 7-2:3-线主控模式接收。

```
Unit16 rdata;
Unit16 dummy;
    SpiaRegs.SPICTL.bit.TALK = 0;//发送禁止
    Spia.Regs.SPITXBUF = dummy;   //发送伪数据开始发送
    while(SpiaRegs.SPISTS.bit.INT_FLAG! = 1){} //等待直到数据接收完成
                    //注意:因为 TALK = 0,数据不能发送到 SPISIMOA 引脚
    rdata = SpiaRegs.SPIRXBUF;   //主控方式读数据
```

3-线从动模式时,SPICLKx、SPISTEx 和 SPISOMIx 引脚用作通用 SPI 引脚(SPISISMO 引脚配置成非 SPI 引脚)与主控模式一样,发送数据时也接收到他自己发送的数据,必须通过接收缓冲寄存器将接收到的垃圾数据清零。

例 7-3:3-线从动模式发送。

```
Unit16 data;
Unit16 dummy;
    SpiaRegs.SPICTL.bit.TALK = 1; //发送使能
    SpiaRegs.SPITXBUF = data //从动发送
    while(SpiaRegs.SPISTS.bit.INT_FLAG! = 1){}//等待直到数据接收完成
    dummy = SpiaRegs.SPIRXBUF;    //清除垃圾数据
```

与 3-线主控模式一样,TALK 位必须清零,否则从动控制器接收数据。

例 7-4:3-线从动模式接收。

```
Unit16 rdata;
    SpiaRegs.SPICTL.bit.TALK = 0;   //发送禁止
    whilehile(SpiaRegs.SPISTS.bit.INT_FLAG! = 1) {}//等待直到数据接收完成
    rdata = SpiaRegs.SPIRXBUF;   //从动模式读数据
```

7.6　串行外设接口数字音频传送

　　280xx 有两个 SPI 模块,在从动模式下,使能中断优先级控制寄存器(SPIPRI1)的 STEINV 位,允许 SPI 成对的接收左声道和右声道数字音频。SPISTE 低电平有效时 SPI 寄存器接收并存储右通道的数字音频数据,SPISTE 高电平有效时 SPI 寄存器接收并存储左通道的数字音频数据。数字音频数据从主控 SPI 发送过来。为了接收从数字音频接收器发来的数字音频数据,SPI 的连线图如图 7-7 所示。

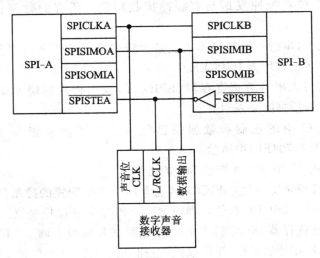

图 7-7　SPI 数字自动接收器的配置

7.7 串行外设接口模块寄存器概述

串行外设接口 SPI 的运行由表 7-3 中列出的寄存器配置和控制。

表 7-3 SPI 寄存器

名　称	地　址	大小（×16）	受 EALLOW 保护	说　明
SPICCR	0x7040	1	否	SPI 配置控制寄存器
SPICTL	0x7041	1	否	SPI 控制寄存器
SPISTS	0x7042	1	否	SPI 状态寄存器
SPIBRR	0x7044	1	否	SPI 波特率寄存器
SPIRXEMU	0x7046	1	否	SPI 接收仿真缓冲寄存器
SPIRXBUF	0x7047	1	否	SPI 串行接收缓冲寄存器
SPITXBUF	0x7048	1	否	SPI 串行发送缓冲寄存器
SPIDAT	0x7049	1	否	SPI 串行数据寄存器
SPIFFTX	0x704A	1	否	SPI 发送 FIFO 寄存器
SPIFFRX	0x704B	1	否	SPI 接收 FIFO 寄存器
SPIFFCT	0x704C	1	否	SPI 控制 FIFO 寄存器
SPIPRI	0x704F	1	否	SPI 中断优先级控制寄存器

注：此表中寄存器被映射到外设架构 2。这空间只允许 16 位访问。32 位访问会生成不确定的后果。

SPI 具有 16 位双缓冲发送与双缓冲接收功能。所有的数据寄存器都是 16 位宽。

在从动模式下，串行外设接口不再受最大传送率 LSPCLK/8 的限制。主控/从动模式下的最大传送率均为 LSPCLK/4。

将发送数据写入串行数据寄存器（SPIDAT）或串行发送缓冲寄存器（SPITX-BUF），在寄存器内数据必须左对齐。

通用多路 I/O 中的控制和数据位已经从外设模块及相关寄存器 SPIPC1（704Dh）与 SPIPC2（704Eh）中清除。

SPI 模块中的 12 个寄存器控制 SPI 的运作：

(1) SPI 配置控制寄存器（SPICCR），包含用于 SPI 配置的控制位。SPI 模块软件复位位、串行时钟 SPICLK 极性选择位、4 个 SPI 字符长度控制位；

(2) SPI 控制寄存器（SPICTL），包含数据发送控制位。两个 SPI 中断使能位、串行时钟 SPICLK 相位选择位、工作模式（主控/从动）选择位、数据发送使能位；

(3) SPI 状态寄存器（SPISTS），包含两个接收缓冲器状态位和一个发送缓冲器状态位。SPI 接收过冲标志位、SPI 中断标志位、SPI 发送缓冲器满标志位等；

（4）SPI 波特率寄存器（SPIBRR），包含 7 位发送波特率设置位；

（5）SPI 串行接收仿真缓冲寄存器（SPIRXEMU），包含已接收的数据。该寄存器只用于仿真；

（6）SPI 串行接收缓冲寄存器（SPIRXBUF），应用于正常的操作，包含已接收的数据。SPI 串行发送缓冲寄存器（SPITXBUF），包括下一个要发送的数据；

（7）SPI 串行数据寄存器（SPIDAT），包含下一要发送的数据，同时作为发送/接收移位寄存器。串行数据寄存器（SPIDAT）中的数据在下一个串行时钟 SPICLK 周期被移出（最高位）。从 SPI 每移出一位（最高位）的同时，将有一位移入到移位寄存器的另一端（最低位）；

（8）SPI 中断优先级控制寄存器（SPIPRI），包含定义中断优先级的位以及决定在仿真器下的 SPI 操作。该寄存器也包含 3－线模式和 SPISTE 禁止使能位。

SPI 的控制和访问是通过控制寄存器实现。SPI 配置控制寄存器（SPICCR）控制了 SPI 操作的设置。

1. SPI 配置控制寄存器（SPICCR）——地址 7040h

7	6	5	4	3	2	1	0
SPI SW Reset	CLOCK POLARITY	保留	SPILBK	SPI CHAR3	SPI CHAR2	SPI CHAR1	SPI CHAR0
R/W－0	R/W－0	R－0	R－0	R/W－0	R/W－0	R/W－0	R/W－0

位 7　软件复位位（SPI SW RESET　SPI）

用户在改变配置以前，应该将该位清零；并在恢复操作前将该位置 1。

0　初始化 SPI 运行标志至复位条件，具体来讲，就是清除状态寄存器（SPISTS 7）的 RECEIVER OVERRUN 标志位、状态寄存器（SPISTS 6）的 SPI INT 标志位和状态寄存器（SPISTS 5）的 TX-BUF FULL 标志位。SPI 配置保持不变。如果模块作为主控控制器方式运行，则串行时钟 SPI-CLK 输出信号返回到本身的未激活状态；

1　SPI 准备发送或接收下一个字符，当 SPI SW RESET 位为 0 时，已经写入发送器的字符在该位置位时不会移出。必须写新的字符到串行数据寄存器。

位 6　移位时钟极性位（CLOCK POLARITY）

该位用于控制串行时钟 SPICLK 信号的极性。使用 CLOCK　POLARITY 和控制寄存器（SPICTL 3）的 CLOCK PHASE 位可以在串行时钟 SPICLK 引脚上产生 4 种时钟模式。

0　在串行时钟 SPICLK 信号的上升沿输出数据，在下降沿输入数据。当无数据发送时，串行时钟 SPICLK 保持低电平。数据的输入输出所对应的边沿依赖于控制寄存器（SPICTL3）的 CLOCK PHASE 位，如下所述：CLOCK PHASE=0；数据在串行时钟 SPICLK 信号的上升沿输出；在串行时钟 SPICLK 信号的下降沿锁存输入的数据；

CLOCK PHASE=1；在串行时钟 SPICLK 信号的第一个上升沿之前的半个周期和随后的串行时钟 SPICLK 信号的下降沿输出数据；输入的数据在串行时钟 SPICLK 信号的上升沿锁存。

1　在串行时钟 SPICLK 信号的下降沿输出数据，上升沿输入数据。当无数据发送时，串行时钟 SPI-CLK 保持高电平。数据的输入输出所对应的边沿取决于控制寄存器（SPICTL 3）的 CLOCK PHASE 位，如下所述：CLOCK PHASE=0；数据在串行时钟 SPICLK 信号的下降沿输出；在串行时钟 SPICLK 信号的上升沿锁存输入的数据；

CLOCK PHASE＝1：在串行时钟 SPICLK 信号的第一个下降沿之前的半个周期和随后的串行时钟 SPICLK 信号的上升沿输出数据；输入的数据在串行时钟 SPICLK 信号的下降沿锁存。

位 5　保留位

读出值为 0，写入无效。

位 4　自测模式位(SPILBK　SPI)

自测试模式允许在控制器测试期间进行模块确认，该模式只在 SPI 的主控工作模式下有效。

0　SPI 自测禁止(复位默认值)；

1　SPI 自测使能。SIMO/SOMI 在内部进行联接，用于自测，而不需连接其他从动器件发送数据信号用于测试。

位 3～0　字符长度控制位(SPI CHAR)

该位域用于确定在一个移位时序内移入或移出信号字符的位数。

2. SPI 控制寄存器(SPICTL)——地址 7041h

该寄存器控制数据的传送，控制 SPI 产生中断，控制串行时钟 SPICLK 相位以及运行模式。

7	6	5	4	3	2	1	0
	保留		OVERRUN INT ENA	CLOCK PHASE	MASTER/ SLAVE	TALK	SPI INT ENA
	R－0				R/W－0		

位 7～5　保留位

读出值为 0，写入无效；

位 4　过冲中断使能位(OVERRUN INT ENA)

当硬件将状态寄存器(SPISTS 7)的 RECEIVER OVERRUN 标志位置 1，产生中断。RECEIVER O-VERRUN 标志位和 SPI INT 标志位产生的中断共用一个中断向量。

0　禁止状态寄存器(SPISTS 7)的接收过冲标志位中断；

1　使能状态寄存器(SPISTS 7)的接收过冲标志位中断。

位 3　SPI 时钟相位选择位(CLOCK　PHASE)

该位用于控制串行时钟 SPICLK 信号的相位。时钟相位和 SPI 配置控制寄存器(SPICCR 6)的时钟极性位产生 4 种不同时钟模式。当时钟相位为高电平时，SPI(主控控制器和从动控制器)使得数据的首位在写入串行数据寄存器(SPIDAT)之后和串行时钟 SPICLK 信号的第一个边沿之前有效，而与 SPI 的工作模式无关。

0　正常的 SPI 时钟模式，由 SPI 配置控制寄存器(SPICCR6)的时钟极性位设定；

1　串行时钟 SPICLK 信号延时半个周期，极性由 SPI 配置控制寄存器(SPICCR 6)的时钟极性位设定。

位 2　SPI 工作模式控制位(MASTER/SLAVE)。

该位用于设定 SPI 是主控控制器还是从动控制器。复位时，SPI 自动配置为从动控制器。

0　SPI 配置为从动工作模式；

1　SPI 配置为主控工作模式。

位 1　主控/从动发送使能位(TALK)

该位可以置串行数据输出为高阻抗状态，从而禁止数据的发送(主控/从动工作模式)。如果在数据发送过程中禁止该位，发送移位寄存器将继续工作，直到前一个字符移出。当禁止该位时，SPI 仍能

够接收字符并更新状态标志。该位在系统复位时清 0。

0　禁止发送；

　　在从动工作模式下：若 SPISOMI 引脚没有配置为通用 I/O 引脚，则置成高阻态。

　　在主控工作模式下：若 SPISIMO 引脚没有配置为通用 I/O 引脚，则置成高阻态。

1　使能发送。应用于 4 -线模式，应保证使能了接收器的 SPISTE 输入引脚。

位 0　SPI 中断使能位（SPI INT ENA）

该位用于控制 SPI 产生发送/接收中断。状态寄存器（SPISTS 6）的 SPI INT 标志位不受其影响。

0　禁止中断；

1　使能中断。

3. SPI 状态寄存器（SPISTS）——地址 7042h

7		6	5	4	0
RECEIVER OVERRUN FLAG		SPI INT FLAG	TX BUF FULL FLAG	保留	
R/C - 0		R/C - 0	R/C - 0	R - 0	

RECEIVER OVERRUN FLAG 和 SPI INT FLAG 共用一个中断向量；对位 5、6、7 写入 0 无效。

位 7　SPI 接收过冲标志位（RECEIVER OVERRUN FLAG）

该位为只读，读后自动清零。如果在前一个数据从缓冲器中读出之前，又完成了一个新数据的接收，则 SPI 硬件将该位置位。该位表示已经覆盖了最后一个接收到的数据，因而表明接受过程丢失了数据。如果控制寄存器（SPICTL4）的接收过冲中断使能位已置位。则该位每次置位时 SPI 就会发出一次中断请求。该位可由以下 3 种操作来清除：

- 写入 1 到该位；
- 写入 0 到状态寄存器（SPISTS 7）的 SPI SW RESET 位；
- 系统复位。

若控制寄存器（SPICTL4）的接收过冲中断使能位已置位，则 SPI 将在第一次接收过冲标志位置位时产生一次中断请求。如果在该标志位置位时又发生了接收过冲事件，则 SPI 将不会再次发出中断请求。要使在下一次发生接收过冲中断时产生中断，用户必须在每次发生接收过冲事件后向 SPI SW RESET 位写入 1 清除。也就是说，如果接收过冲标志位由中断服务子程序保留（未清除），则当中断服务子程序退出时，将不会立即产生另一个过冲中断。

0　写入 0 无效；

1　清除该位。由于接收过冲标志位和 SPI 中断标志位共用一个中断向量，所以在中断服务程序期间应清除接收过冲标志位。在接收下一个数据时，将减少对中断源来源的疑问。

位 6　SPI 中断标志位 SPI INT FLAG

该位是一个只读位，当 SPI 硬件对该位置位时，表示已经发送或接收完最后一位并处于等待状态。该位置位的同时，接收到的字符送入接收缓冲器（SPIRBUF）中。若 SPI 控制寄存器（SPICTL 0）的中断标志位置位，会引起一个中断请求。

0　写入 0 无效；

1　该位可由以下 3 种操作来清除：

- 读出串行接收缓冲寄存器（SPIRXBUF）的内容；
- 写入 0 到 SPI 配置控制寄存器（SPICCR 7）的 SPI SW RESET 位；
- 系统复位。

位 5　SPI 发送缓冲器满标志 TX BUF FULL FLAG 位

该位为只读位，当向串行发送缓冲寄存器（SPITXBUF）写入字符时，该位将置位。在串行数据寄存器(SPIDAT)中上次的字符已完全移出后向串行数据寄存器(SPIDAT)中自动装载字符时,该位将清零。

　　0　写入 0 无效;

　　1　复位时该位为零。

位 4~0　保留位

　　读出值为 0,写入无效。

4. SPI 波特率寄存器(SPIBRR)——地址 7044h

　　该寄存器包含了用于波特率设置位的选择。SPI 波特率设置位占用了低 7 位。若 SPI 作为主控控制器运行,则可以使用这几位来设置数据的发送速率。共有 125 个发送速率供选择。每个串行时钟 SPICLK 周期移出一个数据位。

　　若 SPI 作为从动控制器运行,则 SPI 模块从串行时钟 SPICLK 引脚上接收来自主控控制器的时钟信号,因此,这些波特率设置位对串行时钟 SPICLK 信号无效。由主控控制器来的输入时钟的频率不应该超过从动控制器 SPI 的串行时钟 SPICLK 信号频率的 1/4。

　　在主控控制器运行模式下,SPI 时钟由 SPI 模块产生并由串行时钟 SPICLK 引脚输出。SPI 波特率可以由以下公式计算:

　　SPI 波特率的运算公式:

- 当 SPIBRR=1~127:SPI 波特率=LSPCLK/(SPIBRR+1);
- 当 SPIBRR=0、1 或 2:SPI 波特率=LSPCLK/4;

式中,LSPCLK=CPU 时钟频率×器件的低速外设模块时钟;

SPIBRR=主控 SPI 器件中波特率寄存器 SPIBRR 的值。

5. SPI 接收仿真缓冲寄存器(SPIRXEMU)——地址 0746h

　　该寄存器用于存放接收到的数据,读该寄存器不会清除 SPI 状态寄存器(SPISTS 6)的中断标志位。它不是一个实际的寄存器,而是一个伪地址。仿真器可以从该地址中读取 SPI 串行接收缓冲寄存器(SPIRXBUF)的内容,而不会清除 SPI 中断标志位。

6. SPI 串行接收缓冲寄存器(SPIRXBUF)——地址 7074h

　　该寄存器用于存放接收到的数据。一旦串行数据寄存器(SPIDAT)接收到完整的字符,该字符就被传送到 SPI 串行接收缓冲寄存器(SPIRXBUF)中以供读取。同时 SPI INT FLAG 标志位被置位。读 SPI 串行接收缓冲寄存器(SPIRXBUF)将会清除状态寄存器(SPISTS 6)SPI INT FLAG 标志位。由于数据首先被移入到 SPI 的最高有效位中,所以数据在该寄存器中采用右对齐模式存储。

7. SPI 串行发送缓冲寄存器(SPITXBUF)——地址 7048h

　　该寄存器用于存放后一个待发送的字符。发送数据缓冲器为 16 位。对该寄存器写入数据时将置位状态寄存器(SPISTS 5)的发送缓冲区满标志位 TX BUF

FULL FLAG。发送完当前的数据后,该缓冲器中的数据将自动装载到 SPI 串行数据寄存器(SPIDAT)中,然后 TX BUF FULL　Flag 位清零。如果当前串行数据寄存器(SPIDAT)空,则写入发送缓冲寄存器(SPITXBUF)的数据将直接传送到串行数据寄存器(SPIDAT)中,在此种情况下发送缓冲器满 TX BUF FULLFLAG 位不会置位。写入发送缓冲寄存器(SPITXBUF)的数据必须是左对齐格式。

　　在主控模式下,如果当前没有数据发送,则对发送缓冲寄存器(SPITXBUF)写入数据就会启动一次发送操作,这与对串行数据寄存器(SPIDAT)写入数据启动发送的模式相同。

8. SPI 串行数据寄存器(SPIDAT)——地址 7049h

　　该寄存器是发送/接收用移位寄存器。串行数据寄存器为 16 位,写入串行数据寄存器(SPIDAT)的数据将以串行时钟 SPICLK 周期依次从该寄存器最高位(MSB)移出。每当最高位移出后,就会有一位数据移入到该寄存器的最低有效位(LSB)。写入数据到串行数据寄存器(SPIDAT)的操作可执行两种功能:

- 如果置位控制寄存器(SPICTL 1)的 TALK 位,提供将输出到串行输出引脚上的数据;
- 当 SPI 处于主控控制器工作模式时,启动数据的发送。

　　在主控工作模式下,可以将无用数据写入到串行数据寄存器(SPIDAT)用以启动接收器的接收功能。因为硬件不支持对少于 16 位的数据进行对齐处理的操作,所以发送的数据必须先执行左对齐操作,而读取的接收数据为右对齐格式。

7.8　串行外设接口驱动的 7 段数码显示电路例程

　　本节将描述在 TMS320F28027 芯片上的 SPI 主控例程。例程中实现了通过 SPI 主控模式下控制 8 段数码管序列输出 0~9 0.~9.;表 7-4 的相关硬件结构可参见图 1-4 中的电路原理图。

　　适用范围:本节所描述的例程适用于 TMS320F28027 芯片,对于其他型号或封装的芯片,未经测试。

表 7-4　输出引脚硬件配置表

序　号	LED 编号(PCB 上的元件编号)	IO 口	引脚号	说　明
1	SLCK	GPIO019	25	外部移位寄存器数据锁存
2	SCLK	GPIO18	24	SPI 数据时钟
3	SDO	GPIO17	26	SPI 数据输出

　　七段数码管显示模块如图 7-8 所示,采用 TMS320F28027 芯片上的 SPI 口传

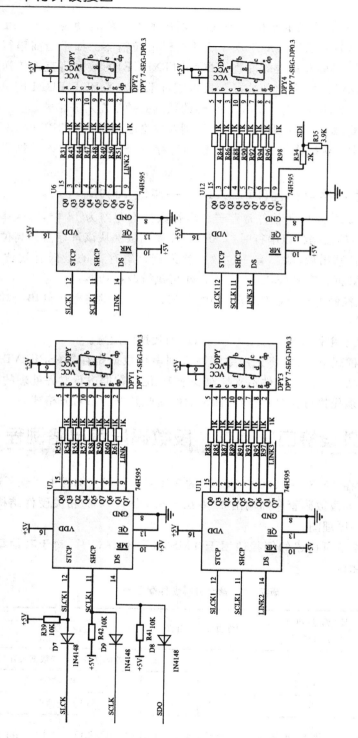

图7-8 3.3 V输出电平转换到5 V输入电平的转换电路及LED七段数码管驱动电路图

送数据,并通过 74HC595 芯片驱动七段数码管进行显示。

74HC595 内部有 8 位移位寄存器和一个存储器,具有高阻关断状态及三态输出状态,8 位串行输入与 8 位并行输出的特性。移位寄存器和存储寄存器具有独立的时钟信号,数据在移位寄存器时钟信号 SHCP 的上升沿输入,在存储寄存器时钟信号 STCP 的上升沿进入到存储寄存器中去,如果两个时钟连在一起,则移位寄存器总是比存储寄存器早一个脉冲。移位寄存器有一个串行移位输入 DS、一个串行输出 Q7'和一个异步的低电平复位 MR,存储寄存器有一个并行 8 位具备三态的输出端 Q0~Q7,当使能 OE 为低电平时,存储寄存器的数据输出到输出端上,输出端的驱动电流较强(大于 10 mA 以上)能够驱动 LED;需要的芯片接口引脚较少,可以扩展较多个数的 LED 七段数码管,为静态驱动 LED 模式,LED 的亮度不受扩展数目的影响,是一种较好的 LED 七段数码管显示驱动方法,见图 7-8。多个数码管显示功能的实现采用多块 74HC595。

由于 TMS320F28027 的输入/输出端口的输出高电平为电压 3.3 V,不能直接驱动 5 V 供电的芯片 74HC595,采用了的二极管与上拉电阻构成的电平转换匹配电路,电路简单、可靠、成本低。TMS320F28027 的 SPI 口通过匹配电路与 74HC595 相连,见图 7-8,其中,74HC595 的 SHCP 引脚接于 SPI 串行外设模块时钟引脚,图 7-8 中标识为 SCLK,74HC595 的 STCP 引脚接于通用输入输出引脚,图 7-8 中标识为 SLCK,74HC595 的 DS 引脚接于 SPI 数据输出,图 7-8 中标识为 SDO。当 SDO 引脚接收到 TMS320F28027 的 SPI 输出的一个低电平信号时,二极管导通,此时为一个低电平信号输入到 DS;当 SDO 脚接收到一个高电平信号时,二极管经过上拉电阻连接到 5 V,输出高于 4 V 以上的高电平信号到 DS,从而实现电平转换的匹配功能。

当需要使用多个七段数码管显示时,可进行如下处理:74HC595 的 MR 引脚接高电平,禁止 74HC595 复位;74HC595 的 OE 引脚接地,使得存储寄存器的数据能直接输出到输出端;各个 74HC595 共用 SHCP 与 STCP 时钟信号,前一级 74HC595 的 Q7'依次接到下一级 74HC595 的 DS,数据从第一级的 DS 输入,从本级的 Q7'输出到下一级的 DS,依次类推,从最后一级的 Q7'输出,最后一级的 Q7'输出可以不用接任何器件。当数据全部移入所有 74HC595 的移位寄存器时,所有 74HC595 的移位寄存器都已经更新后,利用 SLCK 信号将数据全部移入锁存到存储寄存器,从而实现 LED 显示信号的锁存与显示。

七段数码管与 74HC595 之间通过 300 Ω 电阻连接,该电阻起限流作用,使得数码管流过的电流在 5~10 mA 以内,LED 亮度随电流大小和 LED 是否为高亮型而改变。

1. 主函数例程(程序流程框图见图 7-9)

```
void main(void)
{
```

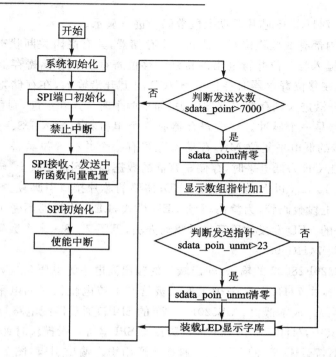

图 7-9　主函数流程框图

Uint16 i;
// Step 1. Initialize System Control:
// PLL, WatchDog, enable Peripheral Clocks
// This example function is found in the DSP2802x_SysCtrl.c file.
　　InitSysCtrl();
// Step 2. Initalize GPIO:
// This example function is found in the DSP2802x_Gpio.c file and
// illustrates how to set the GPIO to it's default state.
// InitGpio();　// Skipped for this example
// Setup only the GP I/O only for SPI - A functionality
　　InitSpiaGpio();
// Step 3. Initialize PIE vector table:
// Disable and clear all CPU interrupts
　　DINT;
　　IER = 0x0000;
　　IFR = 0x0000;
// Initialize PIE control registers to their default state:
// This function is found in the DSP2802x_PieCtrl.c file.
　　InitPieCtrl();
// Initialize the PIE vector table with pointers to the shell Interrupt
// Service Routines (ISR).

```
// This will populate the entire table, even if the interrupt
// is not used in this example.    This is useful for debug purposes.
// The shell ISR routines are found in DSP2802x_DefaultIsr.c.
// This function is found in DSP2802x_PieVect.c.
   InitPieVectTable();
// Interrupts that are used in this example are re - mapped to
// ISR functions found within this file.
   EALLOW;      // This is needed to write to EALLOW protected registers
   PieVectTable.SPIRXINTA = &spiRxFifoIsr;
   PieVectTable.SPITXINTA = &spiTxFifoIsr;
   EDIS;     // This is needed to disable write to EALLOW protected registers
   EALLOW;
   GpioCtrlRegs.GPAMUX2.bit.GPIO19 = 0;
   GpioCtrlRegs.GPADIR.bit.GPIO19 = 1;
   GpioCtrlRegs.GPBMUX1.bit.GPIO34 = 0;
   GpioCtrlRegs.GPBDIR.bit.GPIO34 = 1;
   EDIS;
// Step 4. Initialize all the Device Peripherals:
// This function is found in DSP2802x_InitPeripherals.c
// InitPeripherals(); // Not required for this example
   spi_fifo_init();        // Initialize the SPI only
// Step 5. User specific code, enable interrupts:
// Initalize the send data buffer
   for(i = 0; i<2; i ++ )
   {
       sdata[i] = 0x4242;
   }
   rdata_point = 0;
   sdata_point = 0;
   sdata_point_unm = 0;
// Enable interrupts required for this example
   PieCtrlRegs.PIECTRL.bit.ENPIE = 1;     // Enable the PIE block
   PieCtrlRegs.PIEIER6.bit.INTx1 = 1;     // Enable PIE Group 6, INT 1
   PieCtrlRegs.PIEIER6.bit.INTx2 = 1;     // Enable PIE Group 6, INT 2
   IER = 0x20;                            // Enable CPU INT6
   EINT;                                  // Enable Global Interrupts
// Step 6. IDLE loop. Just sit and loop forever (optional):
   for(;;)
   {
       if(sdata_point > 7000)
       {
           sdata_point = 0;
```

```
            sdata_point_unm ++ ;
            if(sdata_point_unm > 23)
            {
                sdata_point_unm = 0;
            }
        sdata[1] = Led_lib[sdata_point_unm + 1] + (Led_lib[sdata_point_unm]) * 256;
        sdata[0] = Led_lib[sdata_point_unm + 3] + (Led_lib[sdata_point_unm + 2]) * 256;
            GpioDataRegs. GPBTOGGLE. bit. GPIO34 = 1;
        }
    }
}
```

2. SPI 发送数据函数例程(程序流程框图见图 7 - 10)

```
interrupt void spiTxFifoIsr(void)
{
    Uint16 i;
    GpioDataRegs. GPADAT. bit. GPIO19 = 1;
    for(i = 0;i<2;i ++ )
    {
        SpiaRegs. SPITXBUF = sdata[i];        // Send data
    }
    GpioDataRegs. GPADAT. bit. GPIO19 = 0;

    sdata_point ++ ;

    SpiaRegs. SPIFFTX. bit. TXFFINTCLR = 1;   // Clear Interrupt flag
    PieCtrlRegs. PIEACK. all| = 0x20;          // Issue PIE ACK
}
```

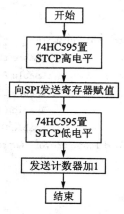

图 7 - 10 SPI 发送数据流程框图

第 **8** 章

串行通信接口

串行通信接口模块 SCI 支持数字通信在 CPU 与其他使用标准为不归零（NRZ）格式的异步通信，SCI 接收器和发送器为双缓冲，而且每个都有自己独立的中断使能。既可以独立运行，也能同时以全双工模式工作。为了确保数据的完整性，SCI 在中断检测、奇偶校验、超载和组帧错误方面对接收到的数据进行检查。通过一个 16 位波特率选择寄存器，可编程波特率超过 65 000 个不同的速度。

串行通信接口模块 SCI 连接图如图 8-1 所示。

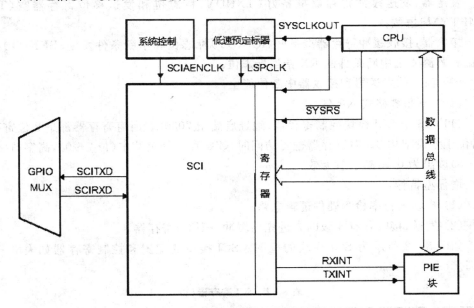

图 8-1 SCI 接口功能方框图

串口通信模块 SCI 的特性包括如下几项：

（1）两个外部引脚：

SCITXD：SCI 发送输出引脚。

SCIRXD：SCI 接收输入引脚。

在不使用 SCI 的情况下，这两个引脚都可用作通用输入/输出 GPIO 引脚。

（2）波特率可编程，可选择最高达 64 kbps 的不同的波特率：

32位数字信号控制器原理及应用

$$波特率 = \frac{LSPCLK}{(BRR+1) \times 8} \quad 当 BRR \neq 0 时，$$

$$波特率 = \frac{LSPCLK}{16} \quad 当 BRR = 0 时，$$

（3）数据字格式：

一个启动位；

数据字长度（1～8 位）可编程；

可选择的奇校验、偶校验和无奇偶校验工作模式；

可选择一个或者两个停止位。

（4）4 个错误检测标志：奇偶校验、溢出、帧同步、中断检测；

（5）两个唤醒多控制器模式：空闲线（Idle－Line）模式、地址位模式；

（6）半双工和全双工工作模式；

（7）双缓冲器接收和发送功能；

（8）通过中断状态标志驱动或者轮询标志位算法实现发送器和接收器操作：

发送器：发送缓冲寄存器准备好（TXRDY）标志位和发送移位寄存器空（TXEMPTY）标志位；

接收器：接收缓冲寄存器准备好（RXRDY）标志位和中断条件发生（BRKDT）标志位和监测 4 个中断条件的 RX 错误标志位。

（9）独立的发送器和接收器中断使能位；

（10）不归零格式 NRZ；

（11）13 个 SCI 模块控制寄存器，地址启始于 7050h。所有寄存器都是 8 位寄存器，位于外设架构 2。对寄存器进行访问时，数据存在低字节中（位 7～0），高字节（位 15～8）读出为 0，写高字节无效。

增强型特性：

（1）自动波特率检测硬件逻辑电路；

（2）发送、接收各有 4 级的先进先出缓冲（FIFO）寄存器。

如图 8－2 所示为 SCI 模块的框图。SCI 接口的配置和控制寄存器如表 8－1 所列。

表 8－1　SCI 寄存器（1）

名　称	地　址	大小（×16）	受 EALLOW 保护	说　明
SCICCR	0x7050	1	否	SCI 配置控制寄存器
SCICTL1	0x7051	1	否	SCI 控制寄存器 1
SCIHBAUD	0x7052	1	否	SCI 波特率寄存器，高位
SCILBAUD	0x7053	1	否	SCI 波特率寄存器，低位
SCICTL2	0x7054	1	否	SCI 控制寄存器 2

续表 8-1

名 称	地 址	大小(×16)	受 EALLOW 保护	说 明
SCIRXST	0x7055	1	否	SCI 接收状态寄存器
SCIRXEMU	0x7056	1	否	SCI 接收数据仿真缓冲寄存器
SCIRXBUF	0x7057	1	否	SCI 接收数据缓冲寄存器
SCITXBUF	0x7059	1	否	SCI 发送数据缓冲寄存器
SCIFFTX(2)	0x705A	1	否	SCI 发送 FIFO 寄存器
SCIFFRX(2)	0x705B	1	否	SCI 接收 FIFO 寄存器
SCIFFCT(2)	0x705C	1	否	SCI 控制 FIFO 寄存器
SCIPRI	0x705F	1	否	SCI 优先级控制寄存器

注:(1) 此表中的寄存器被映射到外设架构 2 空间。此空间只允许 16 位访问。32 位访问会产生不确定的后果;

(2) 这些寄存器用于先进先出缓冲(FIFO)模式的全新寄存器。

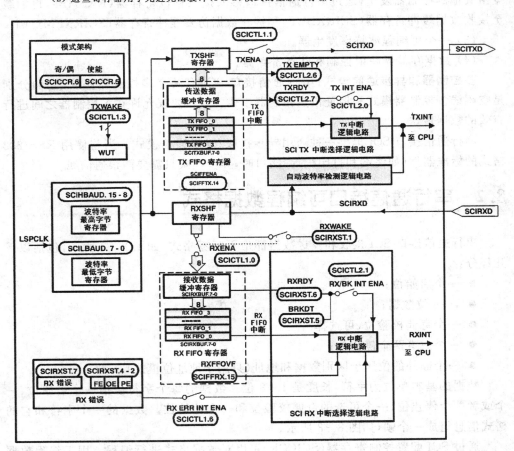

图 8-2 串行通信接口 SCI 模块方框图

125

8.1 串行通信接口模块架构

串行通信接口 SCI 在全双工工作模式下的架构如图 8-2 所示,包括以下部分:

(1) 发送器 TX 及其主要寄存器(图 8-2 上半部分):

SCITXBUF——发送数据缓冲寄存器,保存需要发送的数据(由 CPU 装载);

TXSHF——发送移位寄存器。从发送数据缓冲寄存器(SCITXBUF)中接收数据,并且每次一位的将数据移至 SCITXD 引脚上。

(2) 接收器 RX 及其主要寄存器(图 8-2 下半部分):

RXSHF——接收移位寄存器。将数据从 SCIRXD 引脚上移至接收移位寄存器(RXSHF)中;

SCIRXBUF——接收数据缓冲寄存器。保存接收数据供 CPU 读取。接收的数据由其他的控制器发出,通过串行通信接口移入接收移位寄存器(RXSHF),再加载至接收数据缓冲寄存器(SCIRXBUF)和接收数据仿真缓冲寄存器(SCIRXEMU)中。

(3) 一个可编程波特率发生器。

(4) 数据存储器映射控制和状态寄存器。

多控制器和异步通信模式:串行通信接口 SCI 有两个多控制器协议,它们分别是空闲线多控制器模式和地址位多控制器模式。这些协议允许在多控制器之间进行有效的数据传送。

串行通信接口 SCI 提供一种通用异步接收/发送通信模式。当与使用 RS-232 格式的标准器件(如终端和打印机等)接口时,异步模式只需要两根通信线。

8.2 串行通信接口可编程数据格式

串行通信接口 SCI 接收和发送数据都是不归零格式,如图 8-3 所示,包括以下几部分:

● 一个启始位;

● 1~8 位数据;

● 一个奇偶校验位(可选择);

● 一个或者两个停止位;

● 一个额外的位用于区别数据和地址(只用于地址位模式)。

数据的基本单位为字符,长度是 1~8 位。数据的每个字符包括一个启始位、一个或者两个停止位、一个可选的奇偶校验位和一个地址位。数据的一个字符和它的格式信息组成一个帧,如图 8-3 所示。

通过 SCI 配置控制寄存器(SCICCR)可以对数据格式进行编程。用于编程数据格式的位如表 8-2 所列。

图 8-3　典型 SCI 数据帧格式

表 8-2　SCI 配置控制寄存器(SCICCR)编程数据格式

位	位　域	功　能
2-0	SCI CHAR2~0	选择字符(数据)长度(1至8位)
5	PARITY ENABLE	置1,奇偶校验使能,否则禁止
6	EVEN/ODD PARITY	如果奇偶校验使能,该位为0时选择奇校验,否则选择偶校验
7	STOP BITS	确定发送时停止位数,当该位为0时,1个停止位;为1时,2个停止位

8.3　多控制器的串行通信接口通信

　　多控制器之间的通信格式允许一个控制器在同一串行线上与其他的控制器进行有效的数据块传送。在一个串行线上,在同一时刻只允许存在一个发送器。也就是说,在任一时刻,在同一串行线上只允许有一个发送者存在。

　　地址字节:发送者发送的信息块的第一个字节包括所有接收者可以读到的一个地址字节。只有地址正确的接收者才可以对地址字节之后的数据字节产生中断。地址不正确的接收者则保持不中断状态直到下一个地址字节。

　　SLEEP 位:串行线上的所有控制器都将 SCI 控制寄存器 1(SCICTL1　2)的 SCI SLEEP 位置 1,以便仅在检测到地址字节时才会产生中断。当控制器读到的块地址与应用程序设置的 CPU 器件地址相同时,用户程序必须清除 SLEEP 位,使 SCI 模块在接收每个数据字节时都能产生中断。

　　虽然当位 SLEEP=1 时接收器一直工作,但除了检测到地址字节和接收帧中的地址位置 1(用于地址位模式)的情况外,SCI 模块不会将接收缓冲寄存器准备好(RXRDY)标志位、RXINT 位或者接收错误状态位置为 1。SCI 模块不会改变 SLEEP 位,它只能由用户程序更改。

　　识别地址字节:控制器对地址字节的确认会根据多控制器模式选择的不同而改变。例如:

　　空闲线模式:在地址位前留下一个适当的空间。此种模式没有额外的地址/数据位,所以当需处理的容量大于 10 个字节时,它的效率要比地址位模式高。空闲线模式典型应用是在单控制器的 SCI 通信。

地址位模式:在每个字节中增加了一个额外地址位用以辨别数据和地址。与空闲线模式不同,由于地址位模式在数据块之间没有等待状态,所以它在处理多个小数据块时的效率比空闲线模式高。在高传送速度下,由于程序的速度限制,不可避免地会在数据流中产生 10 位空闲状态。

SCI 发送/接收状态的控制:可以通过 ADDR/SCI 配置控制寄存器(SCICCR 3)的 IDLE MODE 位来选择多控制器模式。两种模式都使用 SCI 控制寄存器 1(SCICTL13)的 TXWAKE 标志位、SCI 接收状态寄存器(SCIRXST 1)RXWAKE 标志位和 SCI 控制寄存器 1(SCICTL1　2)的 SLEEP 标志位来控制 SCI 发送器和接收器。

接收顺序:在所有的多控制器模式下,接收的顺序如下:

(1) 接收一个地址块时,SCI 接口唤醒并且请求中断,此时必须将 SCI 控制寄存器 2(SCICTL2)的 RX/BK INT ENA 置位 1,使能中断。然后,它将读取该块的第一帧,此帧包含有目标地址;

(2) 执行中断服务程序,测试输入地址,将这个地址字节与存在存储器中的器件地址字节相比较;

(3) 如果测试结果表示该地址与存储的器件地址相同,则清除 SLEEP 位,并且读取该块余下的内容;反之,则保持位 SLEEP=1,退出程序,并且不接收中断直到下一个地址块开始。

多控制器的空闲线模式:在空闲线多控制器协议(ADDR/IDLE MODE=0)中,数据块与数据块之间通过较长的空闲时间分开,而且这个空闲时间比数据块帧与帧之间的空闲时间长得多。空闲线协议通过在某一帧之后使用 10 位或更多的空闲时间来指示一个新数据块的开始。每一位的时间可以直接从波特率算得。空闲线多控制器之间的通信格式如图 8－4 所示 ADDR/SCI 配置控制寄存器(SCICCR3)的 I-DLE MODE 位。

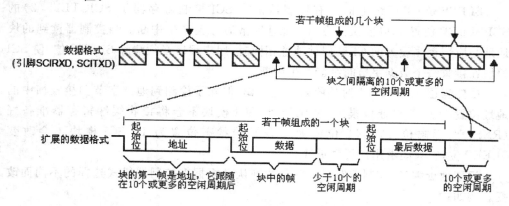

图 8－4　空闲线多控制器之间的通信格式

空闲线模式的执行步骤如下：

（1）接收到块启始信号后唤醒 SCI；

（2）控制器识别下一个 SCI 中断；

（3）中断服务程序将接收到的地址和自己存储的地址进行比较；

（4）如果地址相同，即控制器被寻址到，则服务程序清除 SLEEP 位，并且接收该地址块余下的数据部分；

（5）如果地址不相同，即控制器未被寻址到，则保持位 SLEEP＝1。并允许在 SCI 接口检测到下一个地址块开始信号前，CPU 继续执行主程序，而不会中断。

块启始信号：传送块启始信号可以用两种方式：

（1）通过延长上一块的最后一个数据帧与下一块的地址帧之间的时间，人为地产生一段 10 位或更长的空闲时间；

（2）SCI 在向发送数据缓冲寄存器（SCITXBUF）写数据之前先将 SCI 控制寄存器 1（SCICTL1 3）的 TXWAKE 位置 1。这样会发送一个准确的 11 位空闲时间。在此种方式中，串行通信线不会产生不必要的空闲时间（在设置 TXWAKE 位之后，发送地址之前，需要将一个任意的字节写到发送数据缓冲寄存器（SCITXBUF）中以便 SCI 接口送出空闲时间）。

唤醒临时标志 WUT：WUT 与 TXWAKE 位相关。WUT 是一个内部标志，与 TXWAKE 一起构成双缓冲器。当发送移位寄存器（TXSHF）从发送数据缓冲寄存器（SCITXBUF）中加载数据时，TXWAKE 的内容就会加载至 WUT 中，同时 TXWAKE 被清为零。此种配置如图 8－5 所示。

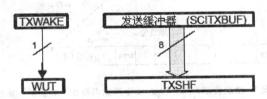

图 8－5　WUT、发送移位寄存器（TXSHF）双缓冲器

发送块启动信号：为了在数据块发送顺序中送出一个长度为一帧的启动信号，需要按以下步骤操作：

（1）向 TXWAKE 位写入 1；

（2）向发送数据缓冲寄存器（SCITXBUF）写入一个数据字。当块启动信号发出时，所写的第一个数据字无效被忽略。当释放发送移位寄存器（TXSHF）后，发送数据缓冲寄存器（SCITXBUF）的内容就会移入发送移位寄存器（TXSHF），也将 TXWAKE 的值复制至 WUT，最后清除 TXWAKE。由于将 TXWAKE 设成 1，所以启始位、数据位和奇偶校验位将替代紧跟在上一帧停止位后发送的 11 位空闲时间。

（3）向发送数据缓冲寄存器（SCITXBUF）写入一个新的地址值。为了使

TXWAKE 位的值能够移入 WUT,需要将一个无用的数据字先写入到发送数据缓冲寄存器(SCITXBUF)中。由于发送移位寄存器(TXSHF)和 WUT 都是双缓冲器,所以当这个无效的数据字移入发送移位寄存器(TXSHF)后,用户可以向发送数据缓冲寄存器(SCITXBUF)(或 TXWAKE)再写入需要发送的数据。

接收器操作:串行通信接口 SCI 接收器的工作不依赖于 SLEEP 位的状态。除非检测到地址帧,否则接收器既不会设置接收缓冲寄存器准备好(RXRDY)标志位和其他错误状态位,也不会请求接收中断。

地址位多控制器模式:在地址位通信协议中(ADDR/IDLE MODE=1),帧信息的最后一个数据位后紧跟着一个称之为地址位的附加位。在数据块中,第一个帧的地址位设为1,其他帧的地址位都要设成0。空闲时间的时序与此不相关(如图 8－6所示)。

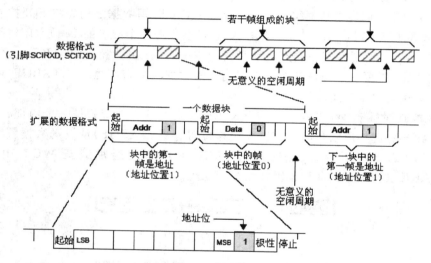

注意:在一般情况下,地址位格式用于传送 11 字节或者更少的数据帧。地址位格式需要在发送的所有数据字节中加入一个额外位(1 对应于地址帧,0 对应于数据帧)。空闲线格式通常用于发送 12 字节或者更多的数据帧。

图 8－6　地址位多控制器之间的通信格式

发送地址:TXWAKE 位的值将会放置到地址位中。在数据发送过程中,当发送数据缓冲寄存器(SCITXBUF)和 TXWAKE 中的值分别加载至发送移位寄存器(TXSHF)和 WUT 后,TXWAKE 会复位为 0,而 WUT 中的值就是当前帧的地址位。发送一个地址的步骤如下:

(1) 置位 TXWAKE=1,同时向发送数据缓冲寄存器(SCITXBUF)写入恰当的地址值。当地址值送到发送移位寄存器(TXSHF)并且发送出去时,它的地址位就会设成1。并告知在串行线上的其他控制器读取地址值;

(2) 发送移位寄存器(TXSHF)和 WUT 标志加载后,向发送数据缓冲寄存器

（SCITXBUF）和 TXWAKE 标志写入新值。由于发送移位寄存器（TXSHF）和 WUT 都是双缓冲器架构，所以可以立即更新发送数据缓冲寄存器（SCITXBUF）和 TXWAKE；

（3）将 TXWAKE 位置为 0 以便发送该块的数据帧。

8.4　串行通信接口通信模式

　　SCI 异步通信模式既可以使用单线通信（单路），也可以使用两线通信（双路）。在此种模式下，每一帧都由一个启动位、1 至 8 个数据位、一个可选的奇偶校验位和一至两个停止位组成（如图 8-7 所示）。每个数据位有 8 个 SCICLK 周期。

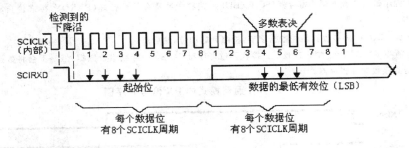

图 8-7　SCI 异步通信模式

　　收到一个有效的启动信号后，接收器开始工作。一个有效的启动信号通过 4 个连续的内部 SCICLK 周期的零位来识别，如图 8-7 所示。如果任何一位不是 0，则控制器停止启动过程，并且开始寻找下一个启动位。

　　对于紧跟在启始位后的位，控制器通过对每个位的中间 3 次采样值来确定该位的值。这些采样分别出现在第 4 个、第 5 个和第 6 个时钟周期，而且根据多数表决（3 取 2）原则确定该位的值。图 8-7 所示为异步通信模式示意图，图中详细解释了如何查找启动位以及多数表决原则执行的位置。

　　由于接收器自动与帧同步，所以外部发送和接收器件都不需要使用同步串行时钟。同步串行时钟可以由器件各自产生。

　　通信模式下接收器信号：如图 8-8 所示为接收器信号时序的一个例子，在例子中做了以下假设：

　　（1）地址位唤醒模式（地址位不出现在空闲线模式中）；

　　（2）每个字符由 6 位组成。

　　通信模式下的发送器信号：如图 8-9 所示为发送器时序的一个例子，在例子中做了以下假设：

　　（1）地址位唤醒模式（地址位不会出现在空闲线模式中）；

　　（2）每个字符包含 3 个位。

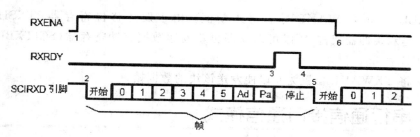

注意:(1) SCI 控制寄存器 1(SCICTL1　0)的 RXENA 标志位置 1,使能接收器;

(2) 数据到达 SCIRXD 引脚,检测到启动位;

(3) 数据从 RXSHF 移至接收数据缓冲寄存器(SCIRXBUF),请求中断。SCI 接收状态寄存器(SCIRXST)的接收缓冲寄存器准备好(RXRDY)标志位置 1,表示接收到一个新的字符;

(4) 程序读接收数据缓冲寄存器(SCIRXBUF),接收缓冲寄存器准备好(RXRDY)标志位自动清零;

(5) SCIRXD 引脚接收到新的数据字节,检测到启动位,然后清除;

(6) 清零 RXENA 位,禁止接收器。接收移位寄存器(RXSHF)继续组合数据,但是不会将数据传送到接收缓冲寄存器。

图 8-8　SCI 通信模式中 RX 信号时序图

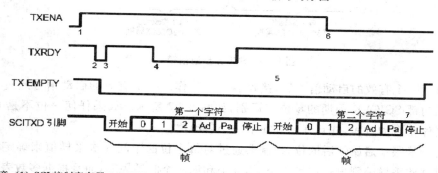

注意:(1) SCI 控制寄存器 1(SCICTL1　1)的 TXENA 标志位置 1,使能发送器,发送数据;

(2) 写发送数据缓冲寄存器(SCITXBUF),发送器非空,发送缓冲寄存器准备好(TXRDY)标志位清零;

(3) SCI 发送器将数据传送到发送移位寄存器(TXSHF),发送器准备接收第二个字符(位 TXRDY 已置为 1),并且请求中断(当置位 TX INT ENA=1,使能了中断);

(4) 在发送缓冲寄存器准备好(TXRDY)标志位置 1 后,程序将第二个字符写入发送数据缓冲寄存器(SCITXBUF)(当第二个字符写入到发送数据缓冲寄存器(SCITXBUF)后,会再次清除发送缓冲寄存器准备好(TXRDY)标志位);

(5) 第一个字符发送完毕。开始传第二个字符传送至发送移位寄存器(TXSHF);

(6) 清零 TXENA 位,禁止发送器;SCI 完成当前字符的发送;

(7) 第二个字符发送完毕,发送器空,并已经为发送新的字符做好准备。

图 8-9　SCI 通信模式中 TX 信号时序图

串行通信接口中断:串行通信接口 SCI 接收器和发送器都能产生中断。SCI 控制寄存器 2(SCICTL2)中包含发送缓冲寄存器准备好(TXRDY)标志位,它用于设置当前中断的状态,同时 SCI 接收状态寄存器(SCIRXST)也包含有两个中断标志位

（RXRDY 和 BRKDT）和一个 RX ERROR 中断标志位，由 FE、OE 和 PE 等条件进行逻辑或产生。发送器和接收器分别拥有各自的中断使能位。当禁止中断时，虽然 SCI 模块不会向 CPU 请求中断，但中断标志位仍然有效。

　　串行通信接口 SCI 接收器和发送器都有各自的中断向量。中断请求既可设置为高优先级也可设置为低优先级，这由 SCI 模块向 PIE 控制器送出的优先级标志位决定。当 RX 和 TX 中断都分配在同一个优先级时，为了减小发生接收溢出的概率，接收器中断总是比发送器中断的优先级高。

　　如果 SCI 控制寄存器 2（SCICTL2 1）的 RX/BK INT ENA 位置 1，当以下事件之一发生时，接收器会发出中断请求：

　　（1）SCI 收到一个完整的帧，并将接收移位寄存器（RXSHF）中的数据送到接收数据缓冲寄存器（SCIRXBUF），且将 SCI 接收状态寄存器（SCIRXST 6）的接收缓冲寄存器准备好（RXRDY）标志位置 1，请求一个中断；

　　（2）通信中断检测条件产生（在丢失停止位后，SCIRXD 变低超过 10 个位周期），且将 SCI 接收状态寄存器（SCIRXST 5）的中断条件发生（BRKDT）标志位置 1，请求一个中断。

　　如果 SCI 控制寄存器 2（SCICTL2 0）的 TX INT ENA 位置 1，无论什么时候将发送数据缓冲寄存器（SCITXBUF）中的数据传送到 TXSHF 寄存器中，都将使 SCI 控制寄存器 2（SCICTL2 7）的发送缓冲寄存器准备好（TXRDY）标志位置 1，发送器就会发出中断请求。

　　由 SCI 控制寄存器 2（SCICTL2 1）的 RX/BK INT ENA 位控制接收缓冲寄存器准备好（RXRDY）和中断条件发生（BRKDT）引起的中断。由 SCI 控制寄存器 1（SCICTL1 6）的 RX ERR INT ENA 位控制 RX ERROR 位引起的中断。

　　SCI 波特率计算：内部生成的串行时钟由外设低速时钟 LSPCLK 和波特率寄存器决定。在给定的 LSPCLK 下，SCI 通过波特率寄存器组成的 16 位值从 64K 种不同的串行时钟波特率中选择一种。

　　计算 SCI 波特率所需的公式，可参见波特率寄存器。表 8 - 3 所列为与通用 SCI 位速率相对应的波特率选择值。

表 8 - 3　SCI 波特率寄存器的值

LSPCLK 时钟频率，37.5 MHz			
理想波特率	BRR（波特率）	实际波特率/bps	%误差
2 400	1952（7A0h）	2400	0
4 800	976（3D0h）	4798	−0.04
9 600	487（1E7h）	9606	−0.06
19 200	243（F3h）	19211	0.06
38 400	121（79h）	38422	0.06

串行通信接口的增强特性:28x 的 SCI 具有自动波特率检测和先进先出缓冲 (FIFO)发送/接收特性。

SCI 先进先出缓冲(FIFO)介绍:以下几个步骤解释了先进先出缓冲(FIFO)的特点,这有助于理解具有先进先出缓冲(FIFO)的串口通信接口的编程。

(1) 复位:在复位状态下,SCI 将自动进入标准 SCI 模式,并禁止先进先出缓冲 (FIFO)功能。先进先出缓冲(FIFO)的寄存器(SCIFFTX)、(SCIFFRX)和(SCIFF-CT)都被禁止。

(2) 标准 SCI:即标准 F24x SOI 模式。TXINT/RXINT 中断作为 SCI 的中断源。

(3) 先进先出缓冲(FIFO)使能:SCI 发送 FIFO 寄存器(SCIFFTX)的 SCIFFEN 位置 1,使能先进先出缓冲(FIFO)模式。在任何操作状态下都可以通过 SCIRST 位来复位先进先出缓冲(FIFO)模式。

(4) 寄存器有效:所有 SCI 寄存器和 SCI(FIFO)寄存器(SCIFFTX)、(SCIF-FRX)和(SCIFFCT)有效。

(5) 中断:先进先出缓冲(FIFO)模式有两个中断,用于先进先出缓冲(FIFO)发送的 TXINT 中断和用于先进先出缓冲(FIFO)接收的 RXINT 中断。RXINT 是 SCI 先进先出缓冲(FIFO)接收、接收错误和先进先出缓冲(FIFO)接收溢出共用的中断。标准 SOI 的 TXINT 将被禁止,该中断将作为 SCI 发送 FIFO 中断使用。

(6) 缓冲:发送和接收缓冲器附带有两个 4 级的先进先出缓冲(FIFO)寄存器。发送先进先出缓冲(FIFO)寄存器为 8 位宽,先进先出缓冲(FIFO)接收寄存器为 10 位宽。标准 SCI 的单字节发送缓冲器作为先进先出缓冲(FIFO)发送和移位寄存器间的过渡缓冲器。只有移位寄存器的最后一位被移出后,单字节发送缓冲器才将从发送先进先出缓冲(FIFO)寄存器装载数据。先进先出缓冲(FIFO)使能后,TXSHF 在经过一个可编程的延时值后,被直接加载而不使用 TXBUF。

(7) 延时传送:转移先进先出缓冲(FIFO)中每个字节到发送移位寄存器的速率是可编程的。SCI 控制 FIFO 寄存器(SCIFFCT 7~0)的位 FFTXDLY7~FFTXDLY0 定义了字节间转移的延时。延时长短由 SCI 波特率时钟周期个数来定义。8 位的寄存器可以定义最短延时为 0 个波特率时钟周期和最长延时为 256 个波特率时钟周期。当为零延时时,SCI 模块能够在连续模式下,随着先进先出缓冲(FIFO)中的字节一个接一个移出的同时将数据发送出去。当为 256 个时钟周期延时时,SCI 模块能够在连续模式下,随着先进先出缓冲(FIFO)中的字节以每字节间 256 波特率时钟延时移出。这种可编程的延时模式有利于在于慢速的 UART 设备通信时减少 CPU 的干预时间。

(8) 先进先出缓冲(FIFO)的状态位:先进先出缓冲(FIFO)发送、接收均有状态位 TXFFST 和 RXFFST(位 12~0)。状态位确定先进先出缓冲(FIFO)在任何时候可用字节的数目。当先进先出缓冲(FIFO)发送复位位 TXFIFO 和接收复位位

TXFIFO 清零时,先进先出缓冲(FIFO)的指针归零。一旦设置状态位＝1 时,先进先出缓冲(FIFO)就会继续工作。

(9) 可编程的中断触发位:所有的先进先出缓冲(FIFO)接收和发送都可以产生 CPU 中断,且可编程设置几种触发中断的位。只要先进先出缓冲(FIFO)发送状态位 TXFFST(位 12～8)小于或等于中断触发位 TXFFIL(位 4～0)的设置值,就会产生中断。触发位的默认值分别是 0x11111(先进先出缓冲(FIFO)接收),0x00000(先进先出缓冲(FIFO)发送),这样的默认设置可以保证不会产生中断。

图 8-10 和表 8-4 解释了在非先进先出缓冲(FIFO)或先进先出缓冲(FIFO)模式下 SCI 中断的操作配置。

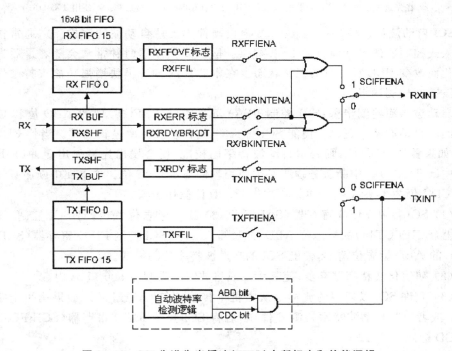

图 8-10　SCI 先进先出缓冲(FIFO)中断标志和使能逻辑

表 8-4　SCI 中断标志

先进先出缓冲(FIFO)选择	SCI 中断源	中断标志	中断使能	先进先出缓冲(FIFO)使能	中断输入
SCI 不使用先进先出缓冲(FIFO)	接收错误	RXERR	RXERRINTENA	0	RXINT
	接收间断	BRKDT	RX/BKINTENA	0	RXINT
	数据接收	RXRDY	RX/BKINTENA	0	RXINT
	数据发送	TXRDY	TXINTENA	0	TXINT

先进先出缓冲 (FIFO)选择	SCI 中断源	中断标志	中断使能	先进先出缓冲 (FIFO)使能	中断输入
SCI 有先进 先出缓冲(FIFO)	接收错误和接收间断	RXERR	RXERRINTENA	1	RXINT
	FIFO 接收	RXFFIL	RXFFIENA	1	RXINT
	FIFO 发送	TXFFIL	TXFFIENA	1	TXINT
自动波特率	自动波特率检测	ABD	无关	x	TXINT

注意：(1) BRKDT、FE、OE、PE 标志可以对 RXERR 置1。在先进先出缓冲(FIFO)模式下，BRKDT 只能通过 RXERR 标志产生中断；

(2) 在先进先出缓冲(FIFO)模式下，TXSHF 可以在延时值后直接加载。不使用 TXBUF。

SCI 自动波特率检测：大多数 SCI 模块硬件不支持自动波特率检测。通常情况下嵌入式控制器的 SCI 时钟由 PLL 提供。嵌入式控制器时钟常常会随着最后方案的变化而改变 PLL 复位时的工作状态。在本芯片的 SCI 模块增强功能支持硬件的自动波特率检测逻辑。

自动波特率检测步骤：SCI 控制 FIFO 寄存器(SCIFFCT)中的 ABD 位和 CDC 位控制着自动波特率逻辑。使能 SCIRST 位，使自动波特率逻辑工作。当位 CDC＝1 时，如果置位 ABD 位，则表示自动波特率已校准，便会发出先进先出缓冲(FIFO)发送中断 TXINT。中断服务程序必须使用软件清零 CDC 位。如果在中断服务结束后位 CDC 仍为 1，则不会产生第二次中断。具体操作步骤如下：

(1) SCI 控制 FIFO 寄存器(SCIFFCT13)CDC 标志位置位，对 SCI 控制 FIFO 寄存器(SCIFFCT14)的标志位 ABD CLR 写入 1，使 SCI 控制 FIFO 寄存器(SCIFFCT15)的 ABD 标志位清零，使能 SCI 的自动波特率检测模式。

(2) 初使化波特率寄存器，使其为 1 或将波特率限制在 500 kbps 内。

(3) 允许 SCI 以期望的波特率从主机中接收字符"A"或"a"。如果第一个字符是"A"或者"a"，自动波特率检测硬件，然后将 SCI 控制 FIFO 寄存器(SCIFFCT15)的 ABD 标志位置 1。

(4) 自动波特率检测硬件以相应的 16 进制数更新波特率寄存器，并产生一个 CPU 中断。

(5) 作为对中断的响应，写入 1 到 SCI 控制 FIFO 寄存器(SCIFFCT14)的 ABD CLR 标志位，清零 SCI 控制 FIFO 寄存器(SCIFFCT15)的 ADB 标志位；写入 0 到 SCI 控制 FIFO 寄存器(SCIFFCT13)的 CDC 标志位将其清零，使下一个自动波特率锁定功能失效。

(6) 读出接收缓冲器中字符"A"或"a"，清空缓冲器和清除缓冲器状态。

(7) 当标志位 CDC＝1 时，对标志位置位 ABD＝1，表示自动波特率校准有效，将发出先进先出缓冲(FIFO)发送中断。中断服务结束后，必须使用软件将标志位 CDC 清零。

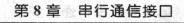

在较高波特率情况下,发送器和连接器的性能将影响输入数据的转换速率。当一般的串行通信接口工作正常时,该转换速率会受限于较高的波特率下(典型值超过100k 波特率)。并引起自动波特率检测特性的失效。

为避免产生这些错误,建议:

● 主机与 28x 可以用握手信号来设置 SCI 的波特率寄存器以获得较高的波特率;

● 在主机和 28x 的 SCI 引导程序(boot loader)之间使用一个较低波特率来实现波特率锁定。

8.5　串行通信接口寄存器简介

串行通信接口 SCI 功能可以通过软件进行配置。对专用字节中的控制位进行编程后,可以初始化 SCI 到期望的通信模式,包括工作模式和协议、波特率、字符长度、奇偶极性、停止位数以及中断优先级和使能。

SCI 配置控制寄存器(SCICCR)——地址 7050h

该寄存器定义了 SCI 的字符格式,协议和通信模式。

7	6	5	4	3	2	1	0
STOP BITS	EVEN/ODD PARITY	PARITY ENABLE	LOOP BACK ENA	ADDR/IDLE MODE	SCI CHAR2	SCI CHAR1	SCI CHAR0

R/W - 0

位 7　STOP BITS　停止位

该位用于设置 SCI 停止位的个数,指定发送的停止位个数;接收器只检测一个停止位。

0　一个停止位;

1　两个停止位。

位 6　EVEN/ODD PARITY　SCI 奇偶校验选择位

当位 5(PARITY　ENABLE)置 1 时,该位用于选择是偶校验还是奇校验,即发送和接收的字符中值为 1 的位的个数是偶数还是奇数。

0　奇校验;

1　偶校验。

位 5　PARITY ENABLE　SCI 奇偶校验使能位

0　禁止奇/偶校验;

1　使能奇/偶校验。

位 4　LOOP BACK ENA　环回自测试模式使能位

该位使能后,TX 引脚在内部连接到 RX 引脚。

0　禁止自测试模式;

1　使能自测试模式。

位 3　ADDR/IDLE MODE　　SCI 多控制器模式选择位

0　选择空闲线模式;

1　选择地址位模式。

位 2～0　SCI CHARSCI 字符长度选择位

该位域用于选择 SCI 的字符长度，从 1～8 位可选。长度少于 8 位的字符在接收数据缓冲寄存器（SCIRXBUF）和接收数据仿真缓冲寄存器（SCIRXEMU）中是以右对齐且在接收数据缓冲寄存器（SCIRXBUF）中用 0 来填补。发送数据缓冲寄存器 SCITXBUF 不需要用 0 填补。

波特率高字节寄存器（SCIHBAUD）和低字节寄存器（SCILBAUD）内的值确定了 SCI 的波特率。

位 15～0　SCI 的 16 位波特率选择位（BAUD）

波特率高字节寄存器（SCIHBAUD）和波特率低字节寄存器（SCILBAUD）组合在一起形成 16 位波特率值–BRR。

内部产生的串行时钟由外设低速时钟 LSPCLK 和这两个波特率寄存器决定。对于不同的通信模式，SCI 用这些寄存器中的 16 位值来从 64K 种串行时钟波特率中进行选择。SCI 波特率的计算公式如下：

$$\text{SCI 异步波特率} = LSPCLK / \{(BRR+1) \times 8\} \tag{1}$$

$$BRR = LSPCLK / (\text{SCI 异步波特率} \times 8) - 1 \tag{2}$$

其中，$1 \leqslant BRR \leqslant 65535$。

当 BRR＝0 时，SCI 异步波特率＝LSPCLK/16　　　　　　　　　　　(3)

这里，BBR 等于波特率寄存器的 16 位值（十进制表示）。

使能接收准备、中断检测、发送准备中断以及发送准备和标志清除。

7	6	5	4	3	2	1	0
TXRDY	TX EMPTY		保留			RX/BK NTENA	TX INT ENA
R-1	R-1		R-0			R/W-0	R/W-0

位 7　发送缓冲寄存器准备好标志位（TXRDY）

置 1 时发送数据缓冲寄存器（SCITXBUF）已准备好接收另一个字符。写数据到发送数据缓冲寄存器（SCITXBUF）的操作将自动清除该位。如果 SCI 控制寄存器 2（SCICTL2　0）中断使能位 TX INT ENA 置位，则当该位置位时，将发出一个发送器中断请求。该位可通过使能 SW RESET 位或系统复位来置位。

0　发送数据缓冲寄存器（SCITXBUF）满；

1　发送数据缓冲寄存器（SCITXBUF）空，准备接收下一个数据。

位 6　发送器空标志位（TX EMPTY）

该位用于表示 SCITCBUF 和 TXSHF 的内容状况。一个有效的 SW RESET 或系统复位会将该位置 1。该位不会产生中断请求。

0　发送数据缓冲寄存器（SCITXBUF）、TXSHF 或两者都装入了数据；

1　发送数据缓冲寄存器（SCITXBUF）和 TXSHF 都空。

位 5～2　保留位

位 1　接收缓冲器/间断中断使能位（RX/BK INT ENA）

该位用于控制由接收缓冲寄存器准备好（RXRDY）标志位或 RBKDT 标志位置位引起的中断请求。但是，该位不阻止这些标志位置位。

0　禁止接收缓冲寄存器准备好（RXRDY）/中断条件发生（BRKDT）中断；

1　使能接收缓冲寄存器准备好（RXRDY）/中断条件发生（BRKDT）中断。

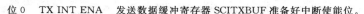

位 0　TX INT ENA　发送数据缓冲寄存器 SCITXBUF 准备好中断使能位。

该位用于控制发送缓冲寄存器准备好（TXRDY）引起的中断。但是,该位不阻止发送缓冲寄存器准备好（TXRDY）标志位的置位。

0　禁止发送缓冲寄存器准备好（TXRDY）中断;

1　使能发送缓冲寄存器准备好（TXRDY）中断。

用于接收数据,数据从接收移位寄存器（RXSHF）转移到接收数据仿真缓冲寄存器（SCIRXEMU）和接收数据缓冲寄存器（SCIRXBUF）中。转移过程完成后,SCI 接收状态寄存器（SCIRXST　6）的接收缓冲寄存器准备好（RXRDY）标志位置位,表示接收到的数据已经准备好。两个寄存器中存放着相同的数据;它们有各自的地址,但在物理上是同一个缓冲器。它们的区别是:接收数据仿真缓冲寄存器（SCIRXE-MU）主要是由仿真器 EMU 使用;读接收数据仿真缓冲寄存器（SCIRXEMU）操作并不清除接收缓冲寄存器准备好（RXRDY）标志位;读接收数据缓冲寄存器（SCIRX-BUF）操作会清除该标志位。

发送数据缓冲寄存器（SCITXBUF）——地址 7059h

将要发送的数据写入发送数据缓冲寄存器（SCITXBUF）;数据必须右对齐,如果少于 8 位将忽略最左边的那一位数据。数据从寄存器转移到发送移位寄存器 TX-SHF 时将设置 SCI 控制寄存器 2（SCICTL2 7）的发送缓冲寄存器准备好（TXRDY）标志位,表示发送数据缓冲寄存器（SCITXBUF）准备好接收后一组要发送的数据。如果 SCI 控制寄存器 2（SCICTL2　0）的 TX INT ENA 位置位,此转移过程完成时会产生一个中断。

SCI 发送 FIFO 寄存器（SCIFFTX）——地址 705Ah

15	14	13	12	11	10	9	8
SCIRST	SCIFFENA	TXFIFO Reset	TXFFST4	TXFFST3	TXFFST2	TXFFST1	TXFFST0
R/W-1	R/W-0	R/W-1	R-0				

7	6	5	4	3	2	1	0
TXFFINT Flag	TXFFINT CLR	TXFFIENA	TXFFIL4	TXFFIL3	TXFFIL2	TXFFIL1	TXFFIL0
R-0	W-0	R/W-0	R/W-0				

位 15　SCIRSTSCI复位位。

0　写入 0,复位 SCI 发送和接收通道。SCI 先进先出缓冲（FIFO）寄存器配置保持不变;

1　SCI 先进先出缓冲（FIFO）可重新开始发送或接收。即使自动波特率逻辑工作,该位也应为 1。

位 14　SCIFFENA　SCI(FIFO)增强功能使能位。

0　禁止 SCI 的(FIFO)增强功能,先进先出缓冲（FIFO）处于复位状态;

1　使能 SCI 的(FIFO)增强功能。

位 13　TXFIFO Reset 发送先进先出缓冲（FIFO）复位位。

0　复位先进先出缓冲（FIFO）指针到 0,并保持复位状态;

1　重新使能先进先出缓冲（FIFO）发送。

位 12～8　TXFFST4－0 发送先进先出缓冲(FIFO)状态位

00000　FIFO 发送为空；

00001　FIFO 发送有 1 个字；

00010　FIFO 发送有 2 个字；

00011　FIFO 发送有 3 个字；

00100　FIFO 发送有 4 个字。

位 7　TXFFINT Flag 发送先进先出缓冲(FIFO)中断位

该位为只读位。

0　TXFIFO 中断没有发生；

1　TXFIFO 中断发生。

位 6　TXFFINT CLR 发送先进先出缓冲(FIFO)中断标志位清零位

0　写入 0 对 TXFFINT 标志位没有任何影响,读出为 0；

1　写入 1 使 TXFFINT 标志位清零。

位 5　TXFFIENA 发送先进先出缓冲(FIFO)中断使能位。

0　禁止基于 TXFFIL 匹配(小于或等于)的 TX FIFO 中断；

1　使能基于 TXFFIL 匹配(小于或等于)的 TX FIFO 中断。

位 4～0　TXFFIL 发送先进先出缓冲(FIFO)中断触发位

当先进先出缓冲(FIFO)状态位(TXFFST4～0)与该位域相匹配时(小于或等于),发送先进先出缓冲(FIFO)将产生中断。默认值为 0x00000。

SCI 优先级控制寄存器(SCIPRI)——地址 705Fh

7	6	5	4	3	2	1	0
保留			SCI SOFT	SCI FREE	保留		
R－0			R/W－0	R/W－0	R－0		

位 7～5　保留位

读出为 0,写入无效。

位 4～3　SOFT/FREE 仿真位

当一个仿真悬挂事件产生时(例如,当仿真器遇到了一个断点),决定其后如何操作：

00　一旦仿真挂起,立即停止；

10　一旦仿真挂起,在完成当前的接收/发送操作后停止。

X1　SCI 操作不受仿真挂起影响。

位 2～0　保留位

读出为 0,写入无效。

8.6　串行通信接口通信例程

本节介绍在 TI TMS320F28027 芯片上的 RS232 通信例程。实现了从上位机串口调试助手接收和发送双向通信,运行中需要将实验板的 RS232 通信端口与 PC 机的 RS232 通信端口连接在一起,通过调试助手向实验板发送两个字节的数据,实验板接收到数据后并返回给上位机。表 8－5 的相关硬件电路可参见图 1－4 中的电路原理图。

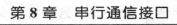

适用范围：本节所描述的例程适用于 TMS320F28027 芯片，对于其他型号或封装的芯片，未经测试。

表 8-5　输出引脚硬件配置表

序　号	SCI(PCB上的元件编号)	IO 口	引脚号	说　明
1	TX-slave	GPIO29	1	SCI 数据发送
2	RX-slave	GPIO28	48	SCI 数据接收

RS-232 接口模块简介：RS-232 是一种由电子工业联合会制定的用于串行通信的标准。该标准规定采用一个 25 个脚的 DB-25 连接器，对连接器的每个引脚的信号内容和各种信号的电平加以规定。后来 IBM 的 PC 机将 RS232 简化成了 DB-9 连接器，从而成为事实标准。

虽然 RS-232 是计算机上常用的通信接口之一，但其传送距离短（最大传送距离为 50 英尺，实际上也只能用在 50 m 左右，当采用的通信电缆为 150 pF/m 时，那么它的最大通信距离为 15 m）、传送速率较低（在异步传送时，波特率一般小于 20 kbps）、抗噪声干扰性弱（接口使用一根输出信号线和一根输入信号线而构成共地的传送形式，这种共地传送容易产生共模干扰）。

RS-232 电气特性：在 RS-232 中任何一条信号线的电压均为负逻辑关系，即：逻辑"1"为 -3～-15 V；逻辑"0"为 +3～+15 V。由于 TTL 等电路采用的是正逻辑，则 RS-232 和 TTL 的电路之间需要进行逻辑关系与电平的变换，因此通常会采用具有电荷泵的 MAX3232 等芯片作为 RS-232 的收发器，以满足 TTL 电平与 RS-232电平之间的转换。

而工业控制的 RS-232 接口一般只使用 RXD、TXD、GND 三条线的三线方式。TMS320F28027 直接提供了与 MAX3232 等接口芯片的连接引脚，TMS320F28027 的 SCI 接口模块实现串行通信的功能。

MAX3232 是低压差发送器输出级，利用双电荷泵在 3.0～5.5 V 电源供电时能够实现真正的 RS-232 性能，而器件外部仅需使用 4 个 0.1 μF 的小容量电荷泵电容，只要输入电压在 3.0～5.5 V 范围以内，即可提供倍压电荷泵 +5.5 V 和反相电荷泵 -5.5 V 输出电压，电荷泵工作在非连续模式，一旦输出电压低于 5.5 V，将开启电荷泵。输出电压超过 5.5 V，即可关闭电荷泵，每个电荷泵需要一个电容器和一个储能电容，产生 V+ 和 V- 的电压。MAX3232 确保在 120 kbps 数据速率，同时保持 RS-232 输出电平。MAX3232 具有两路接收器和两路驱动器，提供 1 μA 关断模式，有效降低功效并延迟便携式产品的电池使用寿命。关断模式下，接收器保持有效状态，对外部设备进行监测，仅消耗 1 μA 电源电流，MAX3232 的引脚、封装和功能分别与工业标准 MAX242 和 MAX232 兼容，即使工作在高数据速率下，MAX3232 仍然能保持 RS-232 标准要求的正负 5.0V 最小发送器输出电压。

RS-232 接口电路如图 8-11 所示，TMS320F28027 通过 SCI 接口与 MAX3232

相连来实现与外设的 RS－232 通信。TMS320F28027 的 SCI 发送端连接到 MAX3232 的其中一路接收器接入端,送至 TMS320F28027 的 SCI 接收端,从而实现信号的双向传递。

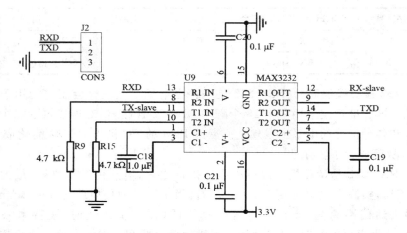

图 8－11　SCI 通信接口电路图

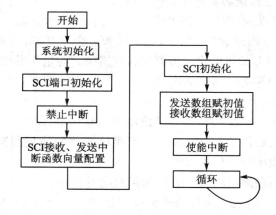

图 8－12　主函数流程框图

1. 主函数例程(程序流程框图见图 8－12)

```
void main(void)
{
    Uint16 i;
// Step 1. Initialize System Control:
// PLL, WatchDog, enable Peripheral Clocks
// This example function is found in the DSP2802x_SysCtrl.c file.
    InitSysCtrl();
```

```
// Step 2. Initalize GPIO:
// This example function is found in the DSP2802x_Gpio.c file and
// illustrates how to set the GPIO to its default state.
// InitGpio();
// Setup only the GP I/O only for SCI - A and SCI - B functionality
// This function is found in DSP2802x_Sci.c
   InitSciGpio();
// Step 3. Clear all interrupts and initialize PIE vector table:
// Disable CPU interrupts
   DINT;
// Initialize PIE control registers to their default state.
// The default state is all PIE interrupts disabled and flags
// are cleared.
// This function is found in the DSP2802x_PieCtrl.c file.
   InitPieCtrl();
// Disable CPU interrupts and clear all CPU interrupt flags:
   IER = 0x0000;
   IFR = 0x0000;
// Initialize the PIE vector table with pointers to the shell Interrupt
// Service Routines (ISR).
// This will populate the entire table, even if the interrupt
// is not used in this example.   This is useful for debug purposes.
// The shell ISR routines are found in DSP2802x_DefaultIsr.c.
// This function is found in DSP2802x_PieVect.c.
   InitPieVectTable();
// Interrupts that are used in this example are re - mapped to
// ISR functions found within this file.
   EALLOW;     // This is needed to write to EALLOW protected registers
   PieVectTable.SCIRXINTA = &sciaRxFifoIsr;
   PieVectTable.SCITXINTA = &sciaTxFifoIsr;
   EDIS;     // This is needed to disable write to EALLOW protected registers
// Step 4. Initialize all the Device Peripherals:
// This function is found in DSP2802x_InitPeripherals.c
// InitPeripherals(); // Not required for this example
   scia_fifo_init();   // Init SCI - A
// Step 5. User specific code, enable interrupts:
// Init send data.   After each transmission this data
// will be updated for the next transmission
   for(i = 0; i<2; i++)
   {
      sdataA[i] = i;
      rdataA[i] = i;
```

```
    }
    rdata_pointA = sdataA[0];
// Enable interrupts required for this example
    PieCtrlRegs.PIECTRL.bit.ENPIE = 1;     // Enable the PIE block
    PieCtrlRegs.PIEIER9.bit.INTx1 = 1;     // PIE Group 9, INT1
    PieCtrlRegs.PIEIER9.bit.INTx2 = 1;     // PIE Group 9, INT2
    IER = 0x100;     // Enable CPU INT
    EINT;
// Step 6. IDLE loop. Just sit and loop forever  (optional):
    for(;;);
}
```

2. 接收、发送函数例程

```
interrupt void sciaTxFifoIsr(void)
{
    Uint16 i;
    for(i = 0; i< 2; i++)
    {
        SciaRegs.SCITXBUF = rdataA[i];      // Send data
    }
    SciaRegs.SCIFFTX.bit.TXFFINTCLR = 1;     // Clear SCI Interrupt flag
    PieCtrlRegs.PIEACK.all| = 0x100;     // Issue PIE ACK
}
interrupt void sciaRxFifoIsr(void)
{
    Uint16 i;
    for(i = 0;i<2;i++)
    {
        rdataA[i] = SciaRegs.SCIRXBUF.all;      // Read data
    }
    SciaRegs.SCIFFRX.bit.RXFFOVRCLR = 1;     // Clear Overflow flag
    SciaRegs.SCIFFRX.bit.RXFFINTCLR = 1;     // Clear Interrupt flag

    PieCtrlRegs.PIEACK.all| = 0x100;     // Issue PIE ack
}
```

第 **9** 章

串行 I²C 接口

本章介绍基于 280xx 控制器的内部集成的电路 I²C 模块的特征和相应操作。遵从飞利浦半导体公司的 I²C 总线 2.1 版标准,I²C 模块提供了数字信号控制器之间或外设之间的通信接口。I²C 总线具有两条线,能够发送/接收 1~8 位的数据,控制器可通过 I²C 总线完成与 DSC 芯片的通信。

I²C 模块发送或接收的一组数据可以少于 8 位,但是为了叙述方便以下称一组数据为一个数据字节。通过模式寄存器(I2CMDR)可以设定数据字节的位数。I²C 串行外设模块接口的方框图如图 9-1 所示。

每个连接到 I²C 总线的控制器都可通过一个唯一的地址识别出来。依照控制器功能,任何一个控制器都可以作为发送者与接收者。当控制器进行数据传送时,此控制器可以作为主控控制器或从动控制器;主控控制器首先发出数据到总线上并且同时发送时钟信号以允许传送,在发送数据中,任何一个分配了唯一地址的控制器将认定为从动控制器。I²C 模块支持多主控模式,在此模式下能够控制 I²C 总线的一个或多控制器相连到 I²C 总线上。

对于数据通信,I²C 模块有一个串行数据引脚 SDA 和串行时钟引脚 SCL,如图 9-1所示。这两种引脚可在 28x 控制器和连接到的 I²C 总线上的其他控制器之间传递信息。SDA 和 SCL 引脚都是双向的,都必须连接上拉电阻到电源上。当 I²C 总线空闲时,两个引脚都被上拉为高电平。这两个引脚有一个是漏极开路驱动,以实现"与"的功能。

两种主要的传送模式:

● 标准模式:发送准确的 n 位数据值,可以由 I²C 模式寄存器编程 n 的值;

● 重复模式:连续发送数据直到软件发出停止命令,或者是重新开始命令。

I²C 模块有如下特征:

● 符合飞利浦半导体 I²C 总线规格(版本 2.1):

　　— 支持 1 位~8 位格式传送;

　　— 7 位和 10 位寻址模式;

　　— 可以全呼叫总线上的控制器;

　　— 启动字节模式;

　　— 支持多个主发送器和从接收器;

146

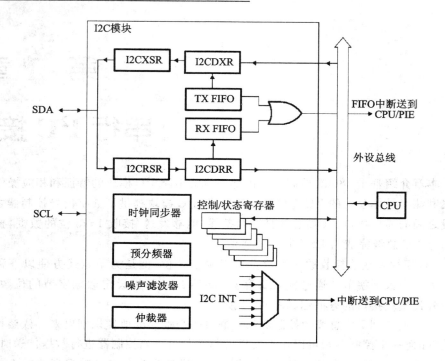

注：(1) 以系统时钟 SYSCLKOUT 的时钟速率访问 I²C 寄存器。I²C 模块的内部定时和信号波形也以系统时钟 SYSCLKOUT 时钟速率运行。

(2) 外设时钟控制寄存器 0(PCLKCR0)的时钟使能位 I2CAENCLK 关闭送到 I²C 模块的时钟以实现低功耗运行。复位时，清除 I2CAENCLK 位后表明外设内部时钟已关闭。

图 9-1　I²C 外设模块接口方框图

  — 支持多个从发送器和主接收器；

  — 可以组合主控发送/接收和接收/发送模式；

  — 数据传送速率从 10 kbps 到高达 400 kbps(I²C 快速模式的速率)。

● 一个 4 字接收先进先出缓冲(FIFO)寄存器和一个 4 字发送先进先出缓冲(FIFO)寄存器；

● CPU 使用的中断可由下列条件之一产生：

  — 发送数据准备好；

  — 接收数据准备好；

  — 寄存器访问准备好；

  — 没有接收到确认；

  — 仲裁丢失；

  — 检测到停止条件；

  — 被寻址为从机。

- 在先进先出缓冲(FIFO)模式下，CPU 可以使用附加的中断；
- 模块使能/禁止能力；
- 自由数据格式模式；

I²C 模块不支持以下功能：

- 高速模式；
- C_BUS 的兼容模式。

I²C 模块中包括以下主要模块：

- 一个串行接口、一个数据引脚 SDA 和一个时钟引脚 SCL；
- 数据寄存器和数据先进先出缓冲(FIFO)临时保存接收数据和输出数据在 SDA 引脚和 CPU 之间传送；
- 控制和状态寄存器；
- I²C 外设串行总线接口，使能 CPU 访问 I²C 模块寄存器和先进先出缓冲 (FIFO)寄存器；
- 一个时钟同步器，用于同步 I²C 模块的输入时钟(由从动控制器的时钟发生 器)和 SCL 引脚的时钟，并同步不同时钟速率主机的数据传送；
- 一个时钟前分频器，用于 I²C 模块的时钟分频；
- SDA 和 SCL 两个引脚上带有尖脉冲滤波器；
- 一个调制器，处理 I²C 模块(当它是一个主机)与另一主机之间的调制；
- 中断产生逻辑将中断信号传送到 CPU；
- 在 I²C 模块中先进先出缓冲(FIFO)中断产生逻辑可以同步数据接收和数据 发送。

147

图 9-1 中的 4 个寄存器是在非先进先出缓冲(FIFO)模式下用于发送和接收功能。CPU 写入数据发送到 I²C 数据发送寄存器(I2CDXR)；并读取从 I²C 数据接收寄存器(I2CDRR)收到的数据。当 I²C 模块配置为发送器，写入 I²C 数据发送寄存器(I2CDXR)数据被复制到发送移位寄存器(I2CXSR)，并在同一时间从 SDA 引脚输出；当 I²C 模块配置为接收器，接收到的数据被输送到接收移位寄存器(I2CRSR)，然后被复制到 I²C 数据接收寄存器(I2CDRR)。表 9-1 为 I²C 模块的寄存器。

表 9-1　I²C 模块的寄存器

名　称	地　址	受 EALLOW 保护	说　明
I2COAR	0x7900	否	I²C 本机地址寄存器
I2CIER	0x7901	否	I²C 中断使能寄存器
I2CSTR	0x7902	否	I²C 状态寄存器
I2CCLKL	0x7903	否	I²C 时钟低电平时间分频器寄存器
I2CCLKH	0x7904	否	I²C 时钟高电平时间分频器寄存器

续表 9-1

名　称	地　址	受 EALLOW 保护	说　明
I2CCNT	0x7905	否	I²C 数据计数寄存器
I2CDRR	0x7906	否	I²C 数据接收寄存器
I2CSAR	0x7907	否	I²C 从机地址寄存器
I2CDXR	0x7908	否	I²C 数据发送寄存器
I2CMDR	0x7909	否	I²C 模式寄存器
I2CISRC	0x790A	否	I²C 中断源寄存器
I2CPSC	0x790C	否	I²C 前分频器寄存器
I2CFFTX	0x7920	否	I²C 发送 FIFO 寄存器
I2CFFRX	0x7921	否	I²C 接收 FIFO 寄存器
I2CRSR	—	否	I²C 接收移位寄存器（CPU 不可访问它）
I2CXSR	—	否	I²C 发送移位寄存器（CPU 不可访问它）

　　I²C 模块支持任何与 I²C 兼容的主控/从动控制器。图 9-2 是通过 I²C 模块和双向传送总线来实现各种芯片与外设之间或外设与外设之间的通信。

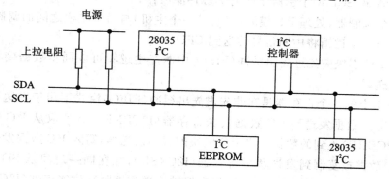

图 9-2　多控制器的 I²C 模块连接图

9.1　I²C 模块时钟发生器

　　如图 9-3 所示,控制器的时钟发生器接收一个来自外部时钟源的信号,并产生一个可编程频率的 I²C 模块输入时钟。输入 I²C 模块的时钟与 CPU 的时钟相同,然后在 I²C 模块内部被两次分频分别产生模块时钟和主时钟。

　　该模块的时钟决定了 I²C 模块的工作频率。I²C 模块中的一个可编程的前分频器将 I²C 输入时钟分频并产生一个模块时钟。为了得到指定的分频值,初始化 I²C 前分频寄存器(I2CPSC)的前分频值 IPSC 域。由此产生的频率是:

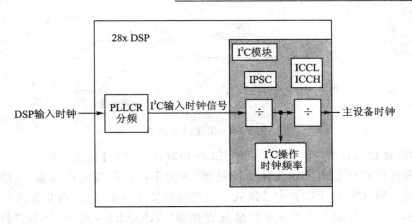

图 9 - 3　I²C 模块的时钟架构框图

$$模块时钟频率 = \frac{\text{I2C 输入时钟频率}}{\text{IPSC} + 1}$$

为了满足 I²C 模块的所有通信协议时序规范,该模块时钟频率必须设置在 7～12 MHz 之间。前分频器必须只能在 I²C 模块处于复位状态时,初始化模式寄存器 (I2CMDR)的位 I²C 复位位 IRS=0,分频后的频率在 I²C 复位位(IRS)被置 1 的时才有效,当 I²C 复位位(IRS)为高电平的时候,改变 I²C 前分频值 IPSC 的值无效。

当 I²C 模块在 I²C 总线上配置为主控控制器时,主时钟从 SCL 引脚输出,时钟控制 I²C 模块和从动控制器的通信计时,从图 9 - 3 中可知,I²C 模块中的第二个时钟分频率器对模块时钟进行分频产生主时钟信号,设置时钟低电平分频寄存器 (I2CCLKL)的 ICCL 值对模块时钟信号源的低电平部分进行分频,设置时钟高电平分频寄存器(I2CCLKH)的 ICCH 值对模块时钟信号源的高电平部分进行分频。

9.2　I²C 模块操作

本节介绍 I²C 模块总线协议和实现方式。

输入、输出电平:主控控制器每次发送数据比特位时,都会产生一个时钟脉冲,由于在 I²C 总线上连接着不同的控制器,逻辑 0(低电平)和逻辑 1(高电平)是不确定的,与 VDD 的电平相关。

数据有效性:在时钟信号的高电平期间,SDA 引脚的数据必须保持稳定见图 9 - 4,SDA 高或低的状态的改变必须在时钟信号 SCL 为低电平。

操作方式:I²C 模块作为主控控制器或从动控制器时有四种基本的操作方式用于支持数据传送:

从接收模式:I²C 模块作为从动控制器,并从主控控制器接收数据。所有的从动控制器上电便工作在此模式。在该模式下,在主控控制器产生的时钟脉冲下,从 SDA 脚接收串行数据。作为从动控制器,I²C 模块不产生时钟信号,接收到一个字节

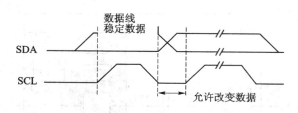

图 9-4　引脚输出数据

的数据后,接收移位寄存器满位(RSFULL＝1)时,SCL 脚被模块拉低。

从发送模式:I²C 模块作为从动控制器,并向主控控制器发送数据:只能从从接收模式进入到该模式,I²C 首先必须从主控控制器接收一个命令,当发送的 7 位或 10 位地址模式的地址和 I²C 模块本机地址寄存器(I2COAR)一致,同时主控控制器发送的读/写位 R/W＝1 时,I²C 模块便进入从发送模式。作为从发送模式,在主控控制器产生的时钟脉冲下,从 SDA 脚发送串行数据;作为从动控制器,I²C 模块不产生时钟信号,发送一个字节的数据后,发送移位寄存器空(XSMT＝0)时,SCL 脚被模块拉低。

主接收模式:I²C 模块作为主控控制器,并从从动控制器接收数据。只能从主发送模式进入到该模式;I²C 模块首先向从动控制器发送一个命令,发送 7 位或 10 位的地址和读/写 R/W＝1 后,I²C 模块就进入主接收模式,在 I²C 工作方式下产生的时钟脉冲,从 SDA 脚接收串行数据移入到模块内部寄存器中,接收到一个字节的数据后,接收移位寄存器满位(RSFULL＝1)时,SCL 脚被模块拉低。

主发送模式:I²C 模块作为主控控制器,并向从动控制器发送控制信号和数据。所有的主控控制器上电便工作在此模式。在该模式下由 7 位或 10 位地址组成的数据从 SDA 脚移出,比特位移出速率和 I²C 模块在 SCL 脚产生时钟信号同步,发送一个字节的数据后,发送移位寄存器空(XSMT＝0)时,SCL 引脚被模块拉低。

当 I²C 模块作为主控控制器工作时,启始时作为主发送器,发送一个地址给特定的从动控制器,当在给从动控制器发送数据时,I²C 模块必须仍然保持在主发送模式;为了从从动控制器中接收数据,I²C 模块必须改为主接收模式。

当 I²C 模块作为从动控制器工作时,启始时作为从机,识别到从主控控制器发来的从机地址时,便作出应答。如果主控控制器要向 I²C 模块发送数据时,模块必须保持在从接收模式;如果主控控制器从 I²C 模块读取数据时,模块必须改为从发送模式。

I²C 模块的启始和停止条件:当模块配置为主控控制器时,I²C 模块产生启始和停止条件,如图 9-5 所示:

- 启始条件的定义是当时钟引脚 SCL 为高电平时,数据引脚 SDA 的电平由高变低,主控控制器发出启始条件表示一次数据传送开始。

- 停止条件的定义是当时钟引脚 SCL 为高电平时,数据引脚 SDA 的电平由低

变高,主控控制器发出停止条件表示一次数据传送停止。

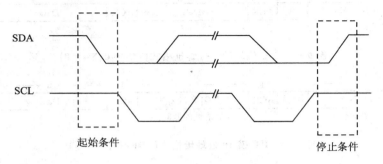

图 9－5　I²C 模块的启始和停止条件

在一次启始条件后,停止条件前,I²C 总线被认为是忙碌的,状态寄存器(I2CSTR)的总线忙碌位 BB=1,在一个停止条件和下一次启始条件之间,I²C 总线被认为是空闲的,BB 位为 0。

I²C 模块开始一次带启始条件的数据传送时,模式寄存器(I2CMDR)的主控模式位 MST 和启始条件位 STT 必须都为 1;I²C 模块结束一次带停止条件的数据传送时,停止条件位 STP 必须设置为 1。当 BB 位和启始条件位 STT 被同时设置为 1,将产生一个启始条件。

串口数据格式:图 9－6 列举了 I²C 总线上的一次数据传送,I²C 模块支持 1～8 位的数据传送,在图 9－6 中,传送了 8 位的数据。在 SDA 线上每传一个位,相应在 SCL 线上就有一个脉冲,数据一般从高字节开始传送,发送或接收的数据值不受限制,图 9－6 中串口数据格式使用了 7 位的地址格式,I²C 模块也支持从图 9－7 到图 9－9 所示的格式。

在图 9－6～9－9 中,n 表示数据位的个数 1～8 位,由模式寄存器(I2CMDR)的计数位 BC 确定。

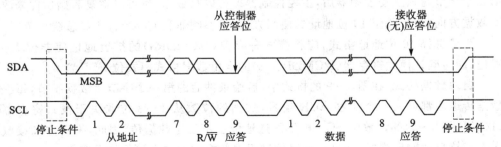

图 9－6　I²C 模块的数据传送 7 位地址及 8 位数据

7 位地址格式:在图 9－7 的 7 位地址格式中,启始条件后的第一个字节包括一个读/写位后的 7 位从机地址,读/写位决定的数据的方向:

● R/W＝0:主控控制器写数据(发送从机地址);

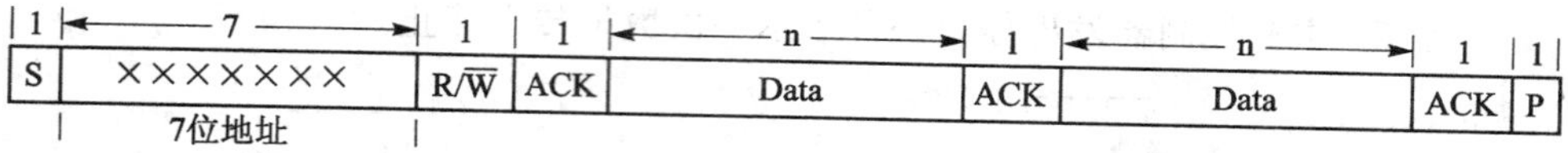

图 9-7　I²C 模块的 7 位地址格式（FDF＝0，XA＝0）

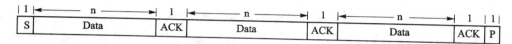

图 9-8　I²C 模 10 位地址格式（FDF＝0，XA＝1）

| 1 | n | 1 | n | 1 | n | 1 | 1 |
| S | Data | ACK | Data | ACK | Data | ACK | P |

图 9-9　I²C 模块自由数据格式（FDF＝1）

● R/W＝1：主控控制器读数据（接收从机地址）。

　　每个字节后会插入额外的时钟信号作为应答信号 ACK，如果从动控制器插入 ACK 位在主控控制器发送的第一个字节后，接下来是从发送端（主控控制器或从动控制器取决与读/写位）发送 n 位数据 n 的长度为 1～8，由模式寄存器（I2CMDR 2～0）的计数位 BC 来确定。数据发送完成后，接收器插入一个 ACK 位。

　　为了选择 7 位地址格式，应将模式寄存器（I2CMDR8）的扩展地址使能位 XA 置 0；同时确认模式寄存器（I2CMDR　3）的自由数据格式模式位（FDF）置 0。

　　10 位地址格式：10 位地址格式（见图 9-8）与 7 位地址格式相类似，但是主控控制器发送的从机地址分成两个独立的字节传送，第一个字节包括 11110b、10 位从机地址的高两位，以及 R/W＝0（写操作），第二个字节是 10 位从机地址中剩余的 8 位。每个字节传送完毕后，从动控制器都会返回一个应答信号。一旦主控控制器将第二个字节写入从动控制器后，主控控制器即可以写数据，也可以重复启始条件来改变数据方向，更多关于 10 位地址的使用方法，可参阅菲利浦半导体 I²C 总线规范。

　　为了选择 10 位地址格式，应将模式寄存器（I2CMDR8）的扩展地址使能位 XA 置位，同时确认模式寄存器（I2CMDR　3）的自由数据格式模式位 FDF 置 0。

　　自由数据格式：在图 9-9 的格式中，启始条件后的第一个字节是数据字节，每次数据传送后都插入一个应答 ACK 信号，数据的位数从 1～8 位取决于模式寄存器（I2CMDR 2～0）的计数位 BC。即不发送地址也不发送数据位，因此，发送方和接收方都支持自由数据格式，并且在传送的过程中数据的方向必须保持不变。

　　为了选择自由数据格式，模式寄存器（I2CMDR 3）的自由数据格式位 FDF 置 1。在数字循环模式，模式寄存器（I2CMDR 6）的数据回环模式位（DLB）置位，便不支持自由数据格式。

　　使用重复启始条件：每次数据字节发送完毕，主控控制器可以驱动另一个启始条件。正是由于此种性能，一个主控控制器可以不用向 I²C 总线发送停止条件而与多个地址的从机进行通信。数据字节的长度可以通过模式寄存器（I2CMDR 2～0）的计数位 BC 进行选择。重复启动条件可用于 7 位地址格式、10 位地址格式和自由数据格式，图 9-10 表示 7 位地址格式下的重复启动条件。

图 9-10　重复启动条件(7 位地址格式)

在图 9-10 中，n 表示数据位的个数（1～8 位），由模式寄存器（I2CMDR2～0）的计数位 BC 来确定。

非应答 NACK 位的产生：当 I²C 模块作为一个接收器（主控控制器或从动控制器），可以对发送器发送的位数进行应答或忽略。为了忽略任何新的位，I²C 模块在应答过程中向 I²C 总线发送一个非应答 NACK 位。表 9-2 总结了可以使用不同的方式告知 I²C 模块发送一个 NACK 位的方式。

表 9-2　I²C 模块发送一个 NACK 位的说明

I²C 模块条件	NACK 位产生选项
从接收模式	允许溢出条件，接收移位寄存器满位（RSFULL=1） I²C 复位位 IRS=0 接收最后一个数据位的上升沿前设置 NACKMOD 位
主接收模式以及重复模式	产生一个停止条件位 STP=1 I²C 复位位 IRS=0 接收最后一个数据位的上升沿前设置 NACKMOD 位
主接收模式以及非重复模式	如果停止条件位 STP=1，数据计数器减到 0，产生停止条件 如果停止条件位 STP=0，置停止条件位 STP=1 产生停止条件 模块复位 接收最后一个数据比特的上升沿前设置 NACKMOD 位

时钟同步：在正常情况下，只有一个主控控制器产生时钟信号 SCL。然而，在仲裁程序期间，有两个或两个以上的主控控制器，因而时钟信号必须被同步便于输出数据的比较。图 9-11 就说明了时钟同步，SCL 为低电平，表示一个控制器在 SCL 产生一个低周期来支配其他的控制器。每次由高到低的转变，其他控制器的时钟发生器强制启动它们的低周期。控制器的 SCL 保持最长的低电平周期时。其他的控制器启动高电平周期前必须结束低周期然后等待 SCL 被释放。低速的控制器可以从 SCL 上获得低速的时钟同步信号，高速的控制器可以从 SCL 上获得高速的时钟同步信号。

154

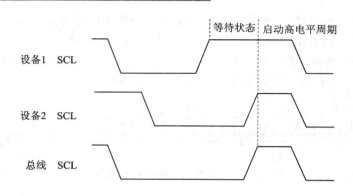

图 9 - 11　仲裁确定两个时钟发生器的同步

仲裁:如果有两台或两台以上的主发送机试图在相近时间在 I²C 总线上启动发送模式时,调用仲裁程序进行仲裁。仲裁程序使用竞争来传送串行数据总线 SDA 上的数据。图 9 - 12 列举了仲裁程序对两个控制器进行仲裁,第一个主发送器试图将数据线置高电平,但被另一个将数据线置低电平的发送器给驳回,仲裁程序把优先权给发送数据流波特率最低的控制器,两个或两个以上的控制器同时发送相同的第一个字节时,继续通过后来的字节进行仲裁。

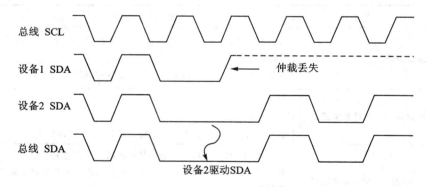

图 9 - 12　两个主发送器的仲裁

如果 I²C 模块失去了主控控制器,就转换为从接收模式,置位丧失仲裁标志,产生仲裁丧失中断请求。

如果当在 SDA 数据总线上传送重复启始条件或停止条件,串口传送仲裁程序仍然运行,主发送器必须在相同位置以同样的格式帧发送重复启始条件和停止条件。在以下情况不允许仲裁:

- 重复启始条件和一个数据位;
- 停止条件和一个数据位;
- 重复启始条件和停止条件。

9.3 I²C 模块中断请求产生

I²C 模块可以产生的 7 种基本的中断请求,其中 2 个告知 CPU 什么时候写发送数据、什么时候读取接收数据。如果要队列处理发送和接收数据,可以使用队列中断,基本的 I²C 中断在 PIE 的第 8 组中断 1(I²CINT1A_ISR)和先进先出缓冲(FIFO)中断在 PIE 的第 8 组中断 2(I²CINT1A_ISR)。

基本的 I²C 中断请求:I²C 模块能产生表 9-3 中列出的中断请求。在图 9-13 中,所有的中断请求通过仲裁进行多功能复用形成一个中断请求进入 CPU,每个中断请求在状态寄存器(I2CSTR)中都有一个中断请求标志位以及在中断使能寄存器(I2CIER)中有中断使能控制位。当其中一个设定事件发生时,相应的标志位设置为1,如果相应的使能位为 0 时,中断请求被阻止;如果使能位为 1 时,请求作为 I²C 中断发送给 CPU。

表 9-3 中断请求的说明

I²C 中断请求	中断源
XRDYINT	发送准备就绪:由于上次的数据已从数据发送寄存器(I2CDXR)复制到发送移位寄存器(I2CXSR)中,因此 I²C 数据发送寄存器(I2CDXR)已准备好接收新的数据。 作为使用 XRDYINT 的替代方法,CPU 可查询状态寄存器(I2CSTR)的发送数据准备完成(XRDY)中断标志位,在先进先出缓冲(FIFO)模式下不使用 XRDYINT 中断,应使用先进先出缓冲(FIFO)中断来代替
RRDYINT	接收准备就绪:由于数据已从接收移位寄存器(I2CRSR)复制到数据接收寄存器(I2CDRR)中,因此 I²C 数据接收寄存器(I2CDRR)已准备好被读取。 RRDYINT 的替代方法,CPU 可查询状态寄存器(I2CSTR)的 RRDY 位,RRDYINT 中断在先进先出缓冲模式下不应该使用,应使用,应使用先进先出缓冲(FIFO)中断来代替
ARDYINT	寄存器访问准备就绪:由于已经使用过地址、数据以及命令进行编程,因此 I²C 模块寄存器已经准备好。 作为使用 ARDYINT 的替代方法,CPU 可查询 ARDY 位
NACKINT	无应答:I²C 模块被配置为主控控制器发送模式,接收从动控制器的应答。 作为使用 NACKINT 的替代方法,CPU 可查询状态寄存器(I2CSTR)的 NACK 位
ALINT	仲裁丢失情况:I²C 模块失去和其他主控控制器发送者的竞争。 作为使用 ALINT 的替代方法,CPU 可查询状态寄存器(I2CSTR)的 AL 位
SCDINT	停止条件检测:在 I²C 总线上检测到停止条件。 作为使用 SCDINT 的替代方法,CPU 可查询状态寄存器(I2CSTR)的 SCD 位
AASINT	被配置为从动控制器的情况:在 I²C 总线上 I²C 模块被某一个主控控制器配置为从动控制器。 作为使用 AASINT 的替代方法,CPU 可查询状态寄存器(I2CSTR)的 AAS 位。置从机地址条件:在 I²C 总线上的其他主控控制器把 I²C 模块配置为从动控制器

I²C 中断是 CPU 的可屏蔽中断之一,作为可屏蔽中断,若中断被使能,CPU 执行

32位数字信号控制器原理及应用

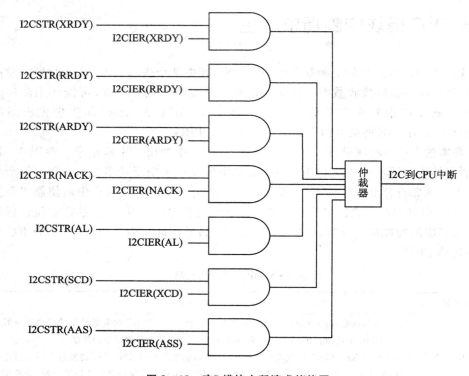

图 9-13　I²C 模块中断请求使能图

相应的中断服务程序 I2CINT1A_ISR,I²C 中断服务程序通过读取中断源寄存器决定中断源,然后中断服务程序调用适当的子程序。在 CPU 读取中断源寄存器后,发生下列的事件:

(1) 状态寄存器(I2CSTR)的中断源被清除,当读取中断源寄存器(I2CISRC)的数据时,ARDY、RRD 以及中断源寄存器(I2CISRC)不清零。清零则应写入 1。

(2) 仲裁器决定保留的中断请求中谁具有更高的优先级,向中断源寄存器(I2CISRC)写入该中断的代码同时向 CPU 发送中断请求。

I²C FIFO 中断:除 7 个基本的 I²C 中断外,先进先出缓冲(FIFO)发送和接收各自包含了产生中断的能力,发送先进先出缓冲(FIFO)可以被配置成在发送一段可达16 个字节后产生一个中断;接收先进先出缓冲(FIFO)可以配置成在接收一段可达16 个字节后产生一个中断。这两个中断源集成一个可屏蔽的 CPU 中断,中断服务程序可以读取队列中断状态标志来确定中断源。

复位/禁止 I²C 模块:可以通过以下两种方式来复位/禁止 I²C 模块:

● 对 I²C 模式寄存器(I2CMDR 5)的复位位(IRS)写入 0,所有的状态位被复位到默认值,在 I²C 复位位变为 1 时,I²C 模块一直保持为禁止状态,SDA 和SCL 引脚为高阻状态。

● XRS 引脚置 0,初始化 DSC 复位,整个 DSC 一直保持复位直到 XRS 引脚置高电平。当 XRS 引脚为高电平时,所有的 I²C 模块寄存器被复位到默认值,I²C 复位位(IRS)被强制为 0 时,I²C 模块被复位,整个模块一直保持复位状态直到对 I²C 复位位(IRS)写入 1。

当重新配置 I²C 模块时,I²C 复位位(IRS)必须为 0,强制 I²C 复位位(IRS)为 0 可以用来减低功耗和用于清除错误情况。

9.4　I²C 模块寄存器简介

所有的 I²C 模块寄存器,除接收和发送移位寄存器外所有的寄存器都直接与 CPU 相连。为了使用 I²C 模块,模块的系统时钟必须通过设置外设时钟控制寄存器 0(PCLKCR0)中的相应位来使能。

I²C 模式寄存器(I2CMDR)

I²C 模式寄存器(I2CMDR)是一个包含了 I²C 模块控制位的 16 位寄存器,以下给出了模式寄存器(I2CMDR)的功能定义。

15	14	13	12	11	10	9	8
NACKMOD	FREE	STT	保留	STP	MST	TRX	XA
R/W−0	R/W−0	R/W−0	R/W−0	R/W−0	R/W−0	R/W−0	R/W−0

7	6	5	4	3	2		0
RM	DLB	IRS	STB	FDF	BC		
R/W−0	R/W−0	R/W−0	R/W−0	R/W−0	R/W−0		

位 15　非应答模式位(NACKMOD)

　该位只有当 I²C 为接收状态时才有效。

　0　从接收模式:总线上每个应答周期 I²C 模块向发送器发送一个 ACK 位,如果该位置位,则 I²C 模块发送无应答位;

　　主接收模式:每个应答周期 I²C 模块发送一个 ACK 位直到内部的数据计数计到 0,此时,I²C 模块向发送器发送一个 NACK 位;为了及时发送 NACK,该位必须置位;

　1　从接收模式或主接收模式:在下个应答周期 I²C 模块向发送器发送一个 NACK 位,一旦发送完 NACK,该位将被清零。

　在下一个应答周期发送一个 NACK,必须在最后一个数据的上升沿置位该位。

位 14　自由运行位(FREE)

　该位用于控制 I²C 模块的动作。

　0　当 I²C 模块为主控控制器模式:如果 SCL 为低电平时遇到断点,不管 I²C 模块是接收者还是发送者,I²C 模块立即停止工作,同时保持 SCL 引脚为低电平;如果 SCL 引脚高电平遇到断点时,I²C 模块等到 SCL 引脚为低电平,然后停止工作;

　1　当 I²C 模块为从动控制器模式:当前的发送/接收完成时,断点迫使 I²C 模块停止工作。I²C 模块自由运行;也就是说,当断点发生时,I²C 模块继续工作。

位 13　启始条件位(STT)

　(只在 I²C 模块为主控控制器时有用),在主控控制器模式时。RM、启始条件位 STT 和停止条件位 STP 确定 I²C 模块何时开始和停止数据传送(见表 9−4)。注意启始条件位 STT 和停止条件位 STP

被用于停止重复模式,同时在 I²C 复位位 IRS＝0 时,该位不可以进行写操作。

    0   在主控控制器模式时,当启始条件产生时,该位自动清零;

    1   在主控控制器模式时,置位该位引起 I²C 模块在 I²C 总线上产生启始条件。

位 12   保留位

读返回 0,写不影响。

位 11   停止条件位(STP)

(只在 I²C 模块作为主控控制器时有用),在主控控制器模式时,RM、启始条件位 STT 和停止条件位 STP 决定 I²C 模块何时开始和停止数据传送(见表 9 - 4)。注意启始条件位 STT 和停止条件位 STP 被用于停止重复模式,同时在 IR＝0 时,该位不可以进行写操作。

    0   当停止条件产生时,该位自动清零;

    1   当 I²C 模块的数据计数器减到 0 时,DSC 产生一个停止条件。

位 10   主控模式位(MST)

该位用于确定 I²C 模块是否工作在从控制模式或主控控制器模式。当主控控制器产生停止条件时,该位自动从 1 改为 0。

    0   从控制模式,I²C 模块工作在从控制模式同时从主控控制器接收串口时钟信号;

    1   主控控制器模式,I²C 模块工作在主控控制器模式同时在 SCL 引脚上产生串口时钟信号。

位 9   发送模式位(TRX)

当该位有效时,对 I²C 模块是否工作在发送模式还是接收进行选择,表 9 - 5 列出了发送模式位 (TRX)何时有效,何时无效。

    0   接收模式:I²C 模块是接收器,从 SDA 引脚接收数据;

    1   发送模式:I²C 模块是发送器,从 SDA 引脚发送数据。

位 8   扩展地址使能位(XA)

    0   7 位地址格式(常用格式):I²C 模块传送 7 位从机地址(从机地址寄存器(I2CSAR0 - 6)和本机地址寄存器(I2COAR 0 - 6);

    1   10 位地址格式(扩展地址格式):I²C 模块传送 10 位从机地址,从机地址寄存器(I2CSAR0 - 9)和本机地址寄存器(I2COAR 0 - 9)

位 7   重复模式位(RM)

(只在 I²C 模块作为主发送器时有用):重复模式位 RM、启始条件位 STT 和停止条件位 STP 决定 I² C 模块的启始和停止数据传送(见表 9 - 4)。

    0   非重复模式:数据计数寄存器的值决定 I²C 模块接收/发送的字节数;

    1   重复模式:每次数据字节发送,直到用户置位模式寄存器(I2CMDR 11)的停止条件位(STP)之后,I²C 数据发送寄存器(I2CDXR)才停止写入数据(或在先进先出缓冲(FIFO)模式,至发送先进先出缓冲(FIFO)寄存器为空时)。ARDY 位/中断可用来决定 I²C 数据发送寄存器(I2CDXR)或先进先出缓冲(FIFO)准备更多的数据,或当数据已被发送同时 CPU 被允许对停止条件位(STP)写数据。

位 6   数据回环模式位(DLB)

功能图如图 9 - 14 所示。

    0   禁止数据回环模式;

    1   使能数据回环模式,模式寄存器(I2CMDR 10)的主控模式位(MST)必须置位,以便在此模式中的正确操作。

在数据回环模式中,通过内部通道,在 n 个 DSC 时钟后,从 I²C 数据发送寄存器(I2CDXR)发出的数据在 I²C 数据接收寄存器(I2CDRR)被接收到,此处 n＝I²C 输入时钟频率/模块时钟频率 * 8,发送和接收时钟是同一个,在 SDA 引脚上传送的地址是本机地址寄存器(I2COAR)中的地址。

在数据回环模式中 FDF＝1 不支持自由数据格式位。

位 5　I²C 模块复位位(IRS)

0　I²C 模块被复位/禁止，当该位被清零时，状态寄存器(I2CSTR)的所有状态位设为默认值；

1　I²C 模块使能；如果外设占用了总线，将释放 I²C 总线。

位 4　启始字节模式位(STB)

该位只在 I²C 模块工作在发送模式时有用，在菲利浦半导体公司 I²C 总线规范 2.1 版本中说明了启始字节帮助从动控制器检测到启始条件；当 I²C 模块为从控时，不管 STB 位的值，都会忽略从主控制器发来的启始字节。

0　I²C 模块非启始字节模；

1　I²C 模块为启始字节模式，当置位启始条件位 STT 时，I²C 模块开始数据发送不仅仅是一个启始条件位，I²C 模块开始传送，一般会产生：

- 一个启始条件；
- 一个启始字节(0000 0001b)；
- 一个虚拟的应答时钟脉冲；
- 重复启始条件然后，I²C 模块发送从机地址寄存器(I2CSAR)中的从机地址。

位 3　自由数据格式模式位(FDF)

0　禁止自由数据格式模式，通过设置扩展地址使能位 XA 发送 7/10 位的地址格式；

1　使能自由数据格式模式，发送自由的数据格式(没有地址)。

在数据回环模式中 DLB＝0 不支持自由数据格式位。

位 2～0　计数位(BC)

该位域定义了 I²C 模块要接收和发送的下一个数据字节的位数，位数的选择必须和其他控制器的数据大小相匹配。当计数位 BC＝000b 时，数据字节为 8 位。该位域不影响 8 位的地址位。

如果位数计数小于 8 位时，接收的字节放到 I²C 数据接收寄存器(I2CDRR)中右对齐的相应位 7～0，其他的位不确定；发送的数据写入 I²C 数据接收寄存器(I2CDRR)也必须是右对齐的。

000 每字节 8 位；

001 每字节 1 位；

010　每字节 2 位；

011　每字节 3 位；

100　每字节 4 位；

101　每字节 5 位；

110　每字节 6 位；

111　每字节 7 位。

表 9-4　重复模式位 RM、启始条件位 STT 及停止条件位 STP 的功能定义

RM	STT	STP	总线格式	说　　明
0	0	0	无效	无效
0	0	1	P	停止条件
0	1	0	S - A - D…(n)…D	启始、从机地址、n 个数据字节{n＝I²C 数据计数寄存器(I2CCNT)的值}
0	1	1	S - A - D…(n)…D - P	启始、从机地址、n 个数据字节、停止条件{n＝I²C 数据计数寄存器(I2CCNT)的值}

续表 9 - 4

RM	STT	STP	总线格式	说　明
1	0	0	无效	无效
1	0	1	P	停止条件
1	1	0	S - A - D - D	重复模式发送,启始、从机地址、连续数据发送模式一直到停止条件或下个启始条件产生
1	1	1	无效	保留位组合(无效)

注:S＝启始条件;A＝地址;D＝数据;P＝停止条件

表 9 - 5　主控模式位 MST 和 FDF 对 TRX 位的影响

MST	FDF	I²C 模块状态	发送模式位(TRX)功能
0	0	从控制非自由数据格式模式	发送模式位(TRX)不考虑,I²C 模块对主控控制器发来的命令做出响应。
0	1	从机地址、自由数据格式模式	自由数据格式要求 I²C 模块在整个传送过程中始终保持为发送器或接收器,发送模式位(TRX)定义了 I²C 模块的角色: TRX＝1:I²C 模块是发送器 TRX＝0:I²C 模块是接收器
1	0	主模式、非自由数据格式模式	TRX＝1:I²C 模块是发送器 TRX＝0:I²C 模块是接收器
1	1	主模式、自由数据格式模式	TRX＝1:I²C 模块是发送器 TRX＝0:I²C 模块是接收器

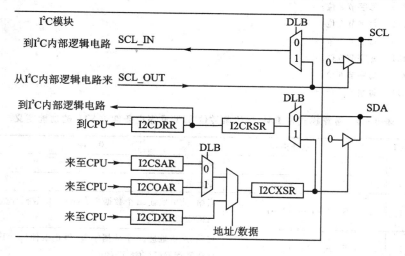

图 9 - 14　DLB 位对引脚的影响

扩展模式寄存器（I2CEMDR）

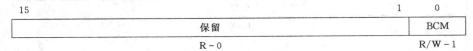

15		1	0
保留			BCM
R - 0			R/W - 1

位 15～1　保留位

位 0　向后兼容模式位（BCM）

发送模式时，该位影响状态寄存器（I2CSTR）的发送数据准备完成（XRDY）和发送移位寄存器空（XSMT＝0）的动作时间，详细内容可参见图 9－15。

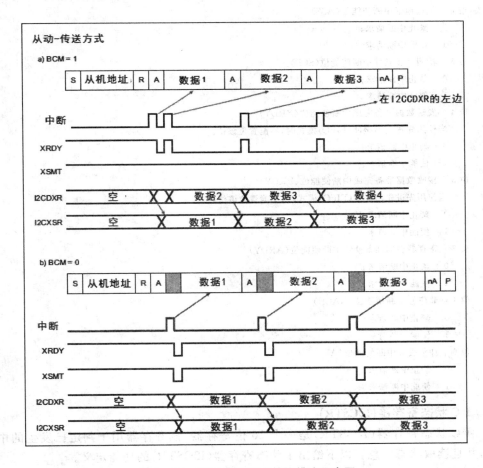

图 9－15　BMC 位的兼容转换模式示意图

I²C 中断使能寄存器（I2CIER）

CPU 用来中断使能寄存器（I2CIER）使能或禁止 I²C 模块的中断请求，以下给出了中断使能寄存器（I2CIER）的功能定义。

15							8
保留							
R - 0							

7	6	5	4	3	2	1	0
保留	AAS	SCD	XRDY	RRDY	ARDY	NACK	AL
R - 0	R/W - 0	R/W - 0	R/W - 0	R/W - 0	R/W - 0	R/W - 0	R/W - 0

位 15～7 保留位

该位读出为零,写入无效。

位 6 从机地址中断使能位(ASS)

0 禁止中断请求;

1 使能中断请求。

位 5 检测停止条件中断使能位(SCD)

0 禁止中断请求;

1 使能中断请求。

位 4 发送数据准备完成中断使能位(XRDY)

当使用先进先出缓冲(FIFO)模式时,不能置位该位。

0 禁止中断请求;

1 使能中断请求。

位 3 接收数据准备完成中断使能位(RRDY)

当使用先进先出缓冲(FIFO)模式时,不能置位该位。

0 禁止中断请求;

1 使能中断请求。

位 2 寄存器访问准备就绪中断使能位(ARDY)

0 禁止中断请求;

1 使能中断请求。

位 1 非应答中断使能位(NACK)

0 禁止中断请求;

1 使能中断请求。

位 0 仲裁丢失中断使能位(AL)

0 禁止中断请求;

1 使能中断请求。

I²C 状态寄存器(I2CSTR)

I²C 状态寄存器(I2CSTR)是一个 16 位寄存器,该寄存器用于判定已发生的中断,并且读取状态信息。以下给出了状态寄存器(I2CSTR)的功能定义。

15	14	13	12	11	10	9	8
保留	SDIR	NACKSNT	BB	RSFULL	XSMT	AAS	AD0
R - 0	R/W1C - 0	R/W1C - 0	R/W1C - 0	R - 0	R - 1	R - 0	R - 0

7		6	5	4	3	2	1	0
保留		SCD	XRDY	RRDY	ARDY	NACK	AL	
R - 0		R/W1C - 0	R - 1	R/W1C - 0	R/W1C - 0	R/W1C - 0	R/W1C - 0	

R/W=读/写；W1C=写入 1 清楚（写入 0 无效）R=只读；－n=复位后的值

位 15　保留位

　　读出为 0,写入无效。

位 14　从动控制器方向位(SDIR)

　　0　I²C 作为从控制发送器不分地址,以下事件可以清除 SDIR 位：

- 手动清零,写入 1 清零该位；
- 使能数据回环模式；
- I²C 总线上启始、停止条件的产生。

　　1　I²C 作为从动控制器发送时分配地址。

位 13　无应答发送位(NACKSNT)

　　当 I²C 模块在接收模式时,可以使用该位。

　　0　没有发送 NACK,该位可以被以下的任何一种事件清零：

- 手动清零,写入 1 清零该位；
- 复位 I²C 模块(ISR 位写入 0 或者模块复位)。

　　1　NACK 发送：I²C 总线上,在应答周期内发送了非应答信号。

位 12　总线忙位(BB)

　　该位用于确定 I²C 总线传送下一个数据处于忙或空闲状态。注意:对该位置位将清除该位。

　　0　总线空闲,以下事件可以清除该位：

- I²C 模块接收或发送停止位(空闲)；
- 手动清零,写入 1 清零该位；
- 复位 I²C 模块。

　　1　总线忙：I²C 模块已在总线上接收或发送到启始位。

位 11　接收移位寄存器满位(RSFULL)

　　该位表示在接收时,溢出。当接收移位寄存器(I2CRSR)接收到新的数据,旧的数据没有从 I²C 数据接收寄存器(I2CDRR)读走时,溢出便将发生,从 SDA 引脚到达的新数据,将上一次在接收移位寄存器中的数据给覆盖了,新的数据不会被复制到数据接收寄存器直到上一次的数据被读取。

　　0　没有检测到溢出,以下的任何一个事件都可以清除该位：

- CPU 读取数据接收寄存器,仿真器读取时不影响该位；
- I²C 模块复位。

　　1　检测到溢出。

位 10　发送移位寄存器空位(XSMT)

　　该位为 0 表示发送已发生下溢。当发送移位寄存器(I2CXSR)为空,而且上一次 I²C 数据发送寄存器(I2CDXR)至发送移位寄存器(I2CXSR),发送后 I²C 数据发送寄存器(I2CDXR)没有装载,此时下溢将发生。直到 I²C 数据发送寄存器(I2CDXR)中有新的数据时,下一次 I²C 数据发送寄存器(I2CDXR)至发送移位寄存器(I2CXSR)发送才发生。如果新数据没有被及时发送,那么上一次的数据可能在 SDA 引脚被再次发送。

　　0　检测到下溢(空)；

　　1　检测到下溢(非空),以下的任何一个时间可以置位该位：

- 写数据到 I²C 数据发送寄存器 I2CDXR；
- 复位 I²C 模块。

位 9　配置为从机地址位(AAS)

　　0　7 位地址模式时,当接收到一个 NACK、一个停止条件或重复启始条件时,将清除该位。10 位地址模式时,当接收到一个 NACK、一个停止条件或接收到的从机地址与 I²C 外设本身的地址不同

　　　　　　　　　时,将清除该位。

　　1　I²C 模块识别到本机从机地址或地址为全 0(全呼叫),在自由数据格式模式(FDF＝1)时接收到了第一个字节,该位都会被置位。

位 8　地址 0 位(AD0)

　　0　启始和停止条件可以清除 AD0 位

　　1　检测到地址为全 0(全呼叫)

位 7～6　保留位

　　写入为 0,读操作无效。

位 5　停止条件检测位(SCD)

　　I²C 发送或接收到一个停止条件,该位将被置位。

　　0　由于最后清除 SCD 位,当该位为零时即在 I²C 总线上没有检测到停止条件,该位可以被以下任一个事件清零:

　　　　• CPU 读取中断源寄存器(I2CISRC)的值包含 110b(检测到停止条件),仿真器读取时对该位不影响;

　　　　• 手动清零,写入 1 清零该位;

　　　　• 复位 I²C 模块。

　　1　在 I²C 总线上检测到停止条件。

位 4　发送数据准备完成中断标志位(XRDY)

　　当不在先进先出缓冲(FIFO)模式时,由于上次的数据已从 I²C 数据发送寄存器(I2CDXR)复制到发送移位寄存器(I2CXSR),数据发送寄存器准备好接收新的数据。CPU 能够查询或使用发送数据准备完成(XRDY)中断请求。当在先进先出缓冲(FIFO)模式中,可以使用 RXFFINT 来代替。

　　0　I²C 数据发送寄存器(I2CDXR)未准备好,当向 I²C 数据发送寄存器(I2CDXR)写数据时,该位被清零

　　1　I²C 数据发送寄存器(I2CDXR)准备好,发送的数据已从 I²C 数据发送寄存器(I2CDXR)复制到发送移位寄存器(I2CXSR)中复制 I²C 模块时,该位将被置位。

位 3　接收数据准备完成中断标志位(RRDY)

　　当不在先进先出缓冲(FIFO)模式时,由于数据已从接收移位寄存器(I2CRSR)复制到 I²C 数据接收寄存器(I2CDRR),数据接收寄存器准备好被读取。CPU 能够查询 RRDY 或使用 RRDY 中断请求。当在先进先出缓冲(FIFO)模式中,可以使用 RXFFINT 来代替。

　　0　I²C 数据接收寄存器(I2CDRR)未准备好,该位可由以下任一事件清零:

　　　　• CPU 读取 I²C 数据接收寄存器(I2CDRR),仿真器读取 I²C 数据接收寄存器(I2CDRR)对该位不影响;

　　　　• 手动清零,写入 1 清零该位;

　　　　• 复位 I²C 模块。

　　1　I²C 数据接收寄存器(I2CDRR)准备好:数据已从接收移位寄存器(I2CRSR)复制到 I²C 数据接收寄存器(I2CDRR)。

位 2　寄存器访问准备完成中断标志位(ARDY)

　　(只在 I²C 模块作为主控控制器时有用),由于设置的地址、数据和命令值已被编程,该位用于表示可访问 I²C 模块寄存器。CPU 能够查询 ARDY 或使用 ARDY 中断请求。

　　0　寄存器未准备好,该位可被以下任一事件清除:

　　　　• I²C 模块开始使用当前寄存器的值;

　　　　• 手动清零,写入 1 清零该位;

　　　　• 复位 I²C 模块。

1 寄存器准备好。

在非重复模式时重复模式位 RM=0：如果停止条件位 STP=0，当数据计数器减到 0 时，该位将被置位；如果停止条件位 STP=1，对该位不影响（此时，当数据计数器减到 0 时，I²C 模块产生一个停止条件）

在重复模式时重复模式位 RM=1：I²C 数据发送寄存器（I2CDXR）发送每个字节后，该位都将被置位。

位 1 无应答中断标志位（NACK）

I²C 模块作为一个发送者，无论主控控制器还是从动控制器该位都有效。该位用于确定 I²C 模块是否从接收器检测到一个应答位 ACK 或非应答位 NACK 信号。CPU 可以查询 NACK 或使用 NACK 中断请求。

0 接收到 ACK/没有接收到 NACK，该位可以被以下任一事件清除：
- 接收器发送一个应答位（ACK）；
- 手动清零，写入 1 清零该位；
- CPU 读取中断源寄存器，寄存器包含了该位的中断代码，仿真器读取中断源寄存器（I2CISRC）对该位不影响
- 复位 I²C 模块。

1 接收到该位，硬件检测到该位已被接收。

位 0 仲裁丢失中断标志位（AL）

仅在 I²C 模块作为主发送器时有效，该位主要用于表示 I²C 模块失去和其他主发送器竞争仲裁。CPU 查询该位或使用该位的中断请求。

0 仲裁没有丢失，该位可以被以下任一事件清除：
- 手动清零，写入 1 清零该位；
- CPU 读取中断源寄存器（I2CISRC），并且寄存器中包含该位中断的代码。仿真器读取中断源寄存器（I2CISRC）将不影响该位；
- 复位 I²C 模块。

1 仲裁丢失，该位可以被以下置位：
- I²C 模块在两个或以上的主发送器几乎同时启动发送时丢失了仲裁；
- 当设置位 BB=1 时，I²C 模块试图启动传送当 AL 变为 1，清除主控模式位 MST 和停止条件位 STP，同时 I²C 模块变为从接收机。

当 I²C 外设在复位时，不能检测到启始或停止条件，例如：清零 I²C 复位位（IRS）。因此，当外设复位时 BB 位会继续保留原来的复位状态。直到 I²C 外设从复位状态中跳出时，BB 位才会改变这种状态，例如：I²C 复位位（IRS）置位，检测到 I²C 总线上的启始和停止条件。

I²C 开始发送数据前，必须进行下面这些设置：

（1）通过 I²C 复位位 IRS 设置为 1，使 I²C 跳出初始化。在第一个数据发送前，等待一段时间，检测当前总线的状态，设置此周期大于数据发送最大时间。在 I²C 跳出复位后，等待一定时间周期，用户能确定 I²C 总线上至少有一个 START 或者 STOP 条件将发生，并且被 BB 位所捕获。此周期过后，BB 位将正确反映 I²C 总线状态；

（2）在动作前检查 BB 位核实 BB=0（总线空闲）；

（3）开始数据发送。

在发送期间不能复位 I²C 外设,此时 BB 位反映了当前的总线状态。如果用户必须在数据发送期间复位 I²C 外设,每次重复步骤 1)到 3),I²C 外设将跳出复位状态。

I²C 中断源寄存器(I2CISRC)

I²C 中断源寄存器(I2CISRC)是一个 16 位寄存器,用于 CPU 判定哪个事件产生了 I²C 中断。

15	12	11	8	7	3	2	0
保留		保留		保留		INTCODE	
R – 0		R/W – 0		R – 0		R – 0	

位 15～3　保留位

　　读取为 0,写入无效。

位 2～0　中断编码位(INTCODE)

　　该位域用于选择 I²C 中断的各个事件:

000　无;

001　仲裁丢失;

010　发现无应答条件;

011　寄存器访问准备完成;

100　接收数据准备完成;

101　发送数据准备完成;

110　发现停止条件;

111　设为从动控制器。

CPU 读操作将清零该位域。如果另一个更低优先级的中断被悬挂且使能,将装载中断的相应值。否则,该值将清零。在仲裁丢失的情况下,发现未应答条件,或者发现停止条件,CPU 读操作将清除状态寄存器(I2CSTR)的相关中断标志位。仿真器读不影响状态寄存器(I2CSTR)的状态位。

I²C 前分频寄存器(I2CPSC)

前分频寄存器(I2CPSC)是一个 16 位寄存器,该寄存器可以将 I²C 输入时钟分频成用户需用的时钟频率。前分频值 IPSC 在 I²C 模块复位位 IRS＝0 时将被初始化。前分频频率仅仅在 I²C 复位位 IRS 跳变为 1 后才起作用,当 I²C 复位位 IRS＝1 时改变前分频值 IPSC 无效。

15	8	7	0
保留		保留	
R – 0		R/W – 0	

位 15～8　保留位

位 7～0　I²C 前分频值位(IPSC)

　　该位域用于决定 CPU 时钟分频多少去创建 I²C 模块时钟:

　　模块时钟频率＝I²C 输入时钟频率/(IPSC＋1);

　　当 I²C 模块复位后,模式寄存器(I2CMDR)的位 I²C 复位位 IRS＝0,I²C 前分频值 IPSC 必须进行初始化。

I²C 时钟分配寄存器(I2CCLKL、I2CCLKH)

当 I²C 模块为主控控制器时,模块时钟分频后使用,在 SCL 引脚上为主控控制器时钟。如图 9-16 所示,主时钟的形成依赖于 2 个值:

时钟低电平分频寄存器 I2CCLKL 的 ICCL。ICCL 决定低电平信号的主时钟个数;

时钟高电平分频寄存器 I2CCLKH 的 ICCH。ICCH 决定高电平信号的主时钟个数。

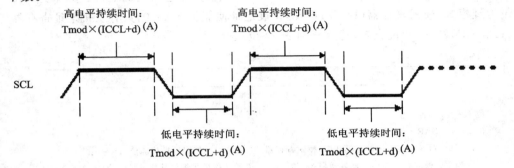

Tmod 是模块时钟周期,d=5,6 或 7。

图 9-16 时钟分频值 ICCL 和 ICCH 的作用

167

I²C 时钟低电平分频寄存器(I2CCLKL)

15	0
ICCL	
R/W - 0	

位 15~0　时钟低电平分频值位(ICCL)

该位域用于产生主控控制器时钟的低电平持续时间,模块时钟周期与(ICCL+d)相乘,其中 d=5,6 或 7。该位域必须设置成非 0 值以适应 I²C 时钟操作。

I²C 高电平时钟分频寄存器(I2CCLKH)

15	0
ICCH	
R/W - 0	

位 15~0　高电平时钟分频值位(ICCH)

该位域用于产生主控控制器时钟的高电平持续时间,模块时钟周期与(ICCL+d)相乘,其中 d=5,6 或 7。

主时钟周期计算公式

主时钟周期 Tmst 是模块时钟周期 Tmod 的倍数。

$$T_{mst} = T_{mod} \times [(ICCL + d) + (ICCH + d)]$$

$$T_{mst} = \frac{(IPSC + 1)[(ICCL + d) + (ICCH + d)]}{I^2C\ 输入时钟频率}$$

d 依赖于 I²C 前分频值 IPSC。IPSC=0 则 d=7;IPSC=1 则 d=6;IPSC 大于 1 则 d=5。

I²C 从机地址寄存器(I2CSAR)

I²C 从机地址寄存器(I2CSAR)存储 I²C 模块(主控控制器)将要发送的从机地址。该寄存器是一个 16 位的寄存器,从机地址寄存器(I2CSAR)的 SAR 功能包含 7 位或 10 位从机地址。当 I²C 模块没有使用自由数据格式时,模式寄存器(I2CMDR)的 FDF=0,就用这个地址去开始与从动控制器进行数据通信。当地址为非 0 时,该地址是一个特定的从机地址。当地址为 0 时,该地址为全呼从机地址。如果选择 7 位地址模式,模式寄存器(I2CMDR)的扩展地址使能位 XA=0,只有从机地址寄存器(I2CSAR)的 6～0 位有效,写入 0 到 9～7 位。

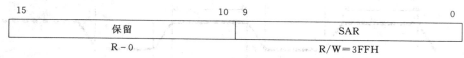

位 15～10   保留位

位 9～0   SAR

00h～7Fh   在 7 位地址模式中,模式寄存器(I2CMDR)的扩展地址使能位 XA=0:
当 I²C 模块在主控控制器发送模式下时,位 6～0 给 7 位模式提供从机地址。位 9～7 写入 0。

000h～3FFh   在 10 位地址模式中,模式寄存器(I2CMDR)的扩展地址使能位 XA=1:
当 I²C 模块在主控控制器发送模式下时,位 9～0 位给 10 位地址模式提供从机地址。

I²C 本机地址寄存器(I2COAR)

I²C 本机地址寄存器(I2COAR)是一个 16 位寄存器。I²C 模块用此寄存器去定义本机的从机地址,该地址有别于 I²C 总线上的其他从机地址。如果选择 7 位地址模式,模式寄存器(I2CMDR)的扩展地址使能位 XA=0,只有位 6～0 有效,位 9～7 写入 0。

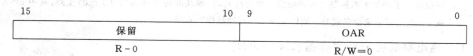

位 15～10   保留

位 9～0   本机地址位(OAR)

00h～7Fh   在 7 位地址模式中,模式寄存器(I2CMDR)的扩展地址使能位 XA=0:位 6～0 提供 I2C 模块的 7 位从机地址。位 9～7 写入 0。

000h～3FFh   在 10 位地址模式中,模式寄存器(I2CMDR)的扩展地址使能位 XA=1:位 9～0 提供 I2C 模块 10 位从机地址。

I2C 数据计数寄存器(I2CCNT)

I²C 数据计数寄存器(I2CCNT)是一个 16 位寄存器,当 I²C 模块被配置为主控控制器发送或者配置为主控控制器接收时,I²C 数据计数寄存器(I2CCNT)表示发送的数据位数。在重复模式位 RM=1 时,I²C 数据计数寄存器(I2CCNT)无效。I²C 数据计数寄存器(I2CCNT)的位和功能说明如下:

写入 I²C 数据计数寄存器(I2CCNT)的值复制到数据计数器。数据计数器每传送一个字节,计数器减 1,I²C 数据计数寄存器(I2CCNT)的值保持不变。在主控模式,模式寄存器(I2CMDR)的停止条件位 STP=1,如果一个停止条件成立,那么 I²C 模块随着减计数的完成产生停止条件,也就是说最后一个字节发送完成,I²C 模块将停止发送数据。

15		0
	ICDC	
	R/W-0	

位 15~0　数据计数值位(ICDC)。

　　该位域用于表示发送或接收的数据字节数。当 I²C 数据计数寄存器(I2CCNT)中的重复模式位 RM=1时,I²C 数据计数寄存器(I2CCNT)中的值无效。

　　0000h　装载到数据计数器的启始值为 65536;

　　0001h~FFFFh　装载到数据计数器的启始值为 1~65535。

I²C 数据接收寄存器(I2CDRR)

　　I²C 数据接收寄存器 I2CDRR 是一个 16 位寄存器,被 CPU 用来接收数据。I²C 模块可以接收 1~8 位的数据字节。接收数据位数可以通过设置模式寄存器(I2CMDR)的计数位 BC 来确定。I²C 模块每次只从 I²C 接收移位寄存器(I2CRSR)中移一个数据字节到 SDA 引脚。当接收到一个完整的字节时,I²C 模块将会从 I²C 接收移位寄存器(I2CRSR)复制一个字节到 I²C 数据接收寄存器(I2CDRR)。CPU 不能直接访问 I²C 接收移位寄存器(I2CRSR)。

　　如果 I²C 数据接收寄存器(I2CDRR)中的数据字节少于 8 位,那么数据则右对齐的,且 I²C 数据接收寄存器(I2CDRR)中的其他位 7~0 是不确定的。例如:如果计数位 BC=011,接收到的数据是在 I²C 数据接收寄存器 I2CDRR(位 2~0),I²C 数据接收寄存器 I2CDRR(位 7~3)的值不确定。

　　当处于接收先进先出缓冲(FIFO)模式时,I²C 数据接收寄存器(I2CDRR)作为接收先进先出缓冲(FIFO)缓冲器。

15	8	7	0
保留		DATA	
R-0		R=0	

位 15~8　保留位

位 7~0　接收数据位(DATA)

I²C 数据发送寄存器(I2CDXR)

　　I²C 数据发送寄存器(I2CDXR)是一个 16 位寄存器,被 CPU 用来发送数据,I²C 模块可以发送 1~8 位数据字节。发送数据位数可以通过设置模式寄存器(I2CMDR)的计数位 BC 来确定。如果 I²C 数据发达寄存器(I2CDXR)中的数据字节少于 8 位,那么数据则右对齐。

　　向 I²C 数据发送寄存器(I2CDXR)写数据之后,I²C 模块复制数据到 I²C 发送移位寄存器(I2CXSR)。CPU 不能直接访问 I²C 发送移位寄存器(I2CXSR)。I²C 模块每次只从 I²C 发送移位寄存器(I2CXSR)中移一个数据字节到 SDA 引脚。

当处于发送先进先出缓冲(FIFO)模式时,I²C 数据发送寄存器(I2CDXR)寄存器作为发送先进先出缓冲(FIFO)缓冲器。

15				8	7			0
保留					DATA			
R – 0					R/W = 0			

位 15～8　保留位

位 7～0　发送数据位(DATA)

I²C 发送 FIFO 寄存器(I2CFFTX)

I²C 发送 FIFO 寄存器(I2CFFTX)是一个 16 位寄存器,包括 I²C FIFO 模式使能位,也包括 I²C 外设模块操作传送先进先出缓冲(FIFO)模式中的控制位和状态位。

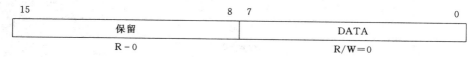

15	14	13	12	11	10	9	8
保留	I²CFFEN	TXFFRST	TXFFST4	TXFFST3	TXFFST2	TXFFST1	TXFFST0
R – 0	R/W – 0	R/W – 0	R/W – 0	R/W – 0	R/W – 0	R – 0	R – 0

7	6	5	4	3	2	1	0
TXFFINT	TXFFINTCLR	TXFFIENA	TXFFIL4	TXFFIL3	TXFFIL2	TXFFIL1	TXFFIL0
R – 0	R/W1C – 0	R/W – 0	R/W – 0	R/W – 0	R/W – 0	R/W – 0	R/W – 0

位 15　保留位

位 14　I²C FIFO 模式使能位(I²CFFEN)

若要进行发送或接收先进先出缓冲(FIFO)操作,该位必须使能。

0　禁止 I²C FIFO 模式;

1　使能 I²C FIFO 模式。

位 13　I²C 发送 FIFO 复位位(TXFFRST)

0　复位发送 FIFO 指针到 0000,且保持发送 FIFO 处于复位状态;

1　使能发送 FIFO 操作。

位 12～8　发送 FIFO 状态(TXFFST4～0)

该位域包括发送 FIFO 的状态:

00xxx　发送 FIFO 包括 xxx 字节;

00000　发送 FIFO 为空。

由于该位域被重置为 0,当发送 FIFO 操作使能,且 I²C 从复位状态跳出时,发送 FIFO 中断标志位(I2CFFTX 7)将置位。如果使能,将产生一个发送 FIFO 中断。为了避免各种不利影响,一旦发送 FIFO 操作使能,且 I²C 跳出复位状态,就向发送 FIFO 中断标志位清零位(I2CFFTX 6)写入 1。

位 7　发送 FIFO 中断标志位(TXFFINT)

该位可以通过 CPU 向发送 FIFO 中断标志位清零位(I2CFFTX 6)写入 1 清除;如果该位被置位,将产生一个中断。

0　未发生发送 FIFO 中断条件;

1　已发生发送 FIFO 中断条件。

位 6　发送 FIFO 中断标志位清零位(TXFFINTCLR)

0　写入 0 无效,读取为 0;

1　写入 1 清零发送 FIFO 中断标志位(I2CFFTX 7)。

位 5　发送 FIFO 中断使能位(TXFFIENA)

0　禁止发送 FIFO 中断;

1　使能发送 FIFO 中断。

位 4～0　发送 FIFO 中断级(TXFFIL)

该位域用于设置发送中断级。当中断数达到该位域的值,发送 FIFO 中断标志位(I2CFFTX 7)将被置位,将产生一个中断。如果该位域被置位,也将产生一个中断。由于 I²C 只有 16 级以下的发送 FIFO,该位域不能配置为大于 16 的 FIFO 中断。

I²C 接收 FIFO 寄存器(I2CFFRX)

I²C 接收 FIFO 寄存器(I2CFFRX)是一个 16 位寄存器。

15	14	13	12	11	10	9	8
保留		RXFFRST	RXFFST4	RXFFST3	RXFFST2	RXFFST1	RXFFST0
R - 0	R/W - 0	R - 0	R - 0	R - 0	R - 0	R - 0	R - 0

7	6	5	4	3	2	1	0
RXFFINT	RXFFINTCLR	RXFFIENA	RXFFIL4	RXFFIL3	RXFFIL2	RXFFIL1	RXFFIL0
R - 0	R/W1C - 0	R/W - 0	R/W - 0	R/W - 0	R/W - 0	R/W - 0	R/W - 0

位 15～14　保留位

位 13　I²C 接收 FIFO 复位位(RXFFRST)

0　复位接收 FIFO 指针到 0000,且保持接收 FIFO 处于复位状态;

1　使能接收 FIFO 操作。

位 12～8 接收 FIFO 的状态位(RXFFST4～0)

包括接收 FIFO 的状态:

00xxx　接收 FIFO 包括 xxx 字节;

00000　接收 FIFO 为空。

位 7　接收 FIFO 中断标志位(RXFFINT)

该位可以通过 CPU 向接收 FIFO 中断标志位清零位(I2CFFRX 6)写入 1 清除。如果接收 FIFO 中断标志位清零位(I2CFFRX 5)被置位,将产生一个中断。

0　未发生接收 FIFO 中断;

1　已发生接收 FIFO 中断。

位 6　接收 FIFO 中断标志位清零位(RXFFINTCLR)

0　写入 0 无效,读取为 0;

1　写入 1 清零接收 FIFO 中断标志位(I2CFFRX 7)。

位 5　接收 FIFO 中断使能位(RXFFIENA)

0　禁止接收 FIFO 中断;

1　使能接收 FIFO 中断。

位 4～0　接收 FIFO 中断级(RXFFIL)

该位域用于设置接收中断标志位。当接收中断数达到该位域值,接收 FIFO 中断标志位(I2CFFRX 7)将被置位。如果接收 FIFO 中断使能位(I2CFFRX 5)被置位,将产生一个中断。

一旦该位域设置为 0,如果接收 FIFO 操作使能,且 I²C 未重置,接收 FIFO 中断标志位(I2CFFRX 7)将被置位。如果使能,将产生一个接收 FIFO 中断。为了避免这个,用同样的指令或者在设置 I²C 接收 FIFO 复位位(I2CFFRX 13)之前修改该位域。

第 **10** 章

模拟数字转换器

TMS320F28027 芯片的 12 位 ADC 模块与基于 280x/2833x 的 12 位 ADC 有不同的定时控制功能。ADC 程序修订版本包含新的定时以及其他改进,以提升转换开始的定时控制性能。图 10−1 显示了 ADC 模块与 2802x 系统相关部分的相互作用。

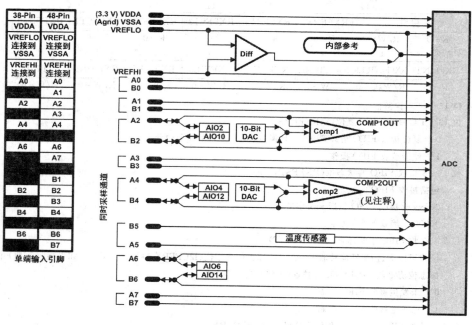

注:比较器 2 只在 48 引脚 PT 封装上可用。

图 10−1　模拟引脚配置

10.1　模拟数字转换特性

　　模拟数字转换(ADC)的内核包含一个单一 12 位转换器,此转换器由两个采样保持电路供源。这两个采样保持电路可同时/顺序采样。按顺序采样模式,这些电路由总共高达 13 个模拟输入通道供源。此转换器可被配置为与一个内部带隙基准一起运行来创建基于实际电压的转换或者与一对外部电压基准 VREFHI/VREFLO 一起运行来创建基于射频度量的转换。

与之前 28xx 的模拟数字转换 ADC 类型不同,对于用户来讲,他们可以很容易地从一个单触发来创建一系列的转换。然而,操作的基本原则是以单通道单转换为主,被称为 SOC。

模拟数字转换(ADC)模块的功能包括:

● 具有内置双采样保持 S/H 的 12 位模拟数字转换(ADC)内核;

● 同步采样模式或顺序采样模式;

● 全范围模拟输入:0～3.3 V 定值,或者 V_{REFHI}/V_{REFLO} 射频度量。输入模拟电压的数值源自:

— 内部基准($V_{REFLO} = V_{SSA}$。当使用内部或者外部基准模式时,V_{REFHI} 一定不能超过 V_{DDA}。)

电压数字值=0,　　　　　　　　　　　　　　当输入≤0 V

电压数字值=$4096 \times \dfrac{输入模拟电压值 - V_{REFLO}}{3.3}$　　当 0 V<输入<3.3 V

电压数字值=4095,　　　　　　　　　　　　当输入≥3.3 V

— 外部基准,V_{REFHI}/V_{REFLO} 被连接至外部基准。当使用内部或者外部基准模式时,V_{REFHI} 一定不能超过 V_{DDA};

电压数字值=0,　　　　　　　　　　　　　　当输入≤0 V

电压数字值=$4096 \times \dfrac{输入模拟电压值 - V_{REFLO}}{V_{REFHI} - V_{REFLO}}$　　当 0 V<输入<V_{REFHI}

电压数字值=4095,　　　　　　　　　　　　当输入≥V_{REFHI}

● 运行在全系统时钟上,无需前分频;

● 多达 16 个通道,多功能复用的输入;

● 16 个单通道单转换(SOC),可针对触发、采样窗口和通道进行配置;

● 用于存储转换值的 16 个结果寄存器(可单独寻址);

● 多个触发源:

— S/W -软件立即启动;

— ePWM1-4;

— GPIOXINT2;

— CPU 定时器 0/1/2;

— ADCINT1/2。

● 9 个灵活的 PIE 中断,可在任一个转换后配置中断请求。

表 10-1 为模拟数字转换(ADC)配置和控制寄存器;表 10-2 为模拟数字转换 ADC 结果寄存器(映射至外设架构 0 PF0)。

建议保持到模拟电源引脚的连接,即便在模拟数字转换(ADC)未被使用时也是如此。下面总结了如果模拟数字转换(ADC)在应用中未使用,应该如何连接模拟数字转换(ADC)引脚:

表 10-1　模拟数字转换(ADC)配置和控制寄存器

寄存器名称	地　址	大小 (×16)	受 EALLOW 保护	说　明
ADCCTL1	0x7100	1	支持	控制寄存器 1
ADCCTL2	0x7101	1	支持	控制寄存器 2
ADCINTFLG	0x7104	1	否	中断标志寄存器
ADCINTFLGCLR	0x7105	1	否	中断标志清除寄存器
ADCINTOVF	0x7106	1	否	中断溢出寄存器
ADCINTOVFCLR	0x7107	1	否	中断溢出清除寄存器
INTSEL1-2	0x7108	1	支持	中断 1 和 2 选择寄存器
INTSEL3-4	0x7109	1	支持	中断 3 和 4 选择寄存器
INTSEL5-6	0x710A	1	支持	中断 5 和 6 选择寄存器
INTSEL7-8	0x710B	1	支持	中断 7 和 8 选择寄存器
INTSEL9-10	0x710C	1	支持	中断 9 选择寄存器(保留的中断 10 选择)
SOCPRICTL	0x7110	1	支持	单通道单转换(SOC)优先级控制寄存器
ADCSAMPLEMODE	0x7112	1	支持	采样模式寄存器
ADCINTSOCSEL1	0x7114	1	支持	中断 SOC 选择寄存器 1(用于 8 路通道)
ADCINTSOCSEL2	0x7115	1	支持	中断 SOC 选择寄存器 2(用于 8 路通道)
ADCSOCFLG1	0x7118	1	否	SOC 标志寄存器 1(用于 16 路通道)
ADCSOCFRC1	0x711A	1	否	SOC 强制寄存器 1(用于 16 路通道)
ADCSOCOVF1	0x711C	1	否	SOC 溢出寄存器(1 用于 16 路通道)
ADCSOCOVFCLR1	0x711E	1	否	SOC 溢出清除寄存器 1(用于 16 路通道)
ADCSOC0CTL~ ADCSOC15CTL	0x7120~0x712F	1	支持	SOC0 控制寄存器至 SOC15 控制寄存器
ADCREFTRIM	0x7140	1	支持	基准调整寄存器
ADCOFFTRIM	0x7141	1	支持	偏移量调整寄存器
COMPHYSTCTL	0x714C	1	支持	比较器滞后控制寄存器
ADCREV	0x714F	1	否	修订版本寄存器

表 10-2　模拟数字转换 ADC 结果寄存器(映射至外设架构 0 PF0)

寄存器名称	地　址	大小 (×16)	受 EALLOW 保护	说　明
ADCRESULT0~ ADCRESULT15	0xB00~0xB0F	1	否	ADC 结果寄存器 0 至 ADC 结果寄存器 15

174

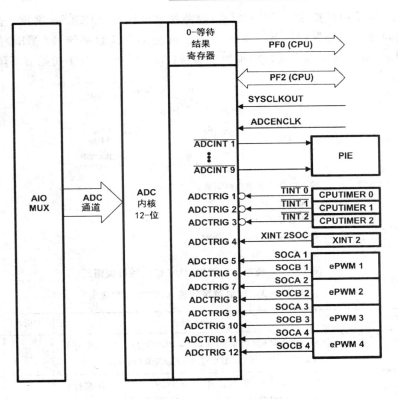

图 10 - 2　模拟数字转换(ADC)连接方框图

- V_{DDA}-连接到 V_{DDIO}；
- V_{SSA}-连接到 V_{SS}；
- V_{REFLO}-连接到 V_{SS}；
- ADCINAn, ADCINBn, V_{REFHI}-连接到 V_{SSA}。

当在应用中使用 ADC 模块时,未选用的模拟数字转换(ADC)输入引脚应被连接至模拟接地 V_{SSA}。

未选用的 ADCIN 引脚应该通过一个 $1k\Omega$ 电阻器接地,而不应直接接地。这是为了防止一个错误代码将这些引脚配置为 AIO 输出并将接地的引脚驱动至一个逻辑高电平状态。

当未使用模拟数字转换(ADC)时,为了实现节能的目的,以确保模拟数字转换(ADC)模块的时钟未打开。

模拟数字转换(ADC)输入阻抗模型如图 10 - 3 所示。模拟数字转换 ADC 功率模式如表 10 - 3 所列。

芯片内部温度传感器: 在温度传感器读数为 $0°C$ 时的 ADC 输出值为 1750 LSB,温度按照温度传感器的测得的 ADCLSB 变化而变动 $0.18°C/LSB$,温度传感器斜坡和偏移量根据使用模拟数字转换（ADC）内部基准电压的 ADCLSB 确定。温度传感器的输出与温度上升方向一致。上升的温度将使得模拟数字转换（ADC）值相对于初始值增加；温度的下降将使得模拟数字转换（ADC）的值相对于初始值下降。

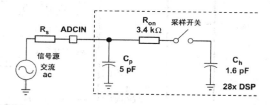

输入电路元件参数典型值：

开关电阻(Ron)：3.4 kΩ

采样电容(Ch)：1.6 pF

寄生电容(Cp)：5 pF

信号源内阻(R$_s$)：50 Ω

图 10－3　模拟数字转换 ADC 输入阻抗模型图

表 10－3　模拟数字转换 ADC 功率模式

ADC 运行模式	条　　件	IDDA	单　位
运行模式	使能 ADC 时钟，带隙启动（ADCBGPWD＝1），基准打开（ADCREFPWD＝1），ADC 上电（ADCPWDN＝1）	13	mA
快速唤醒模式	使能 ADC 时钟，带隙打开（ADCBGPWD＝1），基准打开（ADCREFPWD＝1），ADC 上电（ADCPWDN＝0）	4	mA
只有比较器可用模式	使能 ADC 时钟，带隙打开（ADCBGPWD＝1），基准打开（ADCREFPWD＝0），ADC 上电（ADCPWDN＝0）	1.5	mA
关闭模式	使能 ADC 时钟，带隙打开（ADCBGPWD＝0），基准打开（ADCREFPWD＝0），ADC 上电（ADCPWDN＝0）	0.075	mA

模拟数字转换 ADC 上电延迟 1 ms，见图 10－4 中 $t_{d(PWD)}$。

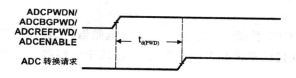

图 10－4　ADC 转换时序图

10.2　模拟数字转换性能指标说明

　　积分非线性：积分非线性是指每个独立代码从零至满刻度所画的一条直线上的偏移量。在代码首次转换前，作为零点的点出现一半最低有效位（LSB）。满刻度点被定义为超过最后一次代码转换的级别一半最低有效位(LSB)。这个偏移量为每一个特定代码的中心到这两个点之间的精确直线的距离。

微分非线性：一个理想模拟数字转换(ADC)显示分开的距离恰好为 1 个最低有效位(LSB)的代码转换。DNL 是从此理想值的偏移量。一个小于±1LSB 的微分非线性误差可确保不丢码。

零偏移量：当模拟输入为零伏时,应当发生主进位转换。零误差被定义为实际转换到那个点的偏移量。

增益误差：第一个代码转换应该出现在高于负满刻度的一个模拟值一半最低有效位(LSB)上。最后一次转换应该出现在低于标称满刻度的一个模拟值一倍半最低有效位(LSB)上。增益误差是首次和末次代码转换间的实际差异以及它们之间的理想差异。

信噪比＋失真(SINAD)：SINAD 是测得的输入信号的均方根值与所有其他低于那奎斯特频率的频谱分量(包括谐波但不包括 dc)的均方根总和的比。SINAD 的值用分贝表示。

有效位数(ENOB)：对于一个正弦波,SINAD 可用位的数量表示,使用下列公式：

$$N=\frac{(\text{SINAD}-1.76)}{6.02}$$

有可能获得一个用 N(位的有效数)表达的性能测量值。因此,对于在给定输入频率上用于正弦波输入的器件的有效位数量可从此测得的 SINAD 值直接计算。

总谐波失真(THD)：THD 是开始九个谐波分量的均方根总和与测得的输入信号的均方根值的比并表达为一个百分比或者分贝值。

无杂散动态范围(SFDR)：SFDR 是输入信号均方根振幅与峰值寄生信号间以分贝为单位的差异。

10.3　模拟数字转换的多功能复用电路

模拟数字转换(ADC)通道和比较器功能一直都是可用的。模拟输入引脚也可以作为 I/O 功能引脚使用,只有当模拟 I/O 多功能复用寄存器(AIOMUX)中的各位设为 0 时才可选用 I/O 工作状态。在 I/O 工作状况时,对模拟 I/O 数据寄存器(AIODAT)的读取反映了引脚的高低电平状态。

当模拟 I/O 多功能复用寄存器(AIOMUX)中各个位为 1 时,数字 I/O 功能被禁止。在此状况中,对 AIODAT 寄存器的读取反映了 AIODAT 寄存器的输出锁存,为防止对模拟信号生成噪声其输入数字 I/O 缓冲器被禁止。

复位时,数字功能被禁止。如果此引脚已被用作一个模拟输入,用户应该将那个引脚的 AIO 功能保持在禁止状态。

图 10-5 为 AIOx 引脚复位图。

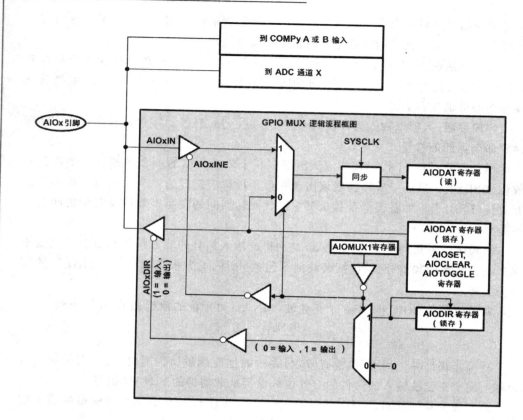

图 10 - 5　AIOx 引脚复位

10.4　比较器模块

图 10 - 6 显示了比较器模块与系统相关部分的相互作用。表 10 - 4 为比较器控制寄存器说明。

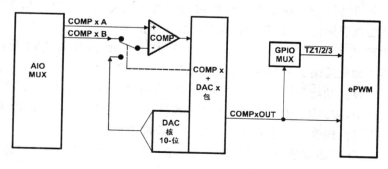

图 10 - 6　比较器块图

表 10 - 4　比较器控制寄存器

寄存器名称	COMP1 地址	COMP2 地址(1)	大小 (×16)	受 EALLOW 保护	说　明
COMPCTL	0x6400	0x6420	1	支持	比较器控制寄存器
COMPSTS	0x6402	0x6422	1	否	比较器状态寄存器
DACCTL	0x6404	0x6424	1	支持	DAC 控制寄存器
DACVAL	0x6406	0x6426	1	否	DAC 值寄存器
RAMPMAXREF_ ACTIVE	0x6408	0x6428	1	否	斜坡发生器最大基准寄存器
RAMPMAXREF_ SHDW	0x640A	0x642A	1	否	斜坡发生器最大基准影子寄存器
RAMPDECVAL_ ACTIVE	0x640C	0x642C	1	否	斜坡发生器减计数值寄存器
RAMPDECVAL_ SHDW	0x640E	0x642E	1	否	斜坡发生器减计数值影子寄存器
RAMPSTS	0x6410	0x6430	1	否	斜坡发生器状态寄存器

注：(1) 只在 48 引脚 PT 封装内才配有"比较器 2"。

10.5　脉宽调制输出模拟量及其按键输入例程

本节介绍了在 TI TMS320F28027 芯片上 DA - AD 综合示例及其按键例程。通过 PWM 输出占空比从 0～100％ 渐变循环变化的数字信号,该信号通过 RC 滤波后,接入 12 位 AD 接口,并将 AD 采样结果通过 SPI 接口输出给 8 段数码管显示(0～4095);还采用 AD 通道作为按键输入。表 10 - 5 的详细相关硬件结构可参见图 1 - 4 中的电路原理图。

表 10 - 5　输出引脚硬件配置表

序　号	LED 编号(PCB 上的元件编号)	IO 口	引脚号	说　明
1	SLCK	GPIO019	25	外部移位寄存器数据锁存
2	SCLK	GPIO18	24	SPI 数据时钟
3	SDO	GPIO17	26	SPI 数据输出
4	AN1	ADCINA0	10	模拟 AD 采样通道 A0
5	K1	ADCINA4	5	模拟 AD 采样通道 A4
6	K2	ADCINA6	4	模拟 AD 采样通道 A6
7	K3	ADCINB4	16	模拟 AD 采样通道 B4
8	K4	ADCINB6	17	模拟 AD 采样通道 B6

适用范围:本节所描述的例程适用于 TMS320F28027 芯片,对于其他型号或封装的芯片,未经测试。

图 10-7 为用 PWM 输出产生模拟信号滤波后再由 ADC 输入的电路图,图 10-8 为 ADC 通道作为按键输入的电路图。

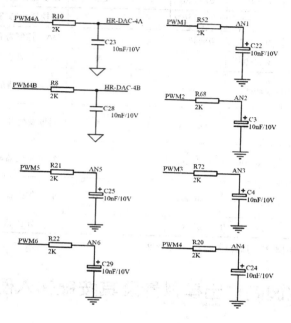

图 10-7　用 PWM 输出产生模拟信号滤波后再由 ADC 输入的电路图

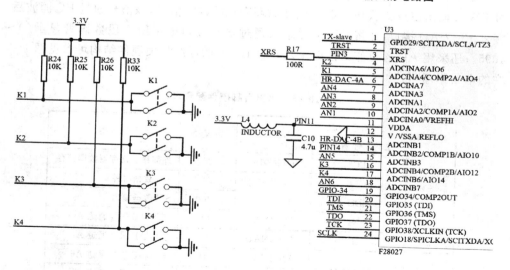

图 10-8　ADC 通道作为按键输入的电路图

1. 主函数例程(程序流程框图见图 10 - 9)

```
main()
{
    long  i;
// Step 1. Initialize System Control：
// PLL，WatchDog，enable Peripheral Clocks
// This example function is found in the DSP2803x_SysCtrl.c file.
    InitSysCtrl();
// Step 2. Initialize GPIO：
// This example function is found in the DSP2802x_Gpio.c file and
// illustrates how to set the GPIO to it's default state.
// InitGpio();  // Skipped for this example
    InitSpiaGpio();
    InitADCGpio();
    InitEPwm1Gpio();
// Step 3. Clear all interrupts and initialize PIE vector table：
// Disable CPU interrupts
    DINT;
// Initialize the PIE control registers to their default state.
// The default state is all PIE interrupts disabled and flags
// are cleared.
// This function is found in the DSP2802x_PieCtrl.c file.
    InitPieCtrl();
// Disable CPU interrupts and clear all CPU interrupt flags：
    IER = 0x0000；
    IFR = 0x0000；
// Initialize the PIE vector table with pointers to the shell Interrupt
// Service Routines  (ISR).
// This will populate the entire table, even if the interrupt
// is not used in this example.   This is useful for debug purposes.
// The shell ISR routines are found in DSP2802x_DefaultIsr.c.
// This function is found in DSP2802x_PieVect.c.
    InitPieVectTable();
// Configure ADC
    InitADC();
// Configure SPI
    spi_fifo_init();
// Assumes ePWM1 clock is already enabled in InitSysCtrl();
    InitEPwm1Example();
```

```
// Interrupts that are used in this example are re-mapped to
// ISR functions found within this file.
   EALLOW;  // This is needed to write to EALLOW protected register
   PieVectTable.ADCINT1 = &adc_isr;
   EDIS;    // This is needed to disable write to EALLOW protected registers
   EALLOW;    // This is needed to write to EALLOW protected registers
   PieVectTable.SPIRXINTA = &spiRxFifoIsr;
   PieVectTable.SPITXINTA = &spiTxFifoIsr;
   EDIS;    // This is needed to disable write to EALLOW protected registers
// Step 4. Initialize all the Device Peripherals:
// This function is found in DSP2802x_InitPeripherals.c
// InitPeripherals(); // Not required for this example
   InitAdc();   // For this example, init the ADC
// Step 5. User specific code, enable interrupts:
// Enable ADCINT1 in PIE
   PieCtrlRegs.PIEIER1.bit.INTx1 = 1;    // Enable INT 1.1 in the PIE
   IER |= M_INT1;                        // Enable CPU Interrupt 1
   PieCtrlRegs.PIECTRL.bit.ENPIE = 1;    // Enable the PIE block
   PieCtrlRegs.PIEIER6.bit.INTx1 = 1;    // Enable PIE Group 6, INT 1
   PieCtrlRegs.PIEIER6.bit.INTx2 = 1;    // Enable PIE Group 6, INT 2
   IER |= 0x20;                          // Enable CPU INT6
   EINT;                                 // Enable Global interrupt INTM
   ERTM;                                 // Enable Global realtime interrupt DBGM
   LoopCount = 0;
   ConversionCount = 0;
   Pwm_Count = 0;
   for(;;)
   {
      LoopCount++;
      if(Adc_Isr_Count > 35)
      {
      for(i = 0;i<512;i++)
         {
         Voltage += Voltage1[i];
         }
      Voltage = Voltage >> 9;
   sdata[0] = (Led_lib[Voltage%100/10]) * 256 + Led_lib[Voltage%10];
   sdata[1] = (Led_lib[(Voltage/1000)]) * 256 + Led_lib[Voltage%1000/100];
      Adc_Isr_Count = 0;
```

```
if(AdcResult.ADCRESULT2 < 1000)
{
    for (i = 0; i < 10000; i++){};
    if(AdcResult.ADCRESULT2 < 1000)
    {
        while(AdcResult.ADCRESULT2 < 1000);
        GpioDataRegs.GPATOGGLE.bit.GPIO2 = 1;
    }
}
if(AdcResult.ADCRESULT3 < 1000)
{
    for (i = 0; i < 10000; i++){};
    if(AdcResult.ADCRESULT3 < 1000)
    {
        while(AdcResult.ADCRESULT3 < 1000);
        GpioDataRegs.GPATOGGLE.bit.GPIO3 = 1;
    }
}
if(AdcResult.ADCRESULT4 < 1000)
{
    for (i = 0; i < 10000; i++){};
    if(AdcResult.ADCRESULT4 < 1000)
    {
        while(AdcResult.ADCRESULT4 < 1000);
        GpioDataRegs.GPATOGGLE.bit.GPIO4 = 1;
    }
}
if(AdcResult.ADCRESULT5 < 1000)
{
    for (i = 0; i < 10000; i++){};
    if(AdcResult.ADCRESULT5 < 1000)
    {
        while(AdcResult.ADCRESULT5 < 1000);
        GpioDataRegs.GPATOGGLE.bit.GPIO5 = 1;
    }
    }
    }
}
}
```

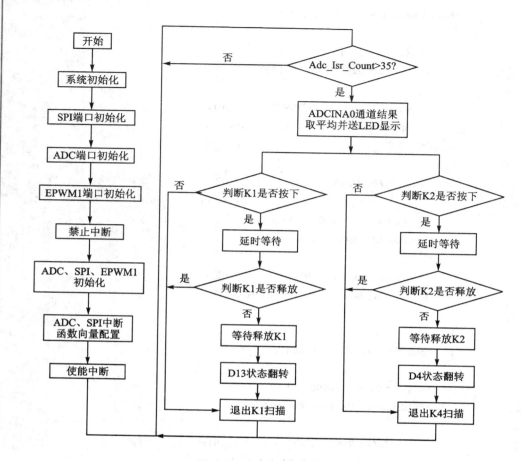

图 10 - 9　主函数流程框图

2. AD 中断函数例程(程序流程框图见图 10 - 10)

```
interrupt void   adc_isr(void)
{
  Voltage1[ConversionCount] = AdcResult.ADCRESULT0;
  Voltage2[ConversionCount] = AdcResult.ADCRESULT1;
  // If 20 conversions have been logged, start over
  if(ConversionCount == 511)
  {
     ConversionCount = 0;
     Pwm_Count ++ ;
     if(Pwm_Count > 3000)
     {
```

```
            Pwm_Count = 0;
        }
        EPwm1Regs.CMPA.half.CMPA = Pwm_Count;      // Set compare A value
        EPwm1Regs.CMPB = Pwm_Count;                // Set Compare B value
    }
    else ConversionCount ++ ;
    Adc_Isr_Count ++ ;
    AdcRegs.ADCINTFLGCLR.bit.ADCINT1 = 1; //Clear ADCINT1 flag reinitialize for next SOC
    PieCtrlRegs.PIEACK.all = PIEACK_GROUP1;    // Acknowledge interrupt to PIE
    return;
}
```

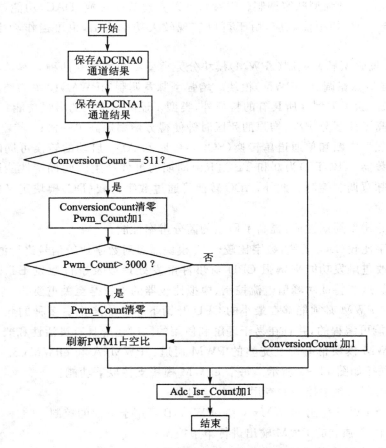

图 10 - 10　AD 中断函数流程框图

第 11 章

增强型脉宽调制模块

增强型脉宽调制(ePWM)模块是许多工业电力电子系统控制应用的关键部件。这些系统包括数字电机的控制、开关电源的控制、不间断电源 UPS 以及多种能量转换装置的控制。增强型脉宽调制(ePWM)可以实现数模转换(DAC)功能,模数转换的占空比与 DAC 模拟值对应,由于可以实现较大功率输出,也可当作功率型 DAC 使用。

280xx 增强型脉宽调制(ePWM)模块分为类型 1 和类型 0 两种。本章主要介绍类型 1 增强型脉宽调制(ePWM)模块。增强型脉宽调制(ePWM)模块的类型 1 完全兼容类型 0。除了类型 0 所具有的特征外,类型 1 还具有下列的增强功能:

- 提高了死区分辨率:增强的死区时钟使得分辨率提高了一倍;
- 增强型中断和单通道单转换(SOC):中断和 ADC 启动的转换可同时由时基计数器(TBCTR)为 0 和 TBCTR=周期的事件产生。此种特性能进行双边沿脉宽调制控制。此外,ADC 转换可通过数字比较(DC)模块定义的事件来启动;
- 高分辨率周期性能:提高了周期的高分辨率性能;
- 数字比较(DC)模块:数字比较(DC)模块通过对数字比较信号进行滤波处理,以改进触发功能来增强 CPU 对事件触发处理以及事件触发 ET 模块的功能。这些特征对峰值电流控制、模拟比较器的支持是至关重要的。

高效的 PWM 必须能够在最小的 CPU 开销下尽可能产生更多种的脉宽调制波形;应该是能可编程的,并且在易于理解和使用的同时还应具有灵活性和兼容性。

该 ePWM 模块带有两个完整的 PWM 通道:ePWMxA 和 ePWMxB。多个 ePWM 模块联接如图 11-1 所示。每个 ePWM 模块支持以下功能:

- 带周期和频率控制的专用 16 位定时器;
- 两个 PWM 输出 ePWMxA 和 ePWMxB 可用于下面的控制:
  - 两个独立的 PWM 输出进行单边控制;
  - 两个独立的 PWM 输出进行双边对称控制;
  - 一个独立的 PWM 输出进行双边不对称控制。
- 通过软件可重写异步调制 PWM 控制信号;
- 与其他 ePWM 模块相关的可编程超前和滞后相控;

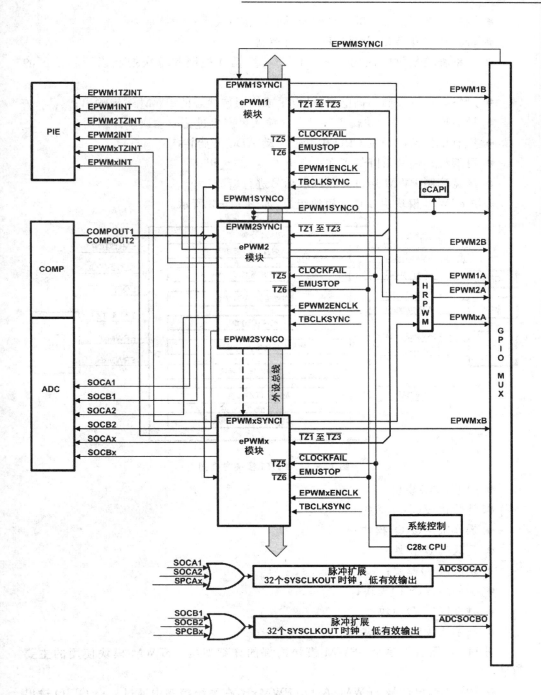

图 11 - 1　增强型脉宽调制 ePWM 的多个模块方框图

- 在一个循环基础上的硬件锁定（同步）相位关系；
- 带独立上升沿和下降沿死区延时控制；
- 可编程控制故障区用于故障时的周期循环控制和单次控制以及触发区的配置；
- 触发条件可强制为高电平、低电平或高阻抗状态的 PWM 逻辑输出；
- 计数比较（CC）模块输出和触发区输入可产生过滤驱动或事件触发；
- 所有事件都可触发 CPU 中断或启动 ADC 开始转换；
- 可编程事件有效降低了在中断时 CPU 的负担；
- 脉宽调制 PWM 通过高频载波信号进行斩波。

每块 ePWM 模块由 8 块子模块组成，如图 11－2 所示。

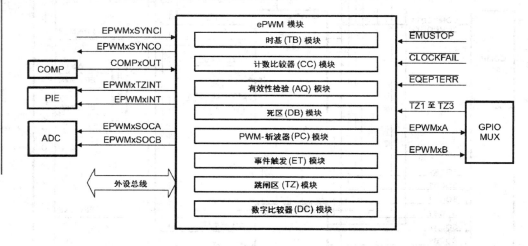

图 11－2　ePWM 模块方框图

- 时基（TB）模块；
- 计数比较（CC）模块；
- 操作限定（AQ）模块；
- 死区（DB）模块；
- 斩波（PC）模块；
- 事件触发（ET）模块；
- 触发区（TZ）模块；
- 数字比较（DC）模块。

图 11－3 显示了单个 ePWM 模块内部的详细架构。ePWM 模块使用的主要信号：

- PWM 输出信号 ePWMxA 和 ePWMxB：在系统控制中通过外设 GPIO 输出 PWM 信号提供给外部器件。通过 I/O 引脚输出 PWM 信号；
- 触发区信号$\overline{TZ1}$～$\overline{TZ6}$：这些信号为输入信号，将外部故障发生的情况告知

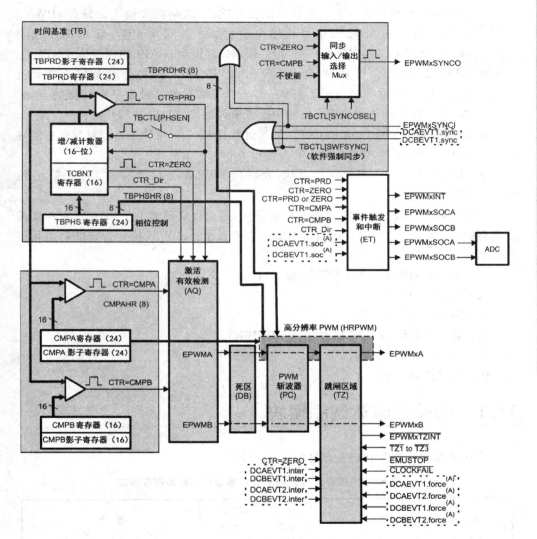

注:(A) 这些事件可通过基于 COMPxOUT 和 TZ 信号的 ePWM1 的数字比较模块(DC)产生;

(B) 该信号只在 eQEP1 模块的器件中存在。

图 11-3 ePWM 模块和关键的内部信号连接

ePWM 模块并采取相应的措施,器件上的每块模块可以配置为触发区对此信号的可响应/忽略。$\overline{TZ1}$~$\overline{TZ3}$ 触发区信号可通过外设 GPIO 配置为异步输入;$\overline{TZ4}$ 通过 eQEP1 模块连接到错误信号(eQEP1ERR);$\overline{TZ5}$ 连接到系统时钟故障逻辑;$\overline{TZ6}$ 通过 CPU 连接到 EMUSTOP 输出。当出现时钟故障或 CPU 终止时,这些连接可配置一个触发预设;

● 时基同步输入 ePWMxSYNCI 和输出 ePWMxSYNCO 信号:同步信号将

ePWM模块连接在一起。模块可配置为响应/忽略同步输入。只有 ePWM1 的同步时钟输入/输出信号被输出到引脚上。同样 ePWM1 的同步输出 ePWM1SYNCO被连接到第一个增强捕获单元模块 eCAP1 的同步信号 SYNCI；

- ADC 启动转换信号 ePWMxSOCA 和 ePWMxSOCB：每个 ePWM 模块都有两个 ADC 启动转换信号。任何 ePWM 模块都可以触发 AD 转换的开始。在 ePWM 的事件触发 ET 模块中配置事件触发 AD 转换的开始；
- 比较器输出信号 COMPxOUT：通过计数比较（CC）模块连接到触发区来的输出信号可以产生数字比较 DC 事件；
- 外设总线：32 位宽的外设总线，允许向 ePWM 寄存器写入 16 为或 32 位的数。

中断初始化流程：当 ePWM 外部时钟开启，那么将有可能由于 ePWM 寄存器没有合理的初始化，产生伪事件从而使中断标志位置位。ePWM 模块合理的初始化流程如下：

（1）关闭全局中断（CPU INTM 标志）；

（2）关闭 ePWM 中断；

（3）初始化外设寄存器；

（4）清零一切伪 ePWM 标志（包括 PIEIFR）；

（5）开启 ePWM 中断；

（6）开启全局中断。

11.1 增强型脉宽调制模块

ePWM 模块控制和状态寄存器如表 11-1 所列。

表 11-1 由模块分组的 ePWM 控制模块和状态寄存器集

名　称	偏移量[1]	大小	有无影子寄存器	EALLOW保护	性　质
时基（TB）模块寄存器					
TBCTL	0x0000	1	无		时基控制寄存器
TBSTS	0x0001	1	无		时基状态寄存器
TBPHSHR	0x0002	1	无		时基相位高分辨率寄存器[2]
TBPHS	0x0003	1	无		时基相位寄存器
TBCTR	0x0004	1	无		时基计数器
TBPRD	0x0005	1	有		时基周期寄存器
TBPRDHR	0x0006		有		时基周期高分辨率寄存器[3]

名　称	偏移量[1]	大小	有无影子寄存器	EALLOW保护	性　质
计数比较(CC)模块寄存器					
CMPCTL	0x0007	1	无		计数比较控制寄存器
CMPAHR	0x0008	1	有		计数比较 A 高分辨率寄存器[2]
CMPA	0x0009	1	有		计数比较 A 寄存器
CMPB	0x000A	1	有		计数比较 B 寄存器
操作限定(AQ)模块寄存器					
AQCTLA	0x000B	1	无		操作限定控制 A 寄存器
AQCTLB	0x000C	1	无		操作限定控制 B 寄存器
AQSFRC	0x000D	1	无		操作限定软件强制寄存器
AQCSFRC	0x000E	1	有		操作限定软件连续强制寄存器
死区(DB)模块寄存器					
DBCTL	0x000F	1	无		死区控制寄存器
DBRED	0x0010	1	无		死区上升沿延时寄存器
DBFED	0x0011	1	无		死区下降沿延时寄存器
触发区(TZ)模块寄存器					
TZSEL	0x0012	1		是	触发区选择寄存器
TZDCSEL	0x0013	1		是	触发区数字比选择寄存器
TZCTL	0x0014	1		是	触发区控制寄存器[3]
TZEINT	0x0015	1		是	触发区中断使能寄存器[3]
TZFLG	0x0016	1		是	触发区标志寄存器[3]
TZCLR	0x0017	1		是	触发区清零寄存器[3]
TZFRC	0x0018	1		是	触发区强制寄存器[3]
事件触发(ET)模块寄存器					
ETSEL	0x0019	1			事件触发选择寄存器
ETPS	0x001A	1			事件触发前分频寄存器
ETFLG	0x001B	1			事件触发标志寄存器
ETCLR	0x001C	1			事件触发清零寄存器
ETFRC	0x001D	1			事件触发强制寄存器
斩波(PC)寄存器					
PCCTL	0x001E	1			斩波控制寄存器

名　　称	偏移量[1]	大小	有无影子寄存器	EALLOW 保护	性　　质
高分辨率脉宽调制（HRPWM）寄存器					
HRCNFG	0x0020			是	高分辨率配置寄存器[2][3]
HRPWR	0x0021			是	高分辨率功率寄存器[3][4]
HRMSTEP	0x0026			是	高分辨率微边沿定位（MEP）阶段寄存器[3][4]
HRPCTL	0x0028			是	高分辨率周期控制寄存器[3]
TBPRDHRM	0x002A		写入影子寄存器		时基周期高分辨率影子寄存器[3]
TBPRDM	0x002B		写入影子寄存器		时基周期影子寄存器
CMPAHRM	0x002C		写入影子寄存器		计数比较 A 高分辨率影子寄存器[3]
CMPAM	0x002D		写入影子寄存器		计数比较 A 影子寄存器
数字比较（DC）模块寄存器					
DCTRIPSEL	0x0030	1		是	数字比较触发选择寄存器
DCACTL	0x0031	1		是	数字比较 A 控制寄存器
DCBCTL	0x0032	1		是	数字比较 B 控制寄存器
DCFCTL	0x0033	1		是	数字比较滤波控制寄存器
DCCAPCTL	0x0034	1		是	数字比较捕获控制寄存器
DCFOFFCET	0x0035	1	写入影子寄存器		数字比较偏移滤波寄存器
DCFOFFSETCNT	0x0036	1			数字比较滤波偏移量寄存器
DCFWINDOW	0x0037	1			数字比较滤波窗口寄存器
DCFWINDOWCNT	0x0038	1			数字比较滤波窗口计数寄存器
DCCAP	0x0039	1	有		数字比较捕获寄存器

注：(1) 未显示的位置为保留；

　　(2) 这些寄存器仅使用于包括高分辨率 PWM 的扩展在内的 ePWM 实例。除此之外，位置是保留的。这些寄存器在特定器件的高分辨率增强型脉宽调制（HRPWM）指南中都有介绍。

　　(3) 受 EALLOW 保护。

　　(4) 这些寄存器只受 ePWM1 寄存器控制。不能从任何其他的 ePWM 模块寄存器空间访问他们。

　　计数比较 A 寄存器（CMPA）、计数比较 A 高分辨率寄存器（CMPAHR）、时基周期寄存器（TBPRD）和时基周期高分辨率寄存器（TBPRDHR）被复制到影子寄存器（影子寄存器带一个"M"后缀）。应注意读取这些影子寄存器时应兼顾当前寄存器模式和影子寄存器模式。

　　当前模式：

寄存器	偏移量	写	读	寄存器	偏移量	写	读
TBPRDHR	0x06	工作寄存器	工作寄存器	TBPRDHR	0x2A	工作寄存器	TI公司内部使用
TBPRD	0x05	工作寄存器	工作寄存器	TBPRD	0x2B	工作寄存器	工作寄存器
CMPAHR	0x08	工作寄存器	工作寄存器	CMPAHR	0x2C	工作寄存器	TI公司内部使用
CMPA	0x08	工作寄存器	工作寄存器	CMPA	0x2D	工作寄存器	工作寄存器

影子寄存器模式：

寄存器	偏移量	写	读	寄存器	偏移量	写	读
TBPRDHR	0x06	影子寄存器	影子寄存器	TBPRDHR	0x2A	影子寄存器	TI公司内部使用
TBPRD	0x05	影子寄存器	影子寄存器	TBPRD	0x2B	影子寄存器	工作寄存器
CMPAHR	0x08	影子寄存器	影子寄存器	CMPAHR	0x2C	影子寄存器	TI公司内部使用
CMPA	0x08	影子寄存器	影子寄存器	CMPA	0x2D	影子寄存器	工作寄存器

在每一个 ePWM 模块中包含 8 块子模块。每块子模块都可通过软件配置来执行特定的任务。

表 11-2 列出了 8 块子模块以及它们的主要参数配置。例如：如果需要调整或控制 PWM 波形的占空比，需要参考计数比较(CC)模块的相关参数配置。

表 11-2　模块参数配置

模　块	参数配置或选项
时基(TB)	标定与系统时钟 SYSCLKOUT 有关的时基时钟(TBCLK) 配置 PWM 时基计数器(TBCTR)的频率或周期 设置时基计数器(TBCTR)的模式 　— 增计数模式：用于不对称 PWM 　— 减计数模式：用于不对称 PWM 　— 增/减计数模式：用于对称 PWM 配置相对于其他 ePWM 模块事件单元的时基计数器(TBCTR)相位 通过硬件和软件同步不同模块之间的时基计数器(TBCTR) 在同步事件之后，配置时基计数器(TBCTR)的计数方向(增或减) 配置仿真器终止 DSC 时时基计数器(TBCTR)的操作 指出 ePWM 模块的同步输出源 　— 同步输入信号 　— 时基计数器(TBCTR)的值等于 0 　— 时基计数器(TBCTR)的值等于计数比较 B 寄存器(CMPB)的值 　— 无同步输出信号产生
计数比较(CC)	指定 ePWMxA 和 ePWMxB 输出的占空比 指定 ePWMxA 和 ePWMxB 输出的事件发生的时间点

模　块	参数配置或选项
操作限定（AQ）	指出时基或计数比较（CC）模块事件发生时操作的类型： — 无任何操作 — ePWMxA 和 ePWMxB 高转换输出 — ePWMxA 和 ePWMxB 低转换输出 — ePWMxA 和 ePWMxB 转换输出 通过软件强制 PWM 输出状态 通过软件配置和控制 PWM 的死区
死区（DB）	控制传统的高低开关补偿死区 指定输出上升沿延时值 指定输出下降沿延时值 彻底旁路死区（DB）模块。在此种情况下，PWM 波形无需做修改 选项确保半周期时钟的双分辨率
斩波（PC）	创建一个斩波频率 斩波脉冲串中首脉冲的脉宽 第 2 个和后续的脉冲占空比 彻底旁路斩波（PC）模块。在这种情况下，PWM 波形无需做修改
触发区（TZ）	配置 ePWM 模块来响应一个或全部触发区信号和数字比较（DC）的事件 当出现错误时，确定触发操作的操作： — 强制 ePWMxA/ePWMxB 为高 — 强制 ePWMxA/ePWMxB 为低 — 强制 ePWMxA/ePWMxB 到高阻抗状态 — 配置 ePWMxA/ePWMxB 忽略触发区发生的条件 配置 ePWM 对每一个触发区信号的响应方式： — 单次 — 周期性循环 使能触发区启动一个中断 彻底旁路触发区（TZ）模块
事件触发（ET）	使能 ePWM 事件将触发一个中断 使能 ePWM 事件将触发一个 ADC 转换的启动 指明事件触发的响应速率，每次或第 2 次或第 3 次发生时响应 设置或清零事件标志
数字比较（DC）	使能比较器（COMP）模块的输出和触发区信号能够产生或过滤事件 指明事件过滤选项来捕获时基计数器（TBCTR）或产生滤除窗口

11.2　时基模块

　　每块 ePWM 模块都有自己的时基（TB）模块，确定所有事件的时序。内置的同步逻辑使得多块 ePWM 时基作为一个系统一起运作。图 11 - 4 图示了 ePWM 的时基位置架构。

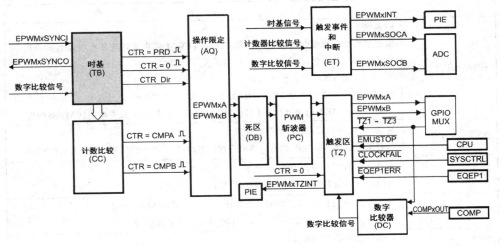

图 11 - 4　时基(TB)模块功能方框图

可以按以下要求配置时基(TB)模块:
- 指出 ePWM 时基计数器(TBCTR)的频率或周期来控制事件发生的频率;
- 使时基(TB)模块与其他 ePWM 模块同步;
- 与其他 ePWM 模块保持相位关系;
- 设置时基计数器(TBCTR)工作的计数模式:增计数、减计数或增/减计数模式;
- 产生下列事件:
  - CTR=PRD:时基计数器(TBCTR)的值等于周期,TBCTR=TBPRD;
  - CTR=0:时基计数器(TBCTR)的值等于 0,TBCTR=0x0000。
- 配置时基的时钟速率;设置 CPU 系统时钟 SYSCLKOUT 的前分频大小。这可使得时基计数器(TBCTR)在较慢的速度下可以递增/递减。

时基(TB)模块的寄存器见表 11 - 1。

图 11 - 5 显示了各种信号和时基(TB)模块的寄存器。表 11 - 3 列出了与时基(TB)模块相关的信号。

表 11 - 3　时基 TB 信号

信　号	说　明
ePWMxSYNCI	时基同步输入 输入信号被用来使时基计数器(TBCTR)与 ePWM 模块的计数器在先期的同步链中同步。一个 ePWM 模块可配置为适用/忽视该信号。对于第一个 ePWM 模块,此信号由自身器件引脚传送。对于随后的 ePWM 模块此信号是通过其他 ePWM 模块传送的。例如:ePWM2YNCI 是由 ePWM1 外设产生的,ePWM3YNCI 是由 ePWM2 外设产生的,以此类推

信　号	说　明
ePWMxSYNCO	时基同步输出 输出信号被用来使时基计数器(TBCTR)与 ePWM 模块的计数器在后期的同步链中同步。每三个事件源可使 ePWM 模块产生一个信号。 1) ePWMxSYNCI 同步输入脉冲； 2) CTR＝0：时基计数器(TBCTR)的值等于零，TBCTR＝0x0000； 3) CTR＝CMPB：时基计数器(TBCTR)的值等于计数比较 B 寄存器(CMPB)的值
CTR＝PRD	时基计数器(TBCTR)的值等于周期 当时基计数器(TBCTR)的值为周期寄存器值时便可产生该信号，TBCTR＝TBPRD
CTR＝0	时基计数器(TBCTR)的值等于零 当时基计数器(TBCTR)的值为零时，便可产生该信号，TBCTR＝0x0000
CTR＝CMPB	时基计数器(TBCTR)的值等于计数比较 B 寄存器(CMPB)的值 该事件由计数比较(CC)模块产生，并被同步输出逻辑使用
CTR_dir	时基计数器(TBCTR)的方向 指定当前 ePWM 时基计数器(TBCTR)的方向。当计数器增加时该信号为高电平，减少时为低电平
CTR_max	时基计数器(TBCTR)的最大值 TBCTR＝0xFFFF 当时基计数器(TBCTR)到达其最大值时产生该事件。该信号仅被使用于状态位
TBCLK	时基时钟 这是一个系统时钟 SYSCLKOUT 前分频后的时钟，可以被 ePWM 的所有模块使用。该时钟可确定时基计数器(TBCTR)递增或递减的速率

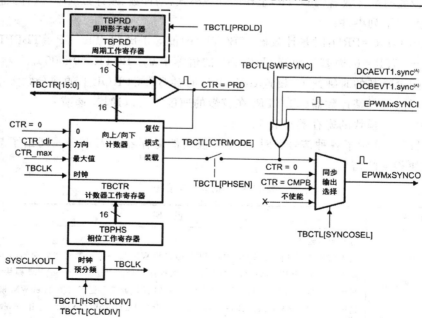

图 11－5　时基(TB)模块的信号和寄存器

11.3　增强型脉宽调制的周期和频率计算

PWM 事件的频率由时基周期寄存器(TBPRD)和时基计数器(TBCTR)模式决定。图 11-6 显示了当周期设置为 4 时,TBPRD=4 增计数、减计数,增/减计数的时基计数器(TBCTR)模式的周期 Tpwm 和频率 Fpwm 关系。每个步骤的时间增量由时基时钟(TBCLK)决定,系统时钟 SYSCLKOUT 前分频后得到该时钟。

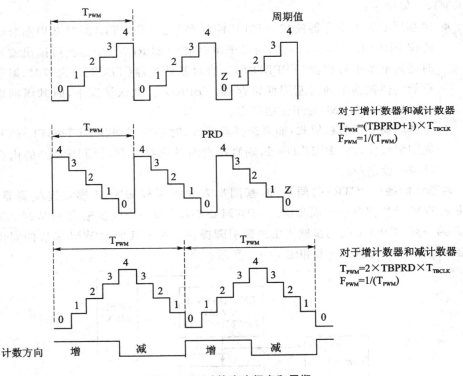

对于增计数器和减计数器

$$T_{PWM}=(TBPRD+1)\times T_{TBCLK}$$
$$F_{PWM}=1/(T_{PWM})$$

对于增计数器和减计数器

$$T_{PWM}=2\times TBPRD\times T_{TBCLK}$$
$$F_{PWM}=1/(T_{PWM})$$

图 11-6　时基脉冲频率和周期

时基计数器(TBCTR)有三种计数模式:

(1) 增/减计数模式:在此模式中,时基计数器(TBCTR)从零开始递增至达到它的周期值 TBPRD,然后开始递减,直至为零。接着计数器重复该模式开始重新递增。

(2) 增计数模式:在此模式中,时基计数器(TBCTR)从零开始递增直至达到时基周期寄存器(TBPRD)的值,然后时基计数器(TBCTR)复位为零并再次开始递增。

(3) 减计数模式:在此模式中,时基计数器(TBCTR)从时基周期寄存器 TBRPD 值开始减到零,然后时基计数器(TBCTR)复位为周期值并再开始递减。

时基周期寄存器(TBPRD)有一个影子寄存器。影子寄存器使得寄存器与硬件可以同步更新。下面的定义用来说明 ePWM 模块的所有影子寄存器。

32位数字信号控制器原理及应用

- 工作寄存器：工作寄存器控制硬件，负责由硬件产生调用影子寄存器。
- 影子寄存器：影子寄存器为工作寄存器缓冲或提供一个临时的存放位置。对于硬件没有直接影响。在某些特定时刻影子寄存器内容可转移到工作寄存器。防止了寄存器由于软件异步修改造成的冲突或错误。

影子寄存器的内存地址与工作寄存器是一样的。哪个寄存器被写入或读出是由时基控制寄存器（TBCTL）使能/禁止时基周期影子寄存器（TBPRDM）的时基周期装载使能位 PRDLD 来决定的。该位可使能/禁止时基周期影子寄存器（TBPRDM），具体如下：

- 时基周期影子寄存器模式：当时基控制寄存器（TBCTL）的时基周期装载使能位 PRDLD＝0 时，时基周期影子寄存器（TBPRDM）使能。可读出或写入时基周期影子寄存器（TBPRDM）。当时基计数器（TBCTR）为零时，影子寄存器的值被移至到时基周期寄存器（TBPRD）。默认情况下，时基周期影子寄存器（TBPRDM）处于使能状态。
- 时基周期立即装载模式：如果选择此模式，时基控制寄存器（TBCTL）的时基周期装载使能位 PRDLD＝1，则直接对时基周期寄存器（TBPRD）的内存地址进行读出/写入。

时基计数器（TBCTR）的同步：时基同步方案将所有 ePWM 模块连接到器件。每块 ePWM 模块都有一个同步输入 ePWMxSYNCI 和一个同步输出 ePWMxSYNCO。第一路 ePWM1 的同步输入由外部引脚提供。对于其他 ePWM 模块的同步可连接为如图 11－7、图 11－8 和图 11－9 所示。

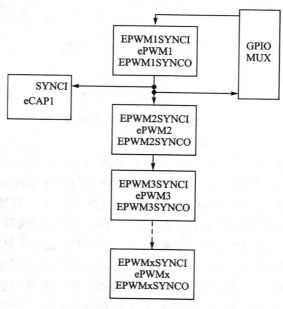

图 11－7　时基计数同步方案 1

198

图 11-7 所示的方案 1 适用于 280x、2801x、2802x 和 2803x 器件。当 ePWM 输入引脚配置为 280x 兼容模式（GPAMCFG）的位 ePWMMODE＝0 时,方案 1 也适用于 2804x 器件。

当 ePWM 的输入引脚配置为仅 A 通道可用兼容模式（GPAMCFG）的位 ePWMMODE＝3 时,图 11-8 所示的方案 2 可用于 2804x 器件。如果 2804x ePWM 输入引脚配置为 280x 兼容模式（GPAMCFG）的位 ePWMMODE＝0 时,方案 1 也适用于。

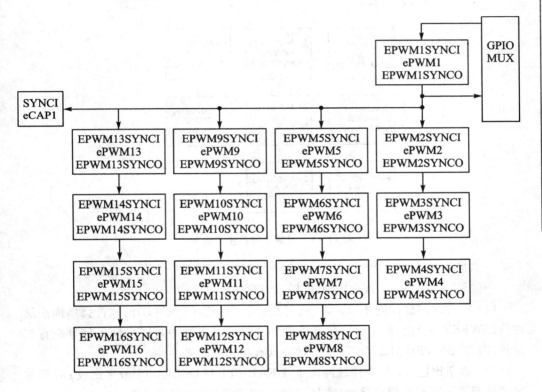

图 11-8　时基计数同步方案 2

图 11-9 所示的方案 3,可用于所有其他器件。

每块 ePWM 模块都可配置为可适用/忽略的同步脉冲输入。如果时基控制寄存器（TBCTL）的位 PHSEN 被置位,则当具备下列条件之一时,ePWM 模块的时基计数器（TBCTR）可自动装载时基相位寄存器（TBPHS）的值。

（1）ePWMxSYNCI:同步输入脉冲:当检测到同步输入脉冲时基相位寄存器的值 TBPHS→TBCTR 时,相位寄存器的值被装载到计数寄存器。此种操作发生在下一个有效的时基时钟（TBCLK）边沿。

从主模块到从模块的延时如下:

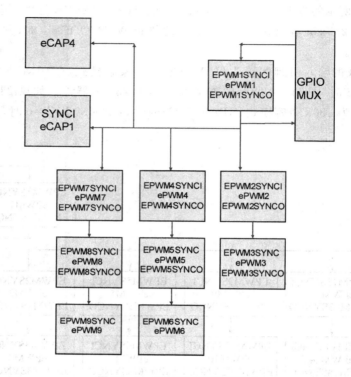

图 11-9　时基计数同步方案 3

　　—如果(TBCLK=SYSCLKOUT):2×SYSCLKOUT;

　　—如果(TBCLK!=SYSCLKOUT):1 TBCLK。

　　(2) 软件强制脉冲同步:写入 1 到时基控制寄存器(TBCTL)的软件强制同步脉冲位(SWFSYNC)位,产生一个软件强制同步脉冲。此脉冲与同步输入信号进行与运算,因此与在 ePWMxSYNCI 上的脉冲具有相同的效果。

　　(3) 数字比较 DC 的事件脉冲同步:DEAEVT1 和 DCBEVT2 数字比较 DC 的事件可被配置为可产生同步脉冲,这与 ePWMxSYNCI 有相同的效果。

　　此功能使 ePWM 模块自动与其他 ePWM 模块同步。超前或滞后相位可被加到由不同 ePWM 模块产生的波形中来使它们同步。在双向计数模式中,事件同步发生后,时基控制寄存器(TBCTL)的相位方向位(PHSDIR)立即配置时基计数器(TBC-TR)的方向。新的方向是同步前的独立方向。在增计数/减计数模式中,相位方向位(PHSDIR)是可忽略的。参见图 11-10 到图 11-13 的例子。

　　时基控制寄存器(TBCTL)使能计数寄存器从相位寄存器装载位(PHSEN)清零,从而可忽略同步输入脉冲的影响。同步脉冲仍然可以进入 ePWMxSYNCO,并可用于其他 ePWM 模块同步。这样,可以设置一个主时基(例如:ePWM1),从时基 ePWM2~ePWMx 可选择为与主时基同步。

多块 ePWM 模块的相位锁存时基时钟：时基时钟同步信号 TBCLKSYNC 位可用于器件中所有 ePWM 模块的时基时钟的全同步。该位是器件时钟使能寄存器的一个位。当时基时钟同步信号 TBCLKSYNC＝0 时，所有 ePWM 模块的时基时钟停止（默认状态）；当时基时钟同步信号 TBCLKSYNC＝1 时，所有 ePWM 的开始使用时基时钟(TBCLK)信号的上升沿。对于 TBCLKs 的同步，所有 ePWM 模块的时基控制寄存器(TBCTL)的前分频值必须一致。使能 ePWM 时钟的步骤如下：

（1）使能单块的 ePWM 模块时钟；

（2）设置时基时钟同步信号 TBCLKSYNC＝0。这将停止任何已使能的 ePWM 的时基；

（3）配置 ePWM 模式和设置前分频值；

（4）设置时基时钟同步信号 TBCLKSYNC＝1。

时基计数模式和时序波形：

时基在下列 4 种模式之一中计数：

（1）不对称增计数模式；

（2）不对称减计数模式；

（3）对称增/减计数模式；

（4）当时基计数器(TBCTR)保持为当前的常数时会冻结。

为了说明前 3 种模式的运作，图 11－10 到图 11－13 的时序图显示了事件的发生时间以及对于单个 ePWMxSYNCI 信号的时基响应。

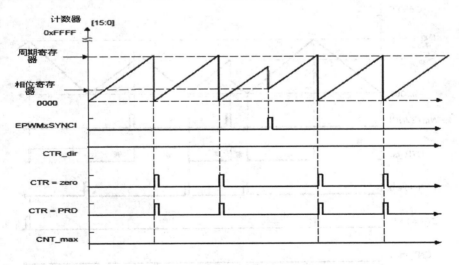

图 11－10　时基增计数模式的波形图

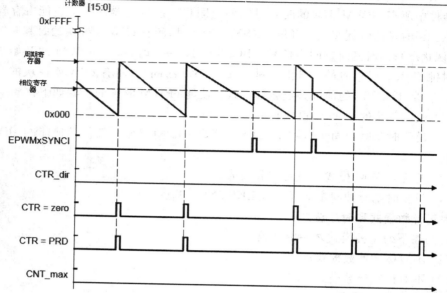

图 11 - 11 时基减计数模式的波形图

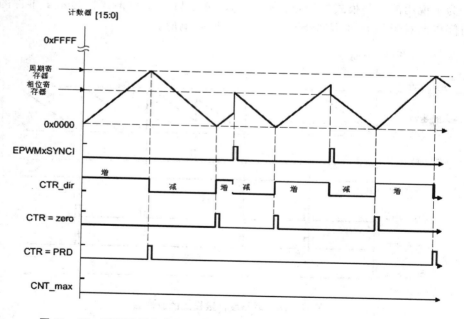

**图 11 - 12 时基控制寄存器(TBCTL)的位 PHSDIR＝0,同步方式减计数,
时基增/减计数模式的波形图**

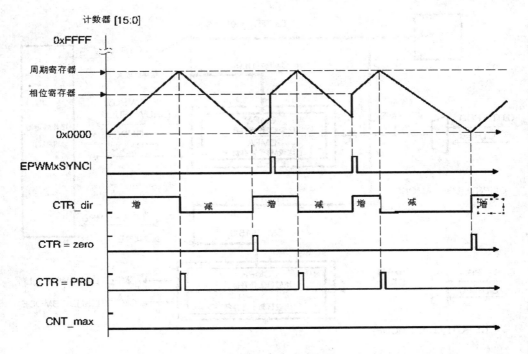

图 11 - 13　时基控制寄存器(TBCTL)的位 PHSDIR＝1,同步方式增计数,
**　　　　时基增/减计数模式的波形图**

11.4　计数比较模块

ePWM 的计数比较(CC)模块的架构如图 11 - 14 所示。

计数比较(CC)模块的作用: 计数比较(CC)模块的输入是时基计数器(TBCTR)的输出。时基计数器(TBCTR)不断地与计数比较 A 寄存器(CMPA)和计数比较 B 寄存器(CMPB)进行比较。当时基计数器(TBCTR)的值等于比较值之一的时候,比较单元将产生相应的事件。

对于比较器:

● 一般的事件是根据可编程计数比较 A 寄存器(CMPA)和计数比较 B 寄存器(CMPB)来控制;

　—CTR＝CMPA:计数器的值等于计数比较 A 寄存器(CMPA)的值;

　—CTR＝CMPB:计数器的值等于计数比较 B 寄存器(CMPB)的值。

● 如果操作限定(AQ)模块配置得当,可以控制 PWM 的占空比;

● 影子比较功能可以阻止 PWM 过程中产生异常波形和毛刺。

计数比较(CC)模块的寄存器如表 11 - 1 所列。

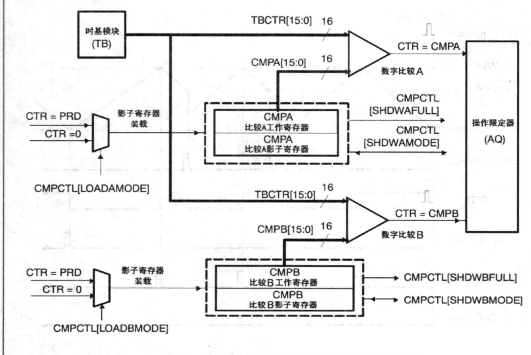

图 11 - 14　计数比较(CC)模块功能方框图

表 11 - 4 所列为比较器的主要信号。

表 11 - 4　计数比较(CC)模块的主要信号

信　号	事件描述	比较值
CTR＝CMPA	时基计数器(TBCTR)的值等于计数比较 A 寄存器(CMPA)的值	TBCTR＝CMPA
CTR＝CMPB	时基计数器(TBCTR)的值等于计数比较 B 寄存器(CMPB)的值	TBCTR＝CMPB
CTR＝PRD	时基计数器(TBCTR)的值等于时基周期值(TBPRD)。用来装载影子寄存器的值到计数比较 A 寄存器(CMPA)和计数比较 B 寄存器(CMPB)中	TBCTR＝TBPRD
CTR＝0	时基计数器(TBCTR)的值等于 0。用来装载影子寄存器的值到计数比较 A 寄存器(CMPA)和计数比较 B 寄存器(CMPB)中	TBCTR＝0X0000

计数比较(CC)模块的操作注意事项：

计数比较(CC)模块可以通过两种方式操作两个比较事件。

(1) CTR＝CMPA：时基计数器(TBCTR)的值等于计数比较 A 寄存器(CMPA)的值；

(2) CTR＝CMPB：时基计数器(TBCTR)的值等于计数比较 B 寄存器(CMPB)的值。

对于增计数或减计数模式，事件在一个周期内只发生一次。而对于增/减计数模式，如果比较值在 0X0000 到 TBPRD 之间时，事件在一个周期内会发生两次；如果比较器值等于 0X0000 或者 TBPRD 时则只发生一次。这些事件送到操作限定（AQ）模块，在该模块中事件被计数器方向所限定，并在使能的情况下会转换成操作。

计数比较 A 寄存器（CMPA）和计数比较 B 寄存器（CMPB）都跟其影子寄存器相关联。影子寄存器提供了一种方式来保证与硬件的同步更新。当使用影子寄存器时，只能在某些关键时间点上更新工作寄存器，由于软件修改影子寄存器不会立即修改工作寄存器，阻止了某些操作错误发生。工作寄存器和影子寄存器的内存地址是一致的，写或读某一个寄存器是由计数比较控制寄存器（CMPCTL　4）的计数比较 A 寄存器（CMPA）操作模式位 SHDWAMODE 和计数比较控制寄存器（CMPCTL）的计数比较 B 寄存器（CMPB）操作模式位 SHDWBMODE 决定，该两位控制计数比较 A 寄存器（CMPA）的影子寄存器和计数比较 B 寄存器（CMPB）的影子寄存器使能。

影子寄存器模式：清零计数比较控制寄存器（CMPCTL）的位 SHDWAMODE 来使能计数比较 A 寄存器（CMPA）的影子寄存器模式，清零计数比较控制寄存器（CMPCTL）的位 SHDWBMODE 来使能 CMPB 的影子寄存器。默认值是影子寄存器模式。

由计数比较控制寄存器（CMPCTL）的位 LOADAMODE 和计数比较控制寄存器（CMPCTL）的位 LOADBMODE 确定下列事件的操作，如果使能影子寄存器，随后影子寄存器的值会移至到工作寄存器中。

- CTR＝PRD：时基计数器（TBCTR）的值等于周期值 TBCTR＝TBPRD；
- CTR＝0：时基计数器（TBCTR）的值为 0，TBCTR＝0X0000；
- 当 CTR＝PRD 并且 CTR＝0 时。

只有工作寄存器的值被比较模块使用，才能生成发送到操作限定（AQ）模块的事件。

立即加载模式：如果选择立即加载模式，即时基控制寄存器（TBCTL）的位 SHADWAMODE＝1 或 TBCTL 的位 SHADWBMODE＝1，那么对该寄存器的读和写都会直接到工作寄存器中。

计数模式波形时序：计数比较（CC）模块会在以下 3 种情况下进行比较操作：

- 增计数模式：生成不对称的 PWM 波形；
- 减计数模式：生成不对称的 PWM 波形；
- 增/减计数模式：生成对称的 PWM 波形。

为了说明以上 3 种模式，在图 11 - 15 到图 11 - 18 中的时序图图示了什么时候发生上述三种情况，并且 ePWMxSYNCI 的信号是怎样相互影响的。

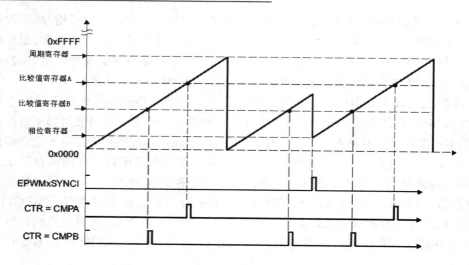

图 11 - 15　比较器在增计数模式中的波形图

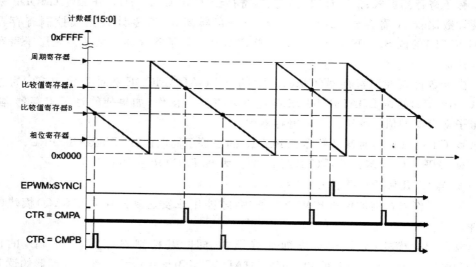

图 11 - 16　比较器在减计数模式的波形图

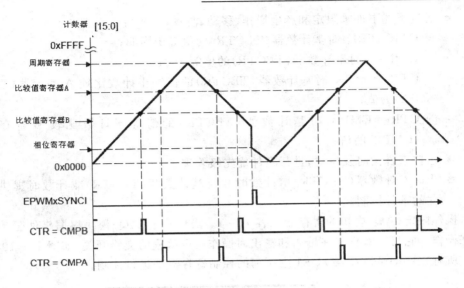

图 11 - 17 时基控制寄存器(TBCTL)的位 PHSDIR=0 向下计数事件同步,
比较器在增/减计数模式时的波形图

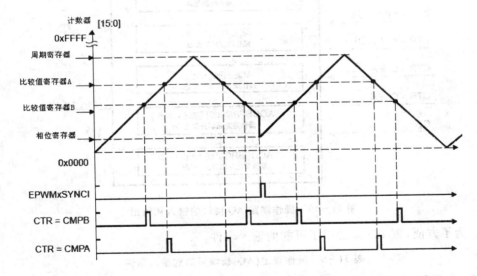

图 11 - 18 时基控制寄存器(TBCTL)的位 PHSDIR=1 向上计数事件同步,
比较器在增/减计数模式时的波形图

11.5 操作限定模块

操作限定(AQ)模块在 ePWM 模块中的位置如图 11 - 4 所示。操作限定(AQ)
模块的功能如下:

- 通过下述事件来限定和产生操作（移动、清零、切换）：
  - CTR＝PRD：时基计数器（TBCTR）的值等于周期；
  - CTR＝0：时基计数器（TBCTR）的值等于 0；
  - CTR＝CMPA：时基计数器（TBCTR）的值等于计数比较 A 寄存器（CM-PA）的值；
  - CTR＝CMPB：时基计数器（TBCTR）的值等于计数比较 B 寄存器（CMPB）的值；
- 这些事件同时发生时，进行事件优先级管理；
- 当时基计数器（TBCTR）增计数时和时基计数器（TBCTR）减计数时提供独立的事件控制。

操作限定（AQ）模块的寄存器见表 11-1。操作限定（AQ）模块根据事件驱动逻辑来操作。它可以看作是在输入和输出时操作的可编程的交错开关，如图 11-19 所示。所有这些都是通过表 11-1 中所列的控制寄存器来进行控制。

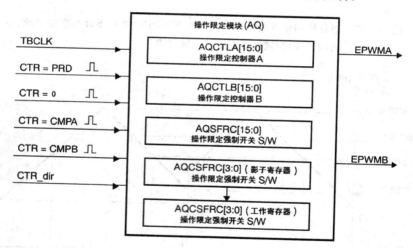

图 11-19　操作限定 AQ 模块的输入和输出

为了方便，表 11-5 总结了可能的输入事件。

表 11-5　操作限定（AQ）模块可能的输入事件

信　号	说　明	寄存器的值
CTR＝PRD	时基计数器（TBCTR）的值等于周期值	TBCTR＝TBPRD
CTR＝0	时基计数器（TBCTR）的值等于 0	TBCTR＝0x0000
CTR＝CMPA	时基计数器（TBCTR）的值等于计数比较 A 寄存器的值	TBCTR＝CMPA
CTR＝CMPB	时基计数器（TBCTR）的值等于计数比较 B 寄存器的值	TBCTR＝CMPB
软件强制事件	软件引起的异步事件	

软件强制操作是一个非常有效的异步事件。这可以通过操作限定软件强制寄存器（AQSFRC）和操作限定软件连续强制控制寄存器（AQCSFRC）来控制。

当一个特殊事件发生时，两路 ePWMxA 和 ePWMxB 的输出通过操作限定（AQ）模块控制。先将此事件输入到操作限定（AQ）模块，再设定计数器方向（增或减），并允许在增计数和减计数相位中对输出进行独立操作。对 ePWMxA 和 ePWMxB 的输出可进行如下操作：

设置高：设置输出 ePWMxA 或 ePWMxB 到高电平；

清零低：设置输出 ePWMxA 或 ePWMxB 到低电平；

翻转触发：如果 ePWMxA 或 ePWMxB 被拉高，则将输出低电平。如果 ePWMxA 或 ePWMxB 被拉低，则将输出高电平；

什么都不做：保持 ePWMxA 和 ePWMxB 设置为当前的相同电平。尽管"什么都不做"选项阻止了一个事件对 ePWMxA 和 ePWMxB 的输出产生操作，但这一个事件仍然可以触发中断和启动 ADC 转换。该操作是由任一输出 ePWMxA 或 ePWMxB 来分别设置。任意或所有事件都可被配置为一个给定的输出产生操作。例如：CTR＝CMPA 和 CTR＝CMPB 可在 ePWMxA 上操作输出。所有限定的操作都通过控制寄存器来进行配置。

为了清楚起见，图 11-20 中用到了一些典型的操作符号。每个符号代表了以时间来标记的操作。有些操作的时间固定，而计数比较 A 寄存器（CMPA）和计数比较 B 寄存器（CMPB）可变，且时间点都通过比较 A 和比较 B 寄存器编程设置。要关闭或禁止一个操作，用"什么都不做"，这也是复位时的默认选项。

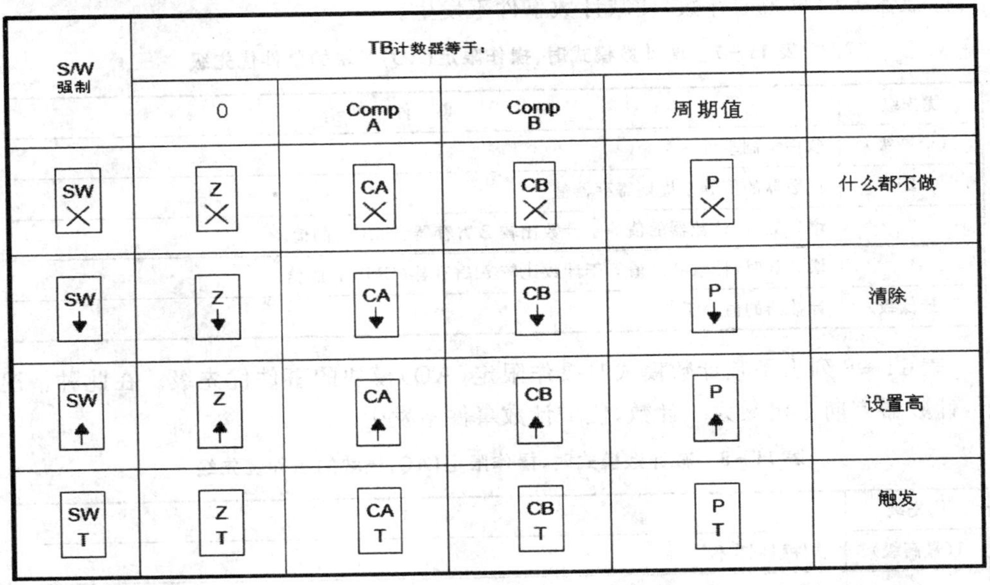

S/W 强制	TB计数器等于：				
	0	Comp A	Comp B	周期值	
SW ✕	Z ✕	CA ✕	CB ✕	P ✕	什么都不做
SW ↓	Z ↓	CA ↓	CB ↓	P ↓	清除
SW ↑	Z ↑	CA ↑	CB ↑	P ↑	设置高
SW T	Z T	CA T	CB T	P T	触发

图 11-20　操作限定 AQ 模块可能引起的 ePWMxA 和 ePWMxB 输出

32位数字信号控制器原理及应用

操作限定(AQ)模块事件的优先级:在同一时刻,ePWM 的操作限定(AQ)模块可能会接收到不止一个事件。在此种情况下,事件由硬件分配优先级。原则上后发生的事件有更高的优先级,而软件强制事件具有最高优先级。表 11-6 中,列出了在增/减计数模式中事件的优先级。优先级 1 为最高优先级,6 为最低优先级。优先级的略微变化取决于时基计数器(TBCTR)的计数方向。

表 11-6　增/减计数模式中,操作限定(AQ)模块的事件优先级

优先级	如果时基计数器(TBCTR)正在从 0 上升递增到(TBPRD)	时基计数器(TBCTR)正在从 TBPRD 递减至 0
1(最高级)	软件强制事件	软件强制事件
2	增计数时,计数器的值等于计数比较 B 寄存器(CMPB)的值	减计数时,计数器的值等于计数比较 B 寄存器(CMPB)的值
3	增计数时,计数器的值等于计数比较 A 寄存器(CMPA)的值	减计数时,计数器的值等于计数比较 A 寄存器(CMPA)的值
4	计数器的值等于 0	计数器的值等于时基周期值(TBPRD)
5	减计数时,计数器的值等于计数比较 B 寄存器(CMPB)的值	增计数时,计数器的值等于计数比较 B 寄存器(CMPB)的值
6(最低级)	减计数时,计数器的值等于计数比较 A 寄存器(CMPA)的值	增计数时,计数器的值等于计数比较 A 寄存器(CMPA)的值

表 11-7 列出了增计数模式时操作限定(AQ)模块的事件优先级。在此种情况下,计数器方向总为增计数,使减计数事件不发生。

表 11-7　增计数模式时,操作限定(AQ)模块的事件优先级

优先级	事　件
1(最高级)	软件强制事件
2	计数器的值等于周期寄存器值
3	增计数时,计数器的值等于计数比较 B 寄存器(CMPB)的值
4	增计数时,计数器的值等于计数比较 A 寄存器(CMPA)的值
5(最低级)	计数器的值等于 0

表 11-8 列出了减计数模式时操作限定(AQ)模块的事件优先级。在此种情况下,计数器方向被定义为减计数,使增计数事件不发生。

表 11-8　减计数模式时,操作限定(AQ)模块的事件优先级

优先级	事　件
1(最高级)	软件强制事件
2	计数器的值等于 0

续表 11 - 8

优先级	事　件
3	减计数时,计数器的值等于计数比较 B 寄存器(CMPB)的值
4	减计数时,计数器的值等于计数比较 A 寄存器(CMPA)的值
5(最低级)	计数器的值等于周期寄存器值

可能会设置比较值大于周期值,则在此种情况下将发生表 11 - 9 所列的操作。

表 11 - 9　当 CMPA/CMPB 大于周期值时的情况

计数方式	增计数事件 CAD/CBD	减计数事件 CAD/CBD
增计数模式	如果 CMPA/CMPB≤THPRD,则该事件将发生在比较匹配时 CTR = CMPA 或 CMPB。 如果 CMP/CMPB > TBPRD,事件不会发生。	不会发生
减计数模式	不会发生	如果 CMPA/CMPB<TBPRD,则该事件将发生在比较匹配时 CTR = CMPA 或 CMPB。 如果 CMPA/CMPB≥TBPRD,则该事件将发生在周期匹配时 CTR=TBPRD。
增/减计数模式	如果 CMPA/CMPB<TBPRD 且此时计数器增计数,事件发生在比较匹配时 CTR=CMPA 或 CMPB。 如果 CMPA/CMPB≥TBPRD,则该事件将发生在周期匹配时 CTR=TBPRD。	如果 CMPA/CMPB<TBPRD 且此时计数器减计数,事件发生在比较匹配时 CTR=CMPA 或 CMPB。 如果 CMPA/CMPB≥TBPRD,则该事件发生在周期匹配时 CTR=TBPRD。

11.6　波形的共同配置

波形显示了一个静态比较寄存器值的 ePWM 行为。在运行的系统中,计数比较 A 寄存器(CMPA)和计数比较 B 寄存器(CMPB)通常从各自的影子寄存器中每周期更新一次。用户可以指定更新发生时刻,当时基计数器(TBCTR)到达零或当时基计数器(TBCTR)到达周期值。某些情况下,基于更新后的操作会延时一个周期,或者以前值的操作会影响另外一个周期。某些 PWM 配置能避免此种情况。采取如下措施(但不只限于以下内容):

使能增/减计数模式来生成一个对称的 PWM 波形:

(1) CMPA/CMPB 装载为 0,然后使计数比较 A 寄存器(CMPA)/计数比较 B 寄存器(CMPB)的值大于或等于1;

(2) CMPA/CMPB 装载时基周期值 TBPRD,然后使计数比较 A 寄存器(CM-

PA)/计数比较 B 寄存器(CMPB)的值小于或等于 TBPRD—1。

也就是总是会产生一个脉冲,脉冲至少有一个时基时钟(TBCLK)的宽度。

使能增/减计数模式产生一个不对称的 PWM 波形:

为了实现 50%～0%的不对称 PWM 波形,使用以下配置:用周期值装载计数比较 A 寄存器(CMPA)/计数比较 B 寄存器(CMPB),使能周期操作清零 PWM 和设置 PWM 为增计数比较操作。改变比较值从 0～TBPRD 时基周期的操作,清零 PWM 和比较后续操作,设置 PWM。调节比较值从 0～TBPRD 来实现 50%～0%的 PWM 占空比。

使能增计数模式产生不对称的 PWM 波形:

为了实现 0%～100%不对称的 PWM,使用以下配置:装载 CMPA/CMPB 于 TBPRD。设置 PWM=0,增计数比较操作清零 PWM。改变比较值从 0～TBPRD+1 来实现 0%～100%的 PWM 占空比。

图 11－21 图示了对称 PWM 波形是如何使能时基计数器(TBCTR)的增/减计数模式生成的。在此种模式下 0～100%的 DC 调制是通过在波形的增和减计数部分使用相同的比较匹配。计数比较 A 寄存器(CMPA)用来做比较。当计数器递增时,计数比较 A 寄存器(CMPA)匹配将 PWM 输出信号拉高。同样地,当计数器递减时,计数比较 A 寄存器(CMPA)匹配将 PWM 输出信号拉低。当 CMPA＝0 时,PWM 信号在整个周期中都为低电平,使得占空比为 0%。当 CMPA＝TBPRD 时,PWM 信号在整个波形周期中都为高电平,使得占空比为 100%。

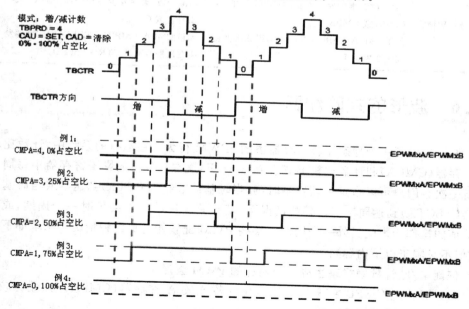

图 11－21　增/减计数模式对称的波形图

实际中使用此种配置,如果装载计数比较 A 寄存器(CMPA)/计数比较 B 寄存器(CMPB)的值为 0,然后使用计数比较 A 寄存器(CMPA)/计数比较 B 寄存器(CMPB)的值大于或等于 1。如果装载计数比较 A 寄存器(CMPA)/计数比较 B 寄存器(CMPB)的值为周期值,然后使用计数比较 A 寄存器(CMPA)/计数比较 B 寄存器(CMPB)的值小于或等于 TBPRD-1。也就是在一个 PWM 周期中将至少有一时基时钟(TBCLK)的脉冲,如果时间太短,脉冲太窄往往会被系统所忽略。

图 11-22～图 11-27 的 PWM 波形图示了一些操作限定(AQ)模块的配置。例 11-1～例 11-6 的 C 语言样例介绍了怎样配置 ePWM 模块。在样例和图中使用的一些约定如下:

- TBPRD、CMPA 和 CMPB 是指写入到各自寄存器的值。工作寄存器,不是影子寄存器,由硬件控制;
- CMPx,是指 CMPA 或 CMPB;
- ePWMxA 和 ePWMxB 是指来自 ePWMx 的输出信号;
- Up-Down 增/减计数模式,Up 指增计数模式,Down 指减计数模式;
- Sym 为对称,Asym 为不对称。

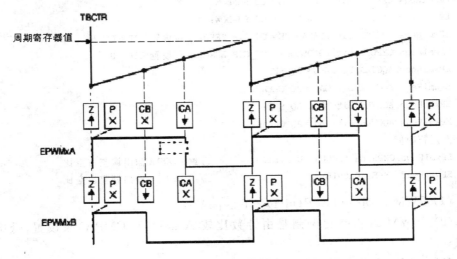

图 11-22　具有独立于 ePWMxA 和 ePWMxB 的调制,高电平有效,
增计数,单边不对称的波形图

(1) PWM 周期=(TBPRD+1)×T_{TBCLK};

(2) ePWMxA 占空比调制是由计数比较 A 寄存器(CMPA)来设置,高电平有效;

(3) ePWMxB 占空比调制是由计数比较 B 寄存器(CMPB)来设置,高电平有效;

(4) "什么都不做"的操作(x)。

11.7 波形配置例程

例 11-1：样例提到了图 11-22 中波形的初始化和运行时间。

```
//初始化
EPwm1Regs.TBPRD = 600;                              //周期值 = 601 次时基时钟(TBCLK)计数
EPwm1Regs.CMPA.half.CMPA = 350;                     //计数比较 A = 350 次时基时钟(TBCLK)计数
EPwm1Regs.CMPB = 200;                               //计数比较 B = 200 次时基时钟(TBCLK)计数
EPwm1Regs.TBPHS = 0;                                //设置相位寄存器值为 0
EPwm1Regs.TBCTR = 0;                                //清零时基(TB)计数器
EPwm1Regs.TBCTL.bit.CTRMODE = TB_COUNT_UP;
EPwm1Regs.TBCTL.bit.PHSEN = TB_DISABLE;             //相位装载不使能
EPwm1Regs.TBCTL.bit.PRDLD = TB_SHADOW;
EPwm1Regs.TBCTL.bit.SYNCOSEL = TB_SYNC_DISABLE;
EPwm1Regs.TBCTL.bit.HSPCLKDIV = TB_DIV1;            //TBCLK = SYSCLK
EPwm1Regs.TBCTL.bit.CLKDIV = TB_DIV1;
EPwm1Regs.CMPCTL.bit.SHDWAMODE = CC_SHADOW;
EPwm1Regs.CMPCTL.bit.SHDWBMODE = CC_SHADOW;
EPwm1Regs.CMPCTL.bit.LOADAMODE = CC_CTR_ZERO;       //设置 CTR = 0
EPwm1Regs.CMPCTL.bit.LOADBMODE = CC_CTR_ZERO;       //设置 CTR = 0
EPwm1Regs.AQCTLA.bit.ZRO = AQ_SET;
EPwm1Regs.AQCTLA.bit.CAU = AQ_CLEAR;
EPwm1Regs.AQCTLB.bit.ZRO = AQ_SET;
EPwm1Regs.AQCTLB.bit.CBU = AQ_CLEAR;
//运行时间
EPwm1Regs.CMPA.half.CMPA = Duty1A;                  //给 ePWM1A 输出调整占空比
EPwm1Regs.CMPB = Duty1B;                            //给 ePWM1B 输出调整占空比
```

（1）PWM 周期＝（TBPRD＋1）×T_{TBCLK}；

（2）ePWMxA 占空比调制是由计数比较 A 寄存器（CMPA）来设置，低电平有效；

（3）ePWMxB 占空比调制是由计数比较 B 寄存器（CMPB）来设置，低电平有效。

例 11-2：样例提到了图 11-23 中波形的初始化和运行时间。

```
//初始化
EPwm1Regs.TBPRD = 600;                              //周期值 = 601 次时基时钟(TBCLK)计数
EPwm1Regs.CMPA.half.CMPA = 350;                     //计数比较 A = 350 次时基时钟(TBCLK)计数
EPwm1Regs.CMPB = 200;                               //计数比较 B = 200 次时基时钟(TBCLK)计数
EPwm1Regs.TBPHS = 0;                                //设置相位寄存器值为 0
EPwm1Regs.TBCTR = 0;                                //清零时基(TB)计数器
EPwm1Regs.TBCTL.bit.CTRMODE = TB_COUNT_UP;
```

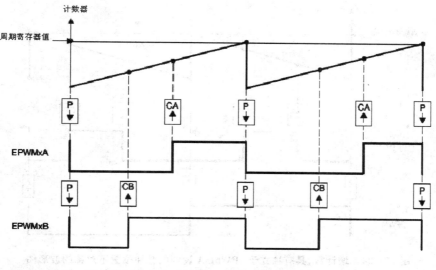

图 11 - 23　具有独立的 ePWMxA 和 ePWMxB 调制,低电平有效,
增计数,单边不对称的波形图

```
EPwm1Regs.TBCTL.bit.PHSEN = TB_DISABLE;        //相位装载不使能

EPwm1Regs.TBCTL.bit.PRDLD = TB_SHADOW;

EPwm1Regs.TBCTL.bit.SYNCOSEL = TB_SYNC_DISABLE;

EPwm1Regs.TBCTL.bit.HSPCLKDIV = TB_DIV1;       //TBCLK = SYSCLKOUT

EPwm1Regs.TBCTL.bit.CLKDIV = TB_DIV1;

EPwm1Regs.CMPCTL.bit.SHDWAMODE = CC_SHADOW;

EPwm1Regs.CMPCTL.bit.SHDWBMODE = CC_SHADOW;

EPwm1Regs.CMPCTL.bit.LOADAMODE = CC_CTR_ZERO;  //设置 CTR = 0

EPwm1Regs.CMPCTL.bit.LOADBMODE = CC_CTR_ZERO;  //设置 CTR = 0

EPwm1Regs.AQCTLA.bit.PRD = AQ_CLEAR;

EPwm1Regs.AQCTLA.bit.CAU = AQ_SET;

EPwm1Regs.AQCTLB.bit.PRD = AQ_CLEAR;

EPwm1Regs.AQCTLB.bit.CBU = AQ_SET;

//运行时间
EPwm1Regs.CMPA.half.CMPA = Duty1A;             //对 ePWM1A 输出调整占空比
EPwm1Regs.CMPB = Duty1B;                        //对 ePWM1B 输出调整占空比
```

(1) PWM 频率 $=1/((TBPRD+1) \times T_{TBCLK})$;

(2) 在 PWM 周期(0000 ～TBPRD)内,脉冲可以发生在任何处;

(3) 高电平时间与(CMPB-CMPA)成正比;

(4) ePWMxB 可以用来产生一个占空比为 50% 的方波,频率 $=1/((TBPRD+1) \times TBCLK)$。

例 11 - 3:样例提到了图 11 - 24 中波形的初始化和运行时间。

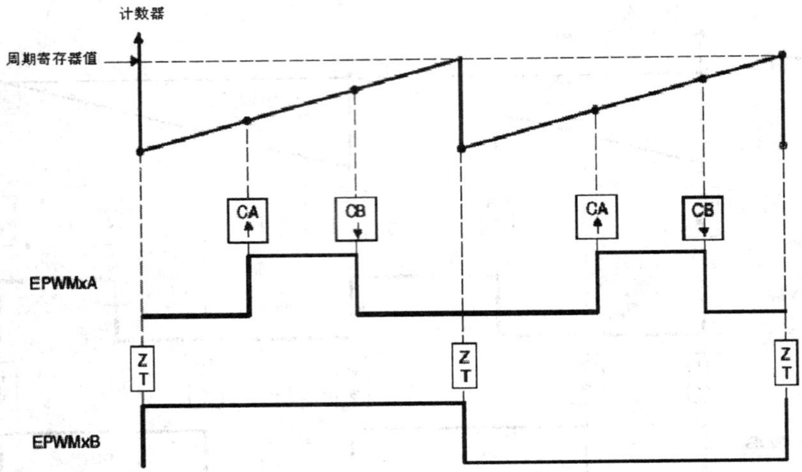

图 11 - 24　增计数,具有独立于 ePWMxA 调制的脉冲位置不对称的波形图

```
//初始化时间
EPwm1Regs.TBPRD = 600;                              //周期值 = 601 次时基时钟(TBCLK)计数
EPwm1Regs.CMPA.half.CMPA = 200;                     //计数比较 A = 200 次时基时钟(TBCLK)计数
EPwm1Regs.CMPB = 400;                               //计数比较 B = 400 次时基时钟(TBCLK)计数
EPwm1Regs.TBPHS = 0;                                //设置时基相位寄存器为 0
EPwm1Regs.TBCTR = 0;                                //清零时基(TB)计数器
EPwm1Regs.TBCTL.bit.CTRMODE = TB_COUNT_UP;
EPwm1Regs.TBCTL.bit.PHSEN = TB_DISABLE;             //相位装载不使能
EPwm1Regs.TBCTL.bit.PRDLD = TB_SHADOW;
EPwm1Regs.TBCTL.bit.SYNCOSEL = TB_SYNC_DISABLE;
EPwm1Regs.TBCTL.bit.HSPCLKDIV = TB_DIV1;            //TBCLK = SYSCLKOUT
EPwm1Regs.TBCTL.bit.CLKDIV = TB_DIV1;
EPwm1Regs.CMPCTL.bit.SHDWAMODE = CC_SHADOW;
EPwm1Regs.CMPCTL.bit.SHDWBMODE = CC_SHADOW;
EPwm1Regs.CMPCTL.bit.LOADAMODE = CC_CTR_ZERO;       //设置 CTR = 0
EPwm1Regs.CMPCTL.bit.LOADBMODE = CC_CTR_ZERO;       //设置 CTR = 0
EPwm1Regs.AQCTLA.bit.CAU = AQ_SET;
EPwm1Regs.AQCTLA.bit.CBU = AQ_CLEAR;
EPwm1Regs.AQCTLB.bit.ZRO = AQ_TOGGLE;
//运行时间
EPwm1Regs.CMPA.half.CMPA = EdgePosA;                //只调整 ePWM1A 输出占空比
EPwm1Regs.CMPB = EdgePosB;
```

(1) PWM 周期 = 2 × TBPRD × T_{TBCLK};

(2) ePWMxA 占空比调制是由计数比较 A 寄存器(CMPA)来设置,低电平有效;

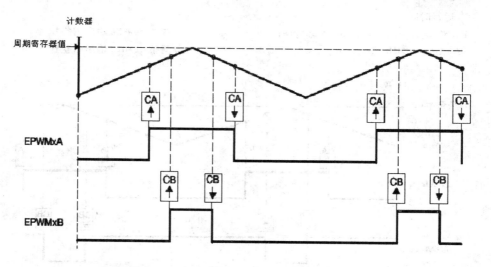

图 11 - 25　具有独立的 ePWMxA 和 ePWMxB 调制，
低电平有效，增/减计数，双边对称的波形图

（3）ePWMxB 占空比调制是由计数比较 B 寄存器（CMPB）来设置，低电平有效；　*217*

（4）ePWMxA 和 ePWMxB 输出可驱动独立的功率开关。

例 11 - 4：样例提到了图 11 - 25 中波形的初始化和运行时间。

```
//初始化
EPwm1Regs.TBPRD = 600;                          //周期值 = 2 * 600 次时基时钟(TBCLK)计数
EPwm1Regs.CMPA.half.CMPA = 400;                 //计数比较 A = 400 次时基时钟(TBCLK)计数
EPwm1Regs.CMPB = 500;                           //计数比较 B = 500 次时基时钟(TBCLK)计数
EPwm1Regs.TBPHS = 0;                            //设置相位寄存器为 0
EPwm1Regs.TBCTR = 0;                            //清零时基(TB)计数器
EPwm1Regs.TBCTL.bit.CTRMODE = TB_COUNT_UPDOWN;  //对称波形
xEPwm1Regs.TBCTL.bit.PHSEN = TB_DISABLE;        //相位装载不使能
xEPwm1Regs.TBCTL.bit.PRDLD = TB_SHADOW;
EPwm1Regs.TBCTL.bit.SYNCOSEL = TB_SYNC_DISABLE;
EPwm1Regs.TBCTL.bit.HSPCLKDIV = TB_DIV1;        //TBCLK = SYSCLKOUT
EPwm1Regs.TBCTL.bit.CLKDIV = TB_DIV1;
EPwm1Regs.CMPCTL.bit.SHDWAMODE = CC_SHADOW;
EPwm1Regs.CMPCTL.bit.SHDWBMODE = CC_SHADOW;
EPwm1Regs.CMPCTL.bit.LOADAMODE = CC_CTR_ZERO;   //设置 CTR = 0
EPwm1Regs.CMPCTL.bit.LOADBMODE = CC_CTR_ZERO;   //设置 CTR = 0
EPwm1Regs.AQCTLA.bit.CAU = AQ_SET;
EPwm1Regs.AQCTLA.bit.CAD = AQ_CLEAR;
EPwm1Regs.AQCTLB.bit.CBU = AQ_SET;
EPwm1Regs.AQCTLB.bit.CBD = AQ_CLEAR;
```

//运行时间

EPwm1Regs.CMPA.half.CMPA = Duty1A;　　　　　　　　　　//调整 ePWM1A 输出占空比

EPwm1Regs.CMPB = Duty1B;　　　　　　　　　　　　　　//调整 ePWM1B 输出占空比

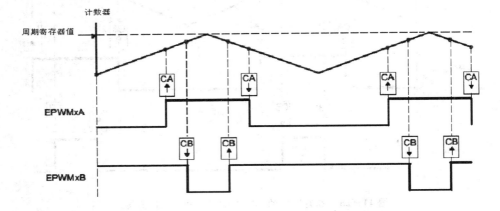

图 11 - 26　具有独立的 ePWMxA 和 ePWMxB 调制，形成互补方式，增/减计数，双边对称的波形图

(1) PWM 周期＝2×TBPRD×T$_{TBCLK}$；

(2) ePWMxA 占空比调制是由计数比较 A 寄存器(CMPA)来设置，低电平有效，即低电平时间与计数比较 A 寄存器(CMPA)的值成正比；

(3) ePWMxB 占空比调制是由计数比较 B 寄存器(CMPB)来设置，高电平有效，即高电平时间与计数比较 B 寄存器(CMPB)的值成正比；

(4) ePWMx 输出可驱动上/下(互补)功率开关；

(5) 死区 CMPB - CMPA。

例 11 - 5：样例提到了图 11 - 26 中波形的初始化和运行时间。

//初始化

EPwm1Regs.TBPRD = 600;　　　　　　　　//周期值 = 2 * 600 次时基时钟(TBCLK)计数

EPwm1Regs.CMPA.half.CMPA = 350;　　　　//CMPA = 350 次时基时钟(TBCLK)计数

EPwm1Regs.CMPB = 400;　　　　　　　　　//CMPB = 400 次时基时钟(TBCLK)计数

EPwm1Regs.TBPHS = 0;　　　　　　　　　//设置相位寄存器值为 0

EPwm1Regs.TBCTR = 0;　　　　　　　　　//清零时基(TB)计数器

EPwm1Regs.TBCTL.bit.CTRMODE = TB_COUNT_UPDOWN;　　//对称波形

EPwm1Regs.TBCTL.bit.PHSEN = TB_DISABLE;　　　　//相位装载不使能

EPwm1Regs.TBCTL.bit.PRDLD = TB_SHADOW;

EPwm1Regs.TBCTL.bit.SYNCOSEL = TB_SYNC_DISABLE;

EPwm1Regs.TBCTL.bit.HSPCLKDIV = TB_DIV1;　　　　//TBCLK = SYSCLKOUT

EPwm1Regs.TBCTL.bit.CLKDIV = TB_DIV1;

EPwm1Regs.CMPCTL.bit.SHDWAMODE = CC_SHADOW;

```
EPwm1Regs.CMPCTL.bit.SHDWBMODE = CC_SHADOW;
EPwm1Regs.CMPCTL.bit.LOADAMODE = CC_CTR_ZERO;        //设置 CTR = 0
EPwm1Regs.CMPCTL.bit.LOADBMODE = CC_CTR_ZERO;        //设置 CTR = 0
EPwm1Regs.AQCTLA.bit.CAU = AQ_SET;
EPwm1Regs.AQCTLA.bit.CAD = AQ_CLEAR;
EPwm1Regs.AQCTLB.bit.CBU = AQ_CLEAR;
EPwm1Regs.AQCTLB.bit.CBD = AQ_SET;
//运行时间
EPwm1Regs.CMPA.half.CMPA = Duty1A;        //调整 ePWM1A 输出占空比
EPwm1Regs.CMPB = Duty1B;                  //调整 ePWM1B 输出占空比
```

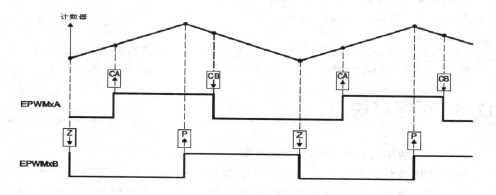

图 11-27　具有独立的 ePWMxA 调制，低电平有效，增/减计数，双边对称的波形图

（1）PWM 周期＝2×TBPRD×TBCLK；

（2）上升沿和下降沿可以发生在一个 PWM 周期不对称处；

（3）ePWMxA 占空比调制是由计数比较 A 寄存器（CMPA）和计数比较 B 寄存器（CMPB）来设置；

（4）ePWMxA 低电平时间与（CMPA＋CMPB）成正比；

（5）若将例子改为高电平有效，则计数比较 A 寄存器（CMPA）和计数比较 B 寄存器（CMPB）操作需要翻转；

（6）ePWMxB 占空比调制固定在 50%。

例 11-6：样例提到了图 11-27 中波形的初始化和运行时间。

```
//初始化
EPwm1Regs.TBPRD = 600;                //周期值 = 2 * 600 次时基时钟(TBCLK)计数
EPwm1Regs.CMPA.half.CMPA = 250;       //CMPA = 250 次时基时钟(TBCLK)计数
EPwm1Regs.CMPB = 450;                 //CMPB = 450 次时基时钟(TBCLK)计数
EPwm1Regs.TBPHS = 0;                  //设置相位寄存器值为 0
EPwm1Regs.TBCTR = 0;                  //清零时基(TB)计数器
EPwm1Regs.TBCTL.bit.CTRMODE = TB_COUNT_UPDOWN;    //对称波形
EPwm1Regs.TBCTL.bit.PHSEN = TB_DISABLE;           //相位装载不使能
```

```
EPwm1Regs.TBCTL.bit.PRDLD = TB_SHADOW;
EPwm1Regs.TBCTL.bit.SYNCOSEL = TB_SYNC_DISABLE;
EPwm1Regs.TBCTL.bit.HSPCLKDIV = TB_DIV1;              //TBCLK = SYSCLKOUT
EPwm1Regs.TBCTL.bit.CLKDIV = TB_DIV1;
EPwm1Regs.CMPCTL.bit.SHDWAMODE = CC_SHADOW;
EPwm1Regs.CMPCTL.bit.SHDWBMODE = CC_SHADOW;
EPwm1Regs.CMPCTL.bit.LOADAMODE = CC_CTR_ZERO;        //设置 CTR = 0
EPwm1Regs.CMPCTL.bit.LOADBMODE = CC_CTR_ZERO;        //设置 CTR = 0
EPwm1Regs.AQCTLA.bit.CAU = AQ_SET;
EPwm1Regs.AQCTLA.bit.CBD = AQ_CLEAR;
EPwm1Regs.AQCTLB.bit.ZRO = AQ_CLEAR;
EPwm1Regs.AQCTLB.bit.PRD = AQ_SET;
//运行时间
EPwm1Regs.CMPA.half.CMPA = EdgePosA;                 //只调整 ePWM1A 输出占空比
EPwm1Regs.CMPB = EdgePosB;
```

11.8　死区模块

ePWM 模块中的死区(DB)模块架构如图 11 - 4 所示。

死区(DB)模块的功能："操作限定(AQ)模块"中讨论了在 ePWM 模块中使用计数比较 A 寄存器(CMPA)和计数比较 B 寄存器(CMPB)来控制边沿以产生所需的死区。如果要更好地边沿延时的死区带极性控制,应用死区(DB)模块将更有效。

死区(DB)模块的主要功能:

● 独立 ePWMxA 输入,生成相应的带死区的信号对 ePWMxA 和 ePWMxB;
● 可编程信号对:
　　— 高电平有效 AH;
　　— 低电平有效 AL。
　　— 高电平有效互补 AHC;
　　— 低电平有效互补 ALC。
● 可编程上升沿延时;
● 可编程下降沿延时;
● 可以旁路信号路径。

控制死区(DB)模块:死区(DB)模块的操作是通过表 11 - 1 所列的寄存器来控制的。

死区(DB)模块的操作要点:死区(DB)模块有两组独立的选项设置,如图 11 - 28 所示。

● 输入源选择:死区(DB)模块的输入信号来自于操作限定(AQ)模块的 ePWMxA 和 ePWMxB 输出信号,在此被称为 ePWMxA 和 ePWMxB 输入。使用死区控制寄存器(DBCTL 5~4)的死区输入模式控制位(IN_MODE),

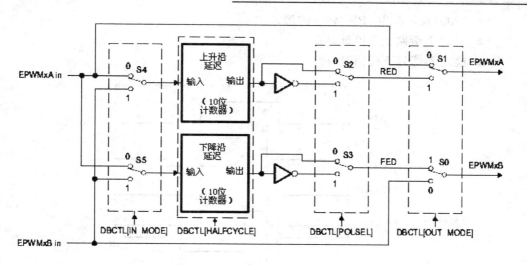

图 11-28　死区 DB 模块配置选项

可以选择每种延时的信号源,下降沿或上升沿:

— ePWMxA 输入均作为上升沿和下降沿延时的信号源输入,为默认模式;

— ePWMxA 输入是下降沿延时的信号源输入,ePWMxB 输入是上升沿延时的信号源输入;

— ePWMxA 输入是上升沿延时的信号源输入,ePWMxB 输入是下降沿延时的信号源输入;

— ePWMxB 输入均作为上升沿或下降沿延时的信号源输入。

● 半周期时钟:死区(DB)模块可以采用半周期时钟来达到双精度;

● 输出模式控制:输出模式通过死区控制寄存器(DBCTL 1~0)的死区输出模式控制位(OUT_MODE)来实现,该位域决定了下降沿延时或上升沿延时;两者都延时或两者都不延时;

● 极性控制:极性控制通过死区控制寄存器(DBCTL 3~2)的极性选择控制位(POLSEL)来实现,允许指定下降沿或者上升沿延时信号在发送到死区(DB)模块前是否取反。

尽管支持所有的组合,但并不一定是习惯用法,表 11-10 列出一些经典的死区配置。假定这些模式通过死区控制寄存器(DBCTL 5~4)的死区输入模式控制位(IN_MODE)已配置,使得 ePWMxA 输入是上升沿和下降沿延时的信号源输入。表 11-10 的模式分为以下几种类别:

● 模式 1:旁路下降沿延时(FED)和上升沿延时(RED),不使能死区功能;

● 模式 2~5:经典死区极性设置;

这些典型配置可满足所有开关电源功率器件应用。这些典型情况的波形如图 11-29 所示。注意要产生如图 11-29 所示的波形,需要配置操作限定

（AQ)模块产生 ePWMxA 波形。

● 模式 6:旁路上升沿延时;

● 模式 7:旁路下降沿延时。

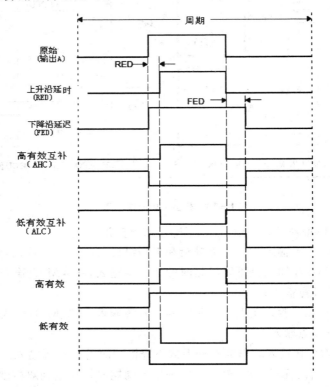

图 11－29 典型情况死区的波形图(占空比 0~100%)

表 11－10 最后两项列出了下降沿延时(FED)或者上升沿延时(RED)被旁路。

表 11－10 死区操作模式

模 式	模式说明	DBCTL 3~2		DBCTL 1~0	
		S3	S2	S1	S0
1	ePWMxA 和 ePWMxB 通过	×	×	0	0
2	高电平有效互补	1	0	1	1
3	低电平有效互补	0	1	1	1
4	高电平有效	0	0	1	1
5	低电平有效	1	1	1	1
6	ePWMxA 输出 ePWMxA 输入 ePWMxB 输出 ePWMxB 输入,带下降沿延时	0 或 1	0 或 1	0	1
7	ePWMxA 输出 ePWMxA 输入,带下降沿延时 ePWMxB 输出 ePWMxB 输入,没有延时	0 或 1	0 或 1	1	0

图 11 - 29 图示占空比 0～100% 时典型情况的波形。

死区(DB)模块支持独立上升沿延迟和下降沿延时的独立值。延时时间可通过死区上升沿延时寄存器(DBRED)和死区下降沿延时寄存器(DBFED)设置。这些都是 10 位寄存器,它们的值代表延时的时基时钟的周期数。例如:计算上升沿延时和下降沿延时的公式:

$FED = DBFED \times T_{TBCLK}$;

$RED = DBRED \times T_{TBCLK}$。

T_{TBCLK} 是时基时钟(TBCLK)的周期,由系统时钟 SYSCLKOUT 的前分频后得到。为便于直观,各种时基时钟(TBCLK)选择的延迟值如表 11 - 11 所列。

表 11 - 11 死区延时大小与死区上升沿延时寄存器(DBRED),
死区下降沿延时寄存器(DBFED)的关系

| 死区值 | 死区延时大小 | | |
DBRED、DBFED	TBCLK=SYSCLKOUT/1	TBCLK=SYSCLKOUT/2	TBCLK=SYSCLKOUT/4
1	0.01 μs	0.02 μs	0.04 μs
5	0.05 μs	0.10 μs	0.20 μs
10	0.10 μs	0.20 μs	0.40 μs
100	1.00 μs	2.00 μs	4.00 μs
200	2.00 μs	4.00 μs	8.00 μs
300	3.00 μs	6.00 μs	12.00 μs
400	4.00 μs	8.00 μs	16.00 μs
500	5.00 μs	10.00 μs	20.00 μs
600	6.00 μs	12.00 μs	24.00 μs
700	7.00 μs	14.00 μs	28.00 μs
800	8.00 μs	16.00 μs	32.00 μs
900	9.00 μs	18.00 μs	36.00 μs
1000	10.00 μs	20.00 μs	40.00 μs

注:当半周期时钟使能时,计算上升沿和下降沿延时值的公式变为:

$FED = DBFED \times TTBCLK/2$;

$RED = DBRED \times TTBCLK/2$。

11.9 增强型脉宽调制斩波模块

ePWM 模块中增强型脉宽调制斩波(PC)模块的架构如图 11 - 4 所示。斩波(PC)模块允许用一个由操作限定(AQ)模块和死区(DB)模块产生的高频载波信号来调制 PWM 波形。

斩波(PC)模块的主要功能为：

- 编程斩波频率；
- 编程首脉冲宽度；
- 编程第二个及其后续脉冲的占空比；
- 当不需要时可以完全自动旁路。

斩波(PC)模块的控制是通过表 11-1 所列的寄存器来完成。

图 11-30 显示了斩波(PC)模块的操作要点。时基时钟由系统时钟 SYSCLK-OUT 提供。频率和占空比由斩波控制寄存器(PCCTL 7～5、10～8)的斩波时钟频率位(CHPFREQ)和斩波时钟占空比位(CHPDUTY)控制。单稳态模块的特性是提供首个高能量的脉冲来实现快速稳定的功率开关的开通，而后续的脉冲持续保持占空比的开关状态。单稳态宽度可以通过斩波控制寄存器(PCCTL 4～1)首脉冲宽度位(OSHTWTH)来编程。可以由斩波控制寄存器(PCCTL 0)斩波使能 CHPEN 位来实现是否旁路。

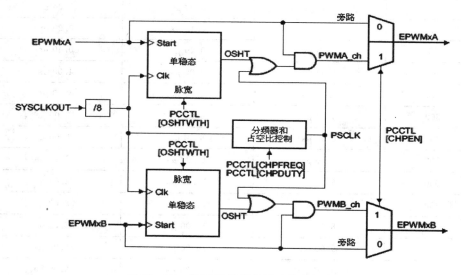

图 11-30　斩波(PC)模块的功能方框图

波形：图 11-31 只图示了斩波的简单波形，而单稳态和占空比控制没有图示。单稳态和占空比的控制相关内容将在下面介绍。

单稳态脉冲：单稳态脉冲可以有 16 种脉冲宽度值的编程，首脉冲的宽度和周期值为：

$$T_{1stpulse} = T_{SYSCLKOUT} \times 8 \times OSHTWTH$$

$T_{SYSCLKOUT}$ 是系统时钟 SYSCLKOUT 的周期值，斩波控制寄存器(PCCTL 4～1)首脉冲宽度位(OSHTWTH)的取值范围为 1～16。

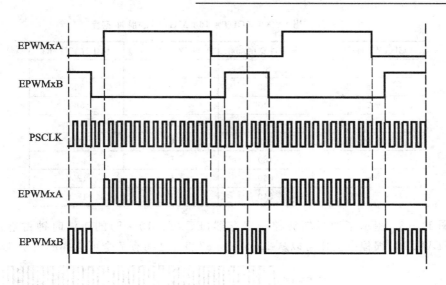

图 11 - 31　斩波波形图

图 11 - 32 图示了首个及随后的脉冲波形,表 11 - 12 列出了当系统时钟:SY-
SCLKOUT＝100 MHz 时,可能的脉冲宽度。

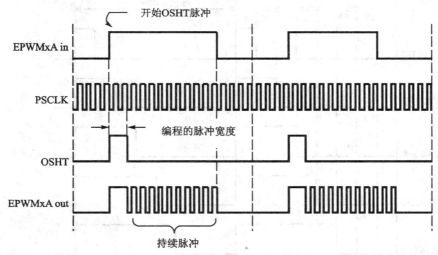

图 11 - 32　斩波(PC)模块首脉冲及随后的波形

占空比控制:

对门极驱动用脉冲变压器实现,其设计需要掌握脉冲变压器的电磁特性和相关
电路知识。脉冲变压器的饱和度是一个必须考虑的问题。为了有助于门极驱动的设
计者,第二个和后续的脉冲占空比被设计为可编程的。这些连续的脉冲在整个周期
内确保了施加在功率开关器件的门极信号的驱动强度和极性正确性,因此可编程占
空比允许通过软件控制进行调谐或最优化。

表 11 - 12　当 SYSCLKOUT＝100 MHz 时的脉冲宽度

OSHTWTHz(hex)	脉 1 冲宽度/ns	OSHTWTHz(hex)	脉 1 冲宽度/ns
0	80	8	720
1	160	9	800
2	240	A	880
3	320	B	960
4	400	C	1040
5	480	D	1120
6	560	E	1200
7	640	F	1280

图 11 - 33 图示了通过斩波控制寄存器(PCCTL 10～8)的斩波时钟占空比位 (CHPDUTY)，编程占空比可以从 12.5％到 87.5％之间有 7 个可选择的占空比。

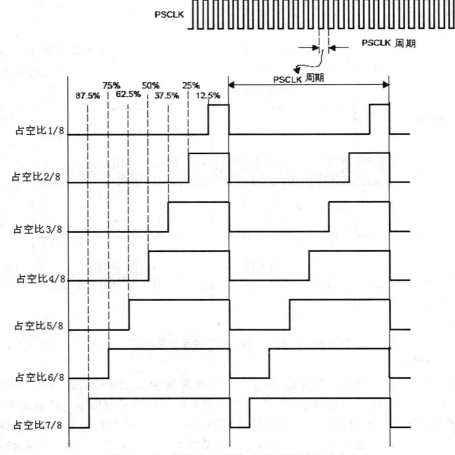

图 11 - 33　斩波(PC)模块，连续脉冲波形的占空比

11.10　触发区模块

ePWM 模块中的触发区(TZ)模块的架构如图 11-4 所示。

每一个 ePWM 模块可连接到 6 路触发输入 $\overline{TZn}$ 信号($\overline{TZ1}$～$\overline{TZ6}$)。$\overline{TZ1}$～$\overline{TZ3}$ 与 GPIO 多功能复用。$\overline{TZ4}$ 接到一个在 eQEP1 模块上的错误输入 eQEP1ERR 信号。$\overline{TZ5}$ 连接到系统时钟失效逻辑电路上,$\overline{TZ6}$ 接到 CPU 的 EMUSTOP 输出上。这些信号表示发生了外部错误或故障,当这些信号满足触发条件时,将快速影响 ePWM模块的工作状态,并且可以编程 ePWM 的输出,可用于当外部错误发生和故障条件满足时 ePWM 模块作出相应的响应,对功率驱动故障保护至关重要。

触发区(TZ)模块的主要功能:
- 触发输入 $\overline{TZ1}$～$\overline{TZ6}$ 可以灵活编程输出到任意的 ePWM 模块;
- 在错误发生时,ePWMxA 和 ePWMxB 输出可以被强制为以下几种情况:
  - 高电平输出;
  - 低电平输出;
  - 高阻输出;
  - 不动作。
- 支持大多数短路或过流条件下的单触发 OSHT;
- 支持周期循环触发(CBC)限流操作;
- 支持数字比较(DC)模块涉及计数比较(CC)模块输出与/或 $\overline{TZ1}$ 到 TZ3 信号;
- 任一触发区输入和数字比较(DC)模块的数字比较输出 A 事件 1/2(DCAE-VT1/2)或数字比较输出 B 事件 1/2(DCBEVT1/2)可以分配为单触发或周期控制;
- 任一触发区输入可以产生中断;
- 支持软件强制触发;
- 触发区(TZ)模块当不需要时可以彻底旁路。

触发区(TZ)模块通过表 11-1 中所列的寄存器来控制。

触发区(TZ)模块的操作要点:以下内容将介绍触发区(TZ)模块的操作要点和配置选项。

触发区输入信号 $\overline{TZ1}$～$\overline{TZ6}$ 是低电平有效。当这些信号引脚中的一个变为低时,或者当一个基于触发区数字比较选择寄存器(TZDCSEL)的事件选择数字比较输出 A 事件 1/2(DCAEVT1/2)或数字比较输出 B 事件 1/2(DCBEVT1/2)强制发生,说明一个触发事件已发生。每一个 ePWM 模块可以分别配置或利用每一个触发区信号或数字比较(DC)模块的事件。哪一个触发区信号或数字比较(DC)模块的事件被 ePWM 模块所采用,应由触发区选择寄存器(TZSEL)的配置来决定的。触发区信号可与系统时钟 SYSCLKOUT 和 GPIO 多功能复用(MUX)模块的数字滤波器同步。最小 $\overline{TZn}$ 输入信号为 3 * TBCLK 最小脉宽的低电平便可充分触发一个 ePWM 模块中的故障条件。如果脉冲宽度小于它,触发条件将不会被 CBC 或 OST 门锁存。触发同步确保了如果时钟以任何原因丢失时,仍然可以被 $\overline{TZn}$ 输入的有效事件触发。GPIOs 或外设必须进行合理的配置。

每一个 ePWM 模块的 $\overline{TZn}$ 触发输入可以被分别配置提供一个周期或单次触发事件。DCAEVT1 和数字比较输出 B 事件 1(DCBEVT1)可以配置为直接触发一个 ePWM 模块或为这个模块提供一个单次触发事件。同样 DCAVET2 和 DCBEVT2 事件也能够配置为直接触发一个 ePWM 模块或为这个模块提供一个单次触发事件。此种配置分别由触发区选择寄存器(TZSEL 14、6)的位 DCAEVT1/2、触发区选择寄存器(TZSEL 15、7)的位 DCBEVT1/2、触发区选择寄存器(TZSEL 5~0)的位 CBCn 和触发区选择寄存器(TZSEL 13、8)的位 OSHTn 决定(n 为相应的触发输入)。

周期性触发事件(CBC):

当一个周期性触发事件发生时,触发区控制寄存器(TZCTL 1~0、3~2)的 TZA 位、TZB 位指定的操作立即执行在 ePWMxA 和 ePWMxB 的输出。表 11-13 列出了可能的操作。另外,在触发区标志寄存器(TZFLG 1)CBC 位置位时,如果触发区中断使能寄存器(TZEINT)和 PIE 外设使能,将产生一个 ePWMx_TZINT 中断。

如果 CBC 中断通过触发区中断使能寄存器(TZEINT)使能,并且 DCAEVT2 或 DCBEVT2 通过触发区选择寄存器(TZSEL)选为 CBC 触发源,就不需在触发区中断使能寄存器(TZEINT)中也使能 DCAEVT2 或 DCBEVT2 中断,如同通过 CBC 机制产生数字比较(DC)的事件触发中断。

当 ePWM 模块的时基计数器(TBCTR)的值到达 0(TBCTR=0x0000)而触发事件已经不存在时,输入的指定条件将被自动清零。因此,在此种模式下,触发事件在每个 PWM 周期被自动清零或复位,而触发区标志寄存器(TZFLG 1)的 CBC 标志位将一直保持置位,直到通过写触发区清零寄存器(TZCLR 2)的位 CBC 来手动清零。当触发区标志寄存器(TZFLG 1)的位 CBC 被清零,如果周期性触发事件依然存在,这时它将再次立即被设置。

单触发(OSHT):

当一个单触发(OSHT)事件发生时,触发区控制寄存器(TZCTL1~0)的位 TZA/触发区控制寄存器(TZCTL3~2)的位 TZB 指定的操作立即执行在 ePWMxA 和 ePWMxB 的输出。表 11-13 列出了可能的操作。另外,在单触发(OSHT)时,触发区标志寄存器(TZFLG 2)事件标志位 OST 置位,如果触发区中断使能寄存器(TZEINT)和 PIE 外设使能,将产生一个 ePWMx_TZINT 中断。单触发条件必须通过手动写触发区清零寄存器(TZCLR 2)的位 OST 来清零。

如果单触发中断通过触发区中断使能寄存器(TZEINT)使能,并且通过触发区选择寄存器（TZSEL 14）的位 DCAEVT1 或触发区选择寄存器（TZSEL 15）的位 DCBEVT1 选单触发（OSHT）为触发源，便不需再在触发区中断使能寄存器（TZEINT）中也使能 DCAEVT1 或 DCBEVT1 中断，如同通过单触发 OSHT 机制产生数字比较（DC）的事件触发中断。

数字比较(DC)模块的事件：

数字比较输出 A 事件 1/2（DCAEVT1/2）和数字比较输出 B 事件 1/2（DCBEVT1/2）：一个通过触发区数字比较选择寄存器（TZDCSEL）来选择，且基于数字比较输出 A 事件 1/2（DCAEVT1/2）和数字比较输出 B 事件 1/2（DCBEVT1/2）结合的 DCAH/DCAL 和 DCBH/DCBL 数字比较（DC）模块的事件就得以形成。通过数字比较触发选择寄存器（DCTRIPSEL）选择的，且源于 DCAH/DCAL 和 DCBH/DCBL 的信号，可以是每一个触发区输入信号或模拟比较器信号（COMPx-OUT）。

当一个数字比较（DC）模块的事件发生，触发区控制寄存器（TZCTL 5～4/ 7～6）的位 DCAEVT1/2 和触发区控制寄存器（TZCTL9～8/ 11～10）的位 DCBEVT1/2 指定的操作立即执行在 ePWMxA 和 ePWMxB 的输出。表 11-13 列出了可能的操作。另外，在相关数字比较（DC）模块的事件标志位，触发区标志寄存器（TZFLG）的位 DCAEVT1/2/触发区标志寄存器（TZFLG）的位 DCBEVT1/2 置位时，如果触发区中断使能寄存器（TZEINT）和 PIE 外设使能，将产生一个 ePWMx_TZINT 中断。

表 11-13　触发事件可能的操作

TZCTL 位设置	ePWMxA，ePWMxB	解　释
00	高阻	触发
01	强制输出高电平	触发
10	强制输出低电平	触发
11	没有变化	对输出没有变化

当数字比较（DC）模块的事件不存在时，引脚上指定的条件将自动清零。触发区标志寄存器（TZFLG）的位 DCAEVT1/2 或触发区标志寄存器（TZFLG）的 DCBEVT1/2 标志位将一直保持置位，直到通过写触发区清零寄存器（TZCLR）的位 DCAEVT1/2 或触发区清零寄存器（TZCLR）的位 DCBEVT1/2 来手动清零。当触发区标志寄存器（TZFLG）的位 DCAEVT1/2 或触发区标志寄存器（TZFLG）的位 DCBEVT1/2 清零时，如果数字比较（DC）模块的事件仍然存在，这时它将再次立即被设置。

当一个触发事件发生时，可通过触发区控制寄存器（TZCTL）的相关位分别配置每一个 ePWM 输出引脚。

例：触发区配置

情况 1：一个单触发（OSHT）事件 $\overline{TZ1}$ 将 ePWM1A 和 ePWM1B 均拉低，并且强制 ePWM2A 和 ePWM2B 为高电平。

- 配置 ePWM1 寄存器如下：
  - 触发区选择寄存器（TZSEL）的位 OSHT1＝1：使能 $\overline{TZ1}$ 作为 ePWM1 的单触发源；
  - 触发区控制寄存器（TZCTL）的位 TZA＝2：ePWM1A 在一个触发事件中将强制输出为低；
  - 触发区控制寄存器（TZCTL）的位 TZB＝2：ePWM1B 在一个触发事件中将强制输出为低。
- 配置 ePWM2 寄存器如下：
  - 触发区选择寄存器（TZSEL）的位 OSHT1＝1：使能 $\overline{TZ1}$ 作为 ePWM2 的单触发源；
  - 触发区控制寄存器（TZCTL）的位 TZA＝1：ePWM2A 在一个触发事件中将强制输出为高；
  - 触发区控制寄存器（TZCTL）的位 TZB＝1：ePWM2B 在一个触发事件中将强制输出为高。

情况 2：一个周期连续触发事件 $\overline{TZ5}$ 把 ePWM1A 和 ePWM1B 拉低。一个触发 OSHT 事件 $\overline{TZ1}$ 或 $\overline{TZ6}$ 将 ePWM2A 变为高阻状态。

- 配置 ePWM1 寄存器如下：
  - 触发区选择寄存器（TZSEL）的位 CBC5＝1：使能 $\overline{TZ5}$ 作为 ePWM1 的单触发源；
  - 触发区控制寄存器（TZCTL）的位 TZA＝2：ePWM1A 在一个触发事件中将强制输出为低；
  - 触发区控制寄存器（TZCTL）的位 TZB＝2：ePWM1B 在一个触发事件中将强制输出为低。
- 配置 ePWM2 寄存器如下：
  - 触发区选择寄存器（TZSEL）的位 OSHT1＝1：使能 $\overline{TZ1}$ 作为 ePWM2 的单触发源；
  - 触发区选择寄存器（TZSEL）的位 OSHT6＝1：使能 $\overline{TZ6}$ 作为 ePWM2 的单触发源；
  - 触发区控制寄存器（TZCTL）的位 TZA＝0：ePWM2A 在一个触发事件中将成为高阻状态。
  - 触发区控制寄存器（TZCTL）的位 TZB＝3：ePWM2B 将忽略触发事件。

产生触发事件中断：

图 11－34 和图 11－35 分别显示了触发区（TZ）模块控制和中断逻辑。

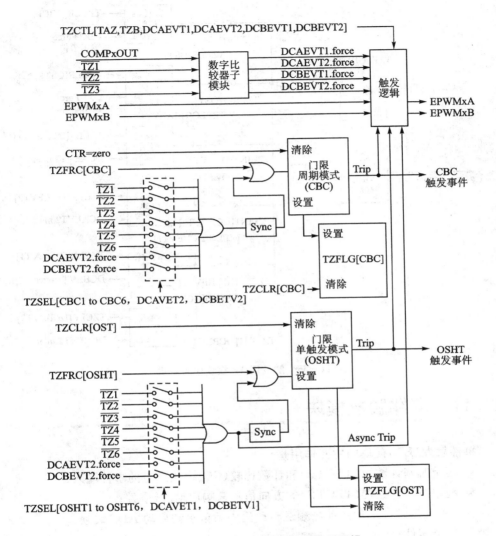

图 11-34 触发区 TZ 模块模式控制逻辑

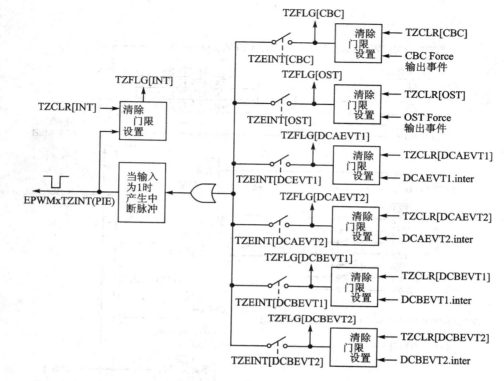

图 11-35　触发区 TZ 模块中断逻辑

11.11　事件触发模块

事件触发(ET)模块的主要作用是：

● 接受时基计数器(TBCTR)和计数比较(CC)模块产生的事件输入；

● 利用时基计数器(TBCTR)的方向信息来响应增/减事件；

在下列几种情况下使用前分频逻辑产生中断请求和启动 ADC 转换：

— 每个事件；

— 每第 2 个事件；

— 每第 3 个事件。

● 通过事件计数器和标志提供事件产生的全可视化；

● 允许软件强制产生中断和开启动 ADC 转换。

当选择的事件发生时,事件触发(ET)模块管理由时基(TB)模块、计数比较(CC)模块和数字比较(DC)模块产生的触发事件来产生一个中断给 CPU,或发一个开始转换的脉冲给 ADC。

ePWM 模块中的事件触发(ET)模块架构如图 11-4 所示。

事件触发(ET)模块的操作：

每一个 ePWM 模块都有一个中断请求连接 PIE 和连接 ADC 模块的两路启动转换信号。如图 11-36 所示，所有 ePWM 的 ADC 转换的启动都连接到各自的 ADC 的触发输入，因此多模块可以通过 ADC 触发输入转换启动。

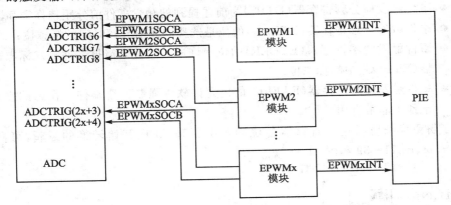

图 11-36　事件触发 ET 模块 ADC 转换内部连接

事件触发(ET)模块监视各种事件条件并且可以配置为在发送一个中断或启动一个 ADC 转换前预处理这些信号，如图 11-37 所示。在下列几种情况下使用触发事件前分频逻辑产生中断请求和启动 ADC 转换：

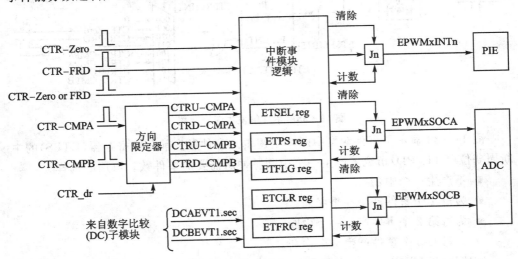

图 11-37　事件触发 ET 模块输入和预输出图示

— 每个事件；

— 每第 2 个事件；

— 每第 3 个事件。

用于配置事件触发(ET)模块的主要寄存器如表11-1所列。

表11-1中相关各寄存器的位功能：

● 事件触发选择寄存器(ETSEL)的位可选择哪一个可能事件来触发中断或启动一个 ADC 转换；

● 事件触发前分频寄存器(ETPS)为前述提到的触发事件前分频选择寄存器；

● 事件触发标志寄存器(ETFLG)的位是选择的或前分频时间的标志位；

● 事件触发清零寄存器(ETCLR)的位允许通过软件来清掉事件触发标志寄存器(ETFLG)中的标志位；

● 事件触发强制寄存器(ETFRC)的位允许软件强制一个事件。在调试或 s/w 干预中非常有用。

了解更详细说明这些寄存器各位影响中断和 ADC 开始转换的逻辑，可参见图 11-38、图 11-39 和图 11-40。

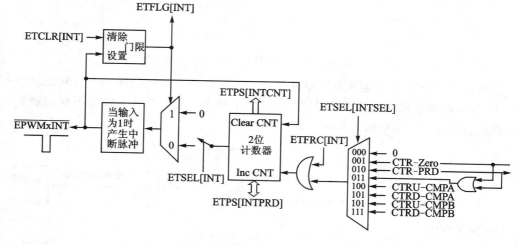

图 11-38　事件触发中断产生器

图 11-38 显示了事件触发中断产生逻辑。事件触发前分频寄存器(ETPS)的中断周期位(INTPRD)指定了产生一个中断脉冲所需要的事件数。可用的选择为：

● 不产生一个中断；

● 为每 1 个事件产生一个中断；

● 为每第 2 个事件产生一个中断；

● 为每第 3 个事件产生一个中断。

这些事件可以产生一个中断是由事件触发选择寄存器(ETSEL 2~0)的中断选择位(INTSEL)配置而决定。事件可以为下面的一种：

● 时基计数器(TBCTR)的值等于零，TBCTR＝0x0000；

● 时基计数器(TBCTR)的值等于周期值，TBCTR＝TBPRD；

● 时基计数器(TBCTR)的值等于零或周期值，TBCTR＝0x0000 ‖ TBCTR＝

TBPRD；

- 当时基计数器（TBCTR）的值增加时，时基计数器（TBCTR）的值等于计数比较 A 寄存器（CMPA）的值；
- 当时基计数器（TBCTR）的值减少时，时基计数器（TBCTR）的值等于计数比较 A 寄存器（CMPA）的值；
- 当时基计数器（TBCTR）的值增加时，时基计数器（TBCTR）的值等于计数比较 B 寄存器（CMPB）的值；
- 当时基计数器（TBCTR）的值减少时，时基计数器（TBCTR）的值等于计数比较 B 寄存器（CMPB）的值。

已经发生的事件数目可以从事件触发前分频寄存器（ETPS 3～2）的 INTCNT 位中读取。这就是，每一个确定的事件发生时，事件触发前分频寄存器（ETPS 3～2）的 INTCNT 位的数目值便增加，直到达到事件触发前分频寄存器（ETPS1～0）的 INTPRD 位所指定的事件数目。当事件触发前分频寄存器（ETPS）的位 INTCNT＝ETPS 的 INTPRD 位，事件触发前分频寄存器（ETPS）的 INTCNT 值表示有几个事件产生；事件触发前分频寄存器（ETPS）的 INTPRD 值表示第几个（编号的）事件产生。事件计数器停止计数。并且它的输出置位。仅当一个中断发往 PIE 时，事件计数器清零。

当事件触发前分频寄存器（ETPS 3～2）的 INTCNT 位达到事件触发前分频寄存器（ETPS1～0）的位 INTPRD 的值以下的行为将发生：

- 如果中断被使能，事件触发选择寄存器（ETSEL 3）：INTEN＝1，并且中断标志位已经清零，事件触发标志寄存器的（ETFLG 0）：INT＝0，此时一个中断脉冲产生，并且中断标志位置位，事件触发标志寄存器（ETFLG 0）：INT＝1，并且事件触发前分频寄存器（ETPS 3～2）的位 INTCNT 清零。事件计数器重新开始计数事件数。
- 如果中断被禁止，事件触发选择寄存器（ETSEL 3）：INTEN＝0；或者中断标志位置位，事件触发标志寄存器（ETFLG 0）：INT＝1，事件计数器停止计数当它达到事件触发前分频寄存器（ETPS）的 INTCNT 计数值＝INTPRD 周期值。
- 如果中断被使能，但是中断标志位仍然置位，事件计数器保持其输出高直到 ENTFLG 的 INT 标志位清零。这允许一个中断被挂起而另一个中断在执行。

写入事件触发前分频寄存器（ETPS）的 INTPRD 周期值将自动清零事件触发前分频寄存器（ETPS）的 INTCNT 值，并且事件计数器输出将重置，没有中断产生。向事件触发强制寄存器（ETFRC 0）的 INT 位写入 1，事件触发前分频寄存器（ETPS）的 INTCNT 位将增加。事件计数器将如以上介绍，当事件触发前分频寄存器（ETPS）的 INTCNT 值＝INTPRD 周期值时工作。当事件触发前分频寄存器（ETPS）的 INTPRD 周期值＝0，事件计数器被禁止，因此没有事件被检测到，并且事件触发强制寄存器（ETFRC 0）的 INT 位也被忽略。

以上的定义也就是可以为每个事件、每第2个事件，每第3个事件产生一个中断。每第4个或更多个的事件不能产生中断。

图11-39显示了事件触发启动A转换SOCA的脉冲发生情况。事件触发前分频寄存器（ETPS 11~10）的SOCACNT计数值与事件触发前分频寄存器（ETPS 9~8）的SOCAPRD周期值相同，其脉冲是连续的。当脉冲产生时，事件触发标志寄存器（ETFLG 2）的SOCA位置位，后续会有更多的脉冲产生。使能/禁止事件触发选择寄存器（ETSEL 11）的SOCAEN位控制脉冲的产生，但输入事件仍然能够计数直到达到中断产生的周期值。触发SOCA和SOCB的事件脉冲可在事件触发选择寄存器（ETSEL）的SOCASEL位/SOCBSEL位分别配置。中断指定事件来自数字比较（DC）模块的外加信号DCAEVT1. soc和DCBEVT1. soc。

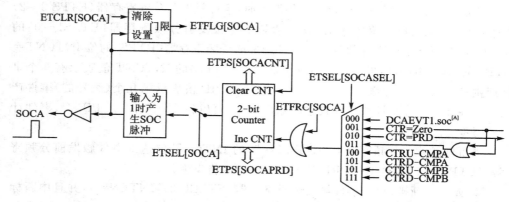

图11-39 事件触发触发SOCA脉冲发生器

图11-40显示了事件触发的启动B转换SOCB脉冲发生器操作。事件触发的SOCB脉冲发生器操作与SOCA相同。

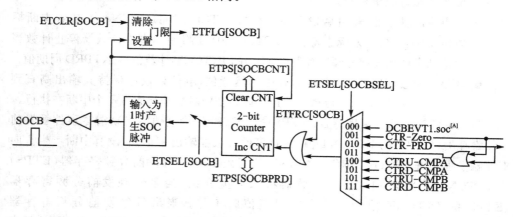

图11-40 事件触发触发SOCB脉冲发生器

11.12 数字比较模块

图 11-41 显示了数字比较(DC)模块同 ePWM 模块其他模块的接口。

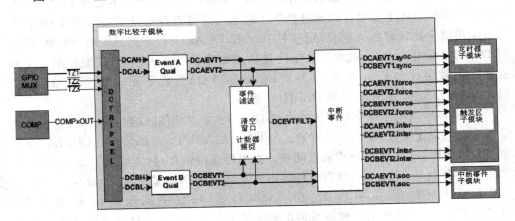

图 11-41 数字比较(DC)模块框图

数字比较(DC)模块比较 ePWM 模块的外部信号,比如,来自模拟比较器的COMPxOUT 信号直接产生 PWM 事件/操作反馈相关信号给事件触发(ET)、触发区(TZ)和时基(TB)模块。另外,清空消隐窗口功能也支持过滤 DC 触发信号的噪声或无用脉冲。

1. 数字比较(DC)模块的功能

数字比较(DC)模块的主要功能:

- 由模拟比较器(COMP)模块输出信号,即 $\overline{TZ1}$、$\overline{TZ2}$ 和 $\overline{TZ3}$ 输入产生数字比较输出 A 的高/低信号 DCAH、DCAL 和数字比较输出 B 的高/低信号 DCBH、DCBL。
- DCAH/DCAL 和 DCBH/DCBL 信号触发事件既可以被过滤或直接反馈给触发区、事件触发和时基(TB)模块:
  - 产生一个触发区中断;
  - 产生一个启动 ADC 转换;
  - 强制一个事件;
  - 产生一个事件来同步 ePWM 模块的时基计数器(TBCTR)。
- 事件过滤(清空消隐窗口逻辑)可以选择清空输入信号或去除干扰噪声。

2. 数字比较(DC)模块的寄存器

数字比较(DC)模块的操作通过表 11-1 中所列寄存器来控制。

3. 数字比较(DC)模块的操作要点

以下将介绍数字比较(DC)模块的操作和配置要点。

(1) 数字比较(DC)模块的事件

由图 11-41 可见:来自模拟比较器模块(COMP)的触发区输入信号$\overline{TZ1}$、$\overline{TZ2}$和 $\overline{TZ3}$和 COMPxOUT 信号可以通过数字比较触发选择寄存器(DCTRIPSEL)的位来选择给出数字比较输出 A 的高/低信号 DCAH/DCAL 和数字比较输出 B 的高/低信号 DCBH/DCBL。此时,触发区数字比较选择寄存器(TZDCSEL)的配置限定了所选择产生数字比较输出 A 事件 1/2(DCAEVT1/2)或数字比较输出 B 事件 1/2(DCBEVT1/2)的 DCAH/L 和 DCBH/L 信号。

$\overline{TZn}$信号,当用作一个数字比较事件 DCEVT 触发功能时,被当做一种常规输入信号并且可以定义其高/低电平有效。当$\overline{TZn}$、DCAEVTx 强制信号或 DCBEVTx 强制信号有效时,ePWM 输出将触发同步。如果要保持锁存,脉宽应大于 3 * TBCLK;如果脉宽小于 3 * TBCLK,触发条件将可能不会受到 CBC 或 OST 的锁存。

数字比较输出 A 事件 1/2(DCAEVT1/2)和数字比较输出 B 事件 1/2(DCBEVT1/2)可以作为一种过滤输出来提供一个数字比较事件过滤信号(DCEVT-FILT)或者旁路过滤器。不管是数字比较输出 A 事件 1/2(DCAEVT1/2)还是数字比较输出 B 事件 1/2(DCBEVT1/2)信号或数字比较事件过滤信号(DCEVTFILT)都将可以产生一个强制输出信号给触发区(TZ)模块、一个 TZ 中断、一个 ADC 启动转换,或一个 PWM 同步信号。

● 强制信号:数字比较输出 A 事件 1/2(DCAEVT1/2)强制信号强制触发区条件或者直接影响 ePWMxA 引脚的输出,通过触发区控制寄存器(TZCTL)的位 DCAEVT1,DCAEVT2 配置,或者如果数字比较输出 A 事件 1/2(DCAE-VT1/2)信号选择为单触发或周期触发源,通过触发区选择寄存器(TZSEL)的位 DCAEVT1/2 强制信号可以通过触发区控制寄存器(TZCTL 1~0)的位 TZA 配置来影响触发操作。数字比较输出 B 事件 1/2(DCBEVT1/2)强制信号操作类似,但是将影响 ePWMxB 引脚输出代替 ePWMxA 引脚输出。
触发区控制寄存器(TZCTL)冲突操作的优先级如下:
ePWMxA 输出:TZA(最高)->DCAEVT1->DCAEVT2(最低)
ePWMxB 输出:TZB(最高)->DCBEVT1->DCBEVT2(最低)

● 中断信号:数字比较输出 A 事件 1/2(DCAEVT1/2)中断信号产生触发区中断给 PIE。用户必须设置触发区中断使能寄存器(TZEINT)中的 DCAE-VT1、DCAEVT2、DCBEVT1 或 DCBEVT2 位来使能中断。一旦发生事件,ePWMxTZINT 中断就会触发,要清零中断必须设置触发区清零寄存器(TZ-CLR)中相关的位。

● soc 信号:DCAEVT1. soc 信号送入事件触发(ET)模块并通过事件触发选择寄存器(ETSEL 10~8)的 SOCASEL 位选择为一个事件并用来产生一个

ADCA 转换启动脉冲 SOCA。同样,DCBEVT1. soc 信号可以通过事件触发选择寄存器(ETSEL 14~12)的 SOCBSEL 位选择为一个事件并用来产生一个 ADCB 转换启动脉冲 SOCB。

● sync 信号:DCAEVT1. sync 和 DCBEVT1. sync 事件与 ePWMxSYNCI 输入信号以及时基控制寄存器(TBCTL 6)的 SWFSYNC 信号来产生一个同步脉冲送入时基计数器(TBCTR)。

图 11 - 42 和图 11 - 43 为 DCAEVT 1/2 事件触发。

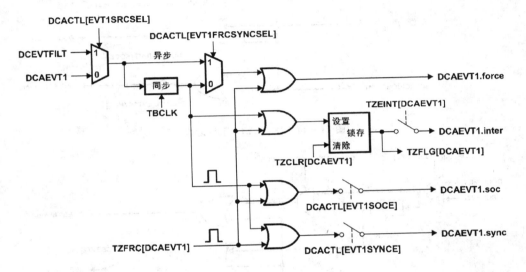

图 11 - 42   DCAEVT1 事件触发

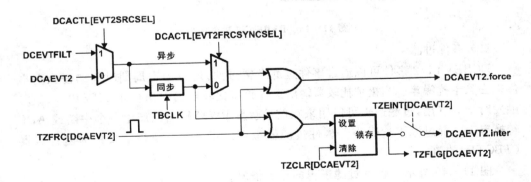

图 11 - 43   DCAEVT2 事件触发

图 11 - 44 和图 11 - 45 显示了数字比较输出 A 事件 1(DCAEVT1)、数字比较输出 A 事件 2(DCAEVT2)或 DCEVTFLT 信号怎样用来产生数字比较输出 A 的强制事件、中断、触发 soc 和 sync 同步信号。

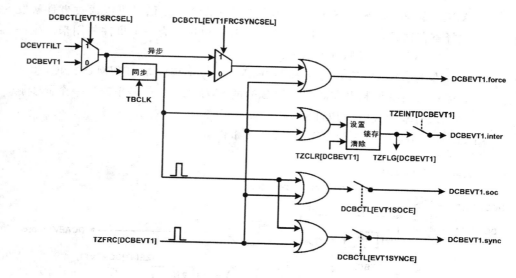

图 11 - 44　DCBEVT1 事件触发

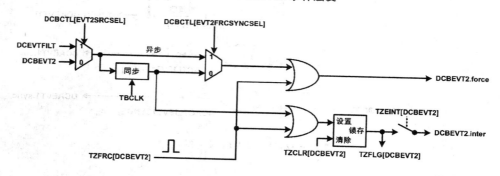

图 11 - 45　DVBEVT2 事件触发

（2）事件过滤

DCBEVT1/2 事件可以通过事件过滤逻辑过滤，通过固定周期时间的任意空事件来去除干扰噪声。当模拟比较器输出选择数字比较输出 B 事件 1/2（DCBEVT1/2）触发时十分有用，过滤逻辑可以用来在信号触发 PWM 输出或产生一个中断或 ADC 转换启动之前过滤干扰噪声。事件过滤器也可以用来捕获事件触发的时基计数器（TBCTR）的值。

图 11 - 46 显示了事件过滤逻辑的相关情况。

如果使能清空消隐逻辑，数字比较（DC）模块的事件中的一个 DCAEVT1、DCAEVT2、DCBEVT1、DCBEVT2 之一将选择为过滤功能。当事件发生时，过滤器用来过滤所有发生事件的清空消隐窗口，将连接到任一个 CTR＝PRD 的脉冲或者一个 CTR＝0 脉冲，通过数字比较滤波控制寄存器（DCFCTL）的 PULSESEL 位来配置。时基时钟（TBCLK）计数器的偏移量可编程到数字比较滤波偏移量寄存器

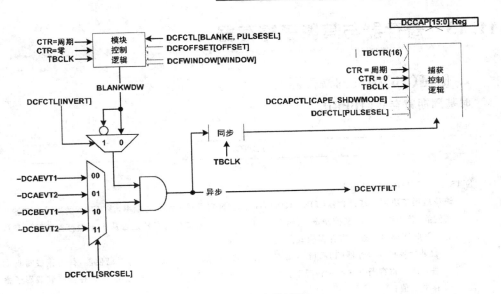

图 11-46　事件过滤

（DCFOFFSET），这决定了在 CTR=PRD 或 CTR=0 脉冲输入清空消隐窗口之后哪一点开始。在清空消隐窗口的持续期内，在偏移量寄存器装满后，其时基时钟（TBCLK）的总计数值通过应用程序写入到数字比较滤波窗口寄存器（DCFWINDOW）中。当清空消隐窗口时，所有的事件都无效，当清空消隐窗口，事件可以产生单通道单转换（SOC）信号、SYNC、中断和强制输出信号。

图 11-47 图示了在一个 ePWM 周期中给偏移量和清空消隐窗口几种时钟条件。注意：如果清空消隐窗口穿过了 CTR=0 或 CTR=PRD 的界限，下一个消隐窗口仍然在 CTR=0 或 CTR=PRD 脉冲之后以相同的值开始。

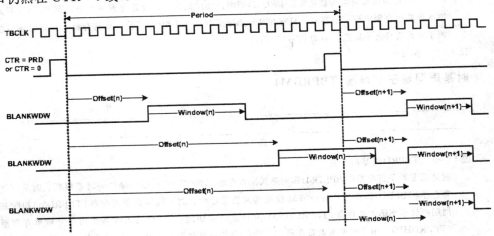

图 11-47　消隐窗口时序图

11.13　寄存器与其影子寄存器

1. 时基(TB)模块的寄存器组

时基周期寄存器(TBPRD)

15	0
TBPRD	
R/W - 0	

位 15~0　TBPRD:时基周期值

该位域用于决定时基计数器(TBCTR)的周期。通过它设置 PWM 的频率,该寄存器的影子寄存器模式使能/禁止取决于时基控制寄存器(TBCTL　3)的时基周期寄存器是否从影子寄存器装载。默认情况下此寄存器为影子寄存器模式。

* 如果时基控制寄存器(TBCTL 3)清零 PRLD=0,那么影子寄存器模式已使能,任何读或写自动进入影子寄存器。在此种情况下,当时基计数器(TBCTR)的值为 0 时,工作寄存器将装载影子寄存器的值;

* 如果时基控制寄存器(TBCTL3)置位(PRLD=1),那么影子寄存器模式禁止,任何读或写直接进入工作寄存器,也就是说该寄存器直接控制硬件;

* 工作寄存器和影子寄存器共享一个存储地址。

时基周期高分辨率寄存器(TBPRDHR)

15	8	7	0
TBPRDHR		保留	
R/W - 0		R - 0	

位 15~8　时基周期高分辨率值(TBPRDHR)

该位域包括周期值高分辨率部分,时基周期高分辨率寄存器(TBPRDHR)不受时基控制寄存器(TBCTL 3)的时基周期装载使能位 PRLD 影响。读取该寄存器通常会影响影子寄存器,同样写入该寄存器也会影响影子寄存器。只有在高分辨率周期特性使能时,才使用该寄存器。该寄存器只能用于支持高分辨率周期控制的 ePWM 模块。

位 7~0　保留位

时基周期影子寄存器(TBPRDM)

15	0
TBPRD	
R/W - 0	

位 15~0　TBPRD 时基周期值

时基周期影子寄存器(TBPRDM)和时基周期寄存器(TBPRD)都可以用来访问时基周期。时基周期寄存器(TBPRD)提供与早期 ePWM 模块的向后兼容性。时基周期影子寄存器(TBPRDM)和时基周期高分辨率影子寄存器(TBPRDHRM)允许在一次访问中 32 位写入时基周期高分辨率寄存器(TBPRDHR)。由于时基周期寄存器(TBPRD)存储在奇数地址位置,一个 32 位的写入是不可能的。默认情况下该寄存器是影子寄存器模式,不像时基周期寄存器(TBPRD),对时基周期影子寄存器

(TBPRDM)的读取总是返回工作寄存器的值。由时基控制寄存器(TBCTL3)的时基周期装载使能位 PRDLD 使能/禁止影子寄存器模式。

* 如果时基控制寄存器(TBCTL3)清零 PRDLD=0,那么影子寄存器模式使能,任何读或写自动进入影子寄存器。在此种情况下,当时基计数器(TBCTR)的值为 0 时,工作寄存器将装载影子寄存器的值,读操作返回实际值。
* 如果时基控制寄存器(TBCTL3)置位(PRDLD=1),那么影子寄存器模式禁止,任何写入该寄存器将直接进入到工作的硬件寄存器,读取返回的实际值。

时基周期高分辨率影子寄存器(TBPRDHRM)

15	8	7	0
TBPRDHR		保留	
R/W – 0		R – 0	

位 15～8　时基周期高分辨率位(TBPRDHR)

该位域包含周期值的高分辨率部分,时基周期寄存器(TBPRD)提供与早期 ePWM 模块的向后兼容性。时基周期影子寄存器(TBPRDM)和时基周期高分辨率影子寄存器(TBPRDHRM)允许在一次访问中 32 位写入时基周期高分辨率寄存器(TBPRDHR)。由于时基周期寄存器(TBPRD)存储在奇数地址位置,一个对时基周期寄存器(TBPRD)和时基周期高分辨率寄存器(TBPRDHR)的 32 位的写入是不可能的。时基周期高分辨率影子寄存器(TBPRDHRM)不受时基控制寄存器(TBCTL 3)的时基周期装载使能位 PRDLD 的影响。写入时基周期高分辨率寄存器(TBPRDHR)和时基周期影子寄存器(TBPRDM)地址访问时基周期值的高分辨率(低有效位)部分。唯一不同的是,不像时基周期高分辨率寄存器(TBPRDHR),对像时基周期高分辨率影子寄存器(TBPRDHRM)的读取是不确定的(针对 TI 测试保留)。时基周期高分辨率影子寄存器(TBPRDHRM)可用于支持高分辨率周期控制的 ePWM 模块可与它,并且只有在高分辨率周期特性使能时才可用。

位 7～0　保留位

该位域供 TI 测试用。

时基相位寄存器(TBPHS)

15	0
TBPHS	
R/W – 0	

位 15～0　TBPHS 时基相位值

该位域用于设置所选用的 ePWM 的时基计数器(TBCTR)相位与提供同步输入信号的时基计数器(TBCTR)的关系:

* 如果时基控制寄存器(TBCTL3)清零 PHSEN=0,则同步事件被忽略,时基计数器(TBCTR)不装载相位值;
* 如果时基控制寄存器(TBCTL3)置位 PHSEN=1,则当同步事件发生时,时基计数器(TBCTR)装载时基相位寄存器(TBPHS)的相位值。通过输入同步信号 ePWMxSYNCI 或软件强制同步,初始化同步事件。

时基相位高分辨率寄存器(TBPHSHR)

15	8	7	0
TBPHSHR		保留	
R/W – 0		R – 0	

位 15～8　时基相位高分辨率值(TBPRDHR)

位 7～0　保留位

时基计数器(TBCTR)

15		0
	TBCTR	
	R/W－0	

位 15～0　TBCTR 时基计数器(TBCTR)的值

读该位域给出时基计数器(TBCTR)的值,写该位域设置当前时基计数器(TBCTR)的值。只要写发生更新随着就发生;写入与时基时钟(TBCLK)不同步,并且寄存器也不是影子寄存器。

时基控制寄存器(TBCTL)

15	14	13	12			10 9		8
FREE, SOFT		PHSDIR	CLKDIV			HSPCLKDIV		
R/W－0		R/W－0	R/W－0			R/W－00		

7	6	5		4	3	2	1	0
HSPCLKDIV	SWFSYNC	SYNCOSEL			PRDLD	PHSEN	CTRMODE	
R/W－0	R/W－0	R/W－0			R/W－0	R/W－0	R/W－11	

位 15～14　仿真模式位(FREE、SOFT)

该位域用于选择 ePWM 时基控制寄存器在仿真事件期间的行为。

00　在下一个时基计数增或减时停止;

01　一个完整的计数周期完成时停止:

- 增计数模式:当时基计数器(TBCTR)的值等于周期值(TBCTR＝TBPRD)时停止;
- 减计数模式:当时基计数器(TBCTR)的值等于 0x0000(TBCTR＝0x0000)时停止;
- 增减计数模式:当时基计数器(TBCTR)的值等于 0x0000(TBCTR＝0x0000)时停止。

1X　自由运行。

位 13　相位方向位(PHSDIR)

只有在时基计数器(TBCTR)配置为增减计数模式时该位才被使用。该位标识了时基计数器(TBC-TR)在同步事件发生,并且从时基相位寄存器(TBPHS)装载一个新的相位值后的计数方向。不考虑同步事件发生前时基计数器(TBCTR)的计数方向。

在增计数模式和减计数模式时该位被忽略。

0　同步事件发生后为增计数;

1　同步事件发生后为减计数。

位 12～10　时基时钟前分频位(CLKDIV)

该位域用于设定时基时钟前分频值的一部分。

时基时钟 TBCLK＝SYSCLKOUT /(HSPCLKDIV×CLKDIV)

000　1(复位默认值);

001　2;

010　4;

011　8;

100　16;

101　32;

110　64；

111　128。

位 9～7　高速时基时钟前分频位（HSPCLKDIV）

该位域用于设定时基时钟前分频值的一部分。TBCLK＝SYSCLKOUT /（HSPCLKDIV×CLKDIV）

此公式仿校 281x 系统，用于外设事件管理 EV 时高速时钟 HSPCLK。

000　1；

001　2（复位默认值）；

010　4；

011　6；

100　8；

101　10；

110　12；

111　14。

位 6　软件强制同步脉冲位（SWFSYNC）

这个事件与 ePWM 模块的 ePWMxSYNCI 输入求或。只有当 ePWMxSYNCI 通过 SYNCOSEL＝00 被选择时，该位才有效。

0　写入 0 无效，读总是返回 0；

1　写入 1 强制产生一次同步脉冲。

位 5～4　同步输出选择位（SYNCOSEL）

该位域用于选择 ePWMxSYNCO 信号的来源。

00　ePWMxSYNC；

01　CTR＝0；时基计数器（TBCTR）的值为零，TBCTR＝0x0000；

10　CTR＝CMPB；时基计数器（TBCTR）的值等于计数比较 B 寄存器（CMPB）的值；

11　禁止 ePWMxSYNCO 信号。

位 3　PRDLD 时基周期装载使能位

该位用于选择时基周期寄存器是否从影子寄存器中装载

0　当时基计数器（TBCTR）＝0 时，时基周期寄存器（TBPRD）从影子寄存器中装载内容。对时基周期寄存器（TBPRD）的读写都将访问影子寄存器；

1　不使用影子寄存器直接装载时基周期寄存器（TBPRD），其读写直接访问时基周期寄存器（TB-PRD）。

位 2　PHSEN 相位装载使能位

该位用于使能计数寄存器从相位寄存器装载

0　时基计数器（TBCTR）不从周期寄存器中装载；

1　当 ePWMxSYNCI 输入信号产生或者 SWFSYNC 位强制产生软件同步或者数字比较同步事件发生时，时基计数器（TBCTR）从相位寄存器中装载。

位 1～0　计数模式位（CTRMODE）

时基计数器（TBCTR）模式通常只配置一次并且在正常运行时不会改变。如果改变计数模式，在下一个时基时钟（TBCLK）边沿到来时计数模式改变，而当前计数值的增加或减少与改变前的计数模式相同。

该位域用于设定时基计数器（TBCTR）的状态。

00　增计数模式；

01　减计数模式；

10　增减计数模式；

11　停止计数（复位默认值）。

时基状态寄存器（TBSTS）

15			3	2	1	0
	保留			CTRMAX	SSYNCI	CTRDIR
	R－0			R/W1C－0	R/W1C－0	R－0

位 15～3　保留位

位 2　时基计数器（TBCTR）最大锁存状态位（CTRMAX）

0　表示时基计数器（TBCTR）从未达到其最大值。写入 0 无效；

1　表示时基计数器（TBCTR）达到了其最大值 0xFFFF。写入 1 清零锁存事件。

位 1　输入同步锁存状态位（SYNCI）

0　表明没有外部同步事件发生；

1　表明有外部同步事件发生。写入 1 到该位将清零锁存事件。

位 0　时基计数器（TBCTR）方向状态位（CTRDIR）

复位后，计数器被冻结；因此，该位没有实际意义。使能该位，必须首先利用时基控制寄存器（TBCTL　1～0）的计数比较 A 寄存器（CMPA）的影子寄存器模式选择位（CTRMODE）来设置近似模式。

0　计数器当前减计数；

1　计数器当前增计数。

高分辨率周期控制寄存器（HRPCTL）

15		3	2	1	0
	保留		TBPHSHR 装载使能	保留	HRPE
	R－0		R/W－0	R－0	R/W－0

寄存器受 EALLOW 保护。该寄存器和类型 1 PWM 模块一起使用（支持高分辨周期）。

位 15～3　保留位

位 2　TBPHSHR 时基相位高分辨率装载使能位

该位允许 ePWM 模块，时基控制寄存器（TBCTL 6）的计数比较 B 寄存器（CMPB）操作模式 SWF-SYNC 位使高分辨率相位或数字比较 DC 的事件同步。允许多个的 ePWM 以相同的频率运行，相位与高分辨率对齐。时基控制寄存器（TBCTL　2）计数比较 B 寄存器（CMPB）影子寄存器模式选择 PHSEN 位，使能时基计数器（TBCTR）装载时基相位寄存器（TBPHS）的值，或时基控制寄存器（TBCTL　6）的 SWFSYNC 位事件分别工作。但是，如果用户想把控制相位和高分辨率周期功能结合起来，它们需要使能此位。

0　禁止 SYNCIN，时基控制寄存器（TBCTL　6）的 SWFSYNC 位使高分辨率相位或数字比较同步事件的同步。

1　使能 SYNCIN，时基控制寄存器（TBCTL　6）的 SWFSYNC 位使高分辨率相位或数字比较同步事件的同步。使用时基相位高分辨率寄存器（TBPHSHR）的值使相位同步。

当高分辨率周期使能增减计数模式时，即使时基相位高分辨率寄存器（TBPHSHR＝0x0000），该位和时基控制寄存器（TBCTL　2）的计数比较 B 寄存器（CMPB）影子寄存器模式选择位（PHSEN）也必须置 1。

位 1　保留位

位 0　高分辨率周期使能位（HRPE）

0　高分辨率周期功能禁止。在此种模式下的 ePWM 表现为一个类型 0 的 ePWM；

1　高分辨率周期功能使能。在此种模式下的高分辨率增强型脉宽调制（HRPWM）模块可以控制占空比和频率的高分辨率。当高分辨率周期使能时，时基控制寄存器（TBCTL　1～0）的的计数比较 A 寄存器（CMPA）的影子寄存器模式选择位（CTRMODE＝0），1 不支持（向下计数模式）。

2. 计数比较(CC)模块寄存器组

以下说明了计数器计数比较（CC）模块控制和状态寄存器。

计数比较 A 寄存器（CMPA）

15		0
	CMPA	
	R/W－0	

位 15～0　CMPA 比较计数 A 的值

工作的计数比较 A 寄存器（CMPA）的值不断与时基计数器（TBCTR）的值进行比较。当值相等时，计数器计数比较（CC）模块产生一个"时基计数器（TBCTR）的值等于计数比较 A 寄存器（CMPA）"事件。此事件被发送到操作限模块，在操作限定模块中该事件被限定并且装换成一个或多个行为。根据操作限定控制 A 寄存器（AQCTLA）和操作限定控制 B 寄存器（AQCTLB）的配置，这些行为应用于 ePWMxA 或 ePWMxB 输出。这些行为可以在操作限定控制 A 寄存器（AQCTLA）和操作限定控制 B 寄存器（AQCTLB）中被定义，包括：

- 什么也不做；该事件被忽略；
- 清零：将 ePWMxA 和/或 ePWMxB 信号拉低；
- 设置：将 ePWMxA 和/或 ePWMxB 信号拉高；
- 切换 ePWMxA 和/或 ePWMxB 信号；

由计数比较控制寄存器（CMPCTL　4）的计数比较 A 寄存器（CMPA）操作模式位（SHDWAMODE）使能/禁止该寄存器的影子寄存器模式。默认情况下此寄存器为影子寄存器模式。

- 如果计数比较控制寄存器（CMPCTL 4）的位 SHDWAMODE＝0，那么影子寄存器模式使能，任何写或读会自动转到影子寄存器。在此种情况下，计数比较控制寄存器（CMPCTL　1～0）的计数比较 A 寄存器（CMPA）的影子寄存器模式选择位（LOADAMODE）的位域字段确定哪个事件将从影子寄存器装载到工作寄存器；
- 写操作前，对计数比较控制寄存器（CMPCTL　8）的计数比较 A 寄存器（CMPA）的影子寄存器状态满标志位（SHDWAFULL）进行读操作，以确定影子寄存器目前是否已满；
- 如果计数比较控制寄存器（CMPCTL　4）的计数比较 A 寄存器（CMPA）操作模式位 SHD-WAMODE＝1，则影子寄存器被禁止，任何写或读将直接进入工作寄存器，也就是说寄存器直接控制硬件；
- 在这两种模式下，工作寄存器和影子寄存器共享相同的内存地址。

计数比较 B 寄存器（CMPB）

15		0
	CMPB	
	R/W－0	

位 15～0　CMPB 比较计数 B 寄存器的值

工作的计数比较 B 寄存器（CMPB）的值不断与时基计数器（TBCTR）的值进行比较。当值相等时，计数器计数比较(CC)模块产生一个"时基计数器(TBCTR)的值等于计数比较 B 寄存器(CMPB)的值"事件。此事件被发送到操作限定模块,在操作限定模块中该事件被限定并且装换成一个或多个行为。根据操作限定控制 A 寄存器(AQCTLA)和操作限定控制 B 寄存器(AQCTLB)的配置,这些行为应用于 ePWMxA 或 ePWMxB 输出。这些行为可以在操作限定控制 A 寄存器(AQCTLA)和操作限定控制 B 寄存器(AQCTLB)中被定义,包括:

- 什么也不做:该事件被忽略;
- 清零:将 ePWMxA 和/或 ePWMxB 信号拉低;
- 设置:将 ePWMxA 和/或 ePWMxB 信号拉高;
- 切换 ePWMxA 和/或 ePWMxB 信号。

由计数比较控制寄存器(CMPCTL 6)的计数比较 B 寄存器(CMPB)操作模式位(SHDWBMODE)使能/禁止该寄存器的影子寄存器模式。默认情况下此寄存器为影子寄存器模式。

- 如果计数比较控制寄存器(CMPCTL 6)的位 SHDWBMODE=0,那么影子寄存器模式使能,任何写或读会自动转到影子寄存器。在此种情况下,计数比较控制寄存器(CMPCTL 3～2)的计数比较 B 寄存器(CMPB)的影子寄存器模式选择位 LOADBMODE 确定哪个事件将从影子寄存器装载到工作寄存器;
- 写操作前,对计数比较控制寄存器(CMPCTL 9)的计数比较 B 寄存器(CMPB)的影子寄存器状态满标志位 SHDWBFULL 进行读操作,以确定影子寄存器目前是否已满;
- 如果计数比较控制寄存器(CMPCTL 6)的位 SHDWBMODE=1,则影子寄存器被禁止,任何写或读操作将直接进入工作寄存器,也就是说寄存器有效控制硬件;
- 在这两种模式下,工作寄存器和影子寄存器共享相同的内存地址。

计数比较控制寄存器(CMPCTL)

15						10	9		8
保留							SHDWBFULL		SHDWAFULL
R - 0							R - 0		R - 0

7	6	5	4	3	2	1	0
保留	SHDWBMODE	保留	SHDWAMODE	LOADBMODE		LOADAMODE	
R - 0	R/W - 0	R - 0	R/W - 0	R/W - 0		R/W - 0	

位 15～10　保留位

位 9　计数比较 B 寄存器(CMPB)的影子寄存器状态满标志位(SHDWBFULL)

　　　装载选通发生时,该位自动清零。

　　0　计数比较 B 寄存器(CMPB)的 FIFO 影子寄存器没有装满;

　　1　表明计数比较 B 寄存器(CMPB)的 FIFO 影子寄存器已满;CPU 写会覆盖当前影子寄存器的值。

位 8　计数比较 A 寄存器(CMPA)的影子寄存器状态满标志位(SHDWAFULL)

　　　32 位写入计数比较 A 寄存器(CMPA)时,该位被置位,计数比较 A 高分辨率寄存器(CMPAHR)或一个 16 写入 CMPA。一个 16 位写入计数比较 A 高分辨率寄存器(CMPAHR)不会影响该标志。装载选通发生时,该位自动清零。

　　0　计数比较 A 寄存器(CMPA)的 FIFO 影子寄存器没有装满;

　　1　表明计数比较 A 寄存器(CMPA)的 FIFO 影子寄存器已满;CPU 写会覆盖当前影子寄存器的值。

位 7　保留位

位 6　计数比较 B 寄存器(CMPB)操作模式位(SHDWBMODE)

0 选择为影子寄存器模式,作为双缓冲操作。所有的写操作通过 CPU 访问影子寄存器;

1 选择为立即模式,只有计数比较 B 寄存器(CMPB)被使用;所有写入和读取直接访问需要立即进行比较操作的工作寄存器。

位 5 保留位

位 4 计数比较 A 寄存器(CMPA)操作模式位(SHDWAMODE)

0 选择为影子寄存器模式,作为双缓冲操作。所有的写操作通过 CPU 访问影子寄存器;

1 选择为立即模式,只有计数比较 A 寄存器(CMPA)被使用,所有写入和读取直接访问需要立即进行比较操作的工作寄存器。

位 3~2 计数比较 B 寄存器(CMPB)影子寄存器模式选择位(LOADBMODE)。

立即模式时,如果计数比较控制寄存器(CMPCTL 6)的位 SHDWBMODE=1,则该位无效。

00 装载 CTR=0:时基计数器(TBCTR)的值等于零 TBCTR=0x0000;

01 装载 CTR=TBPRD:时基计数器(TBCTR)的值等于时基周期寄存器(TBPRD)的值 TBCTR=TBPRD;

10 装载 CTR=0 或 CTR=TBPRD;

11 冻结(无装载可能)。

位 1~0 计数比较 A 寄存器(CMPA)的影子寄存器模式选择位(LOADAMODE)

立即模式时,如果计数比较控制寄存器(CMPCTL 4)的位 SHDWAMODE=1,则该位无效。

00 装载 CTR=0:时基计数器(TBCTR)的值等于零 TBCTR=0x0000;

01 装载 CTR=PRD:时基计数器(TBCTR)的值等于时基周期寄存器(TBPRD)的值,即 TBCTR=TBPRD;

10 装载 CTR=0 或 CTR=PRD;

11 冻结(装载无效)。

计数比较 A 高分辨率寄存器(CMPAHR)

15	8	7	0
CMPAHR		保留	
R/W - 0		R - 0	

位 15~8 CMPAHR:包括计数比较 A 寄存器(CMPA)的值的高分辨率部分(低有效位)。计数比较 A 高分辨率寄存器(CMPAHR)可以被一个单精度 32 位的读/写访问。计数比较控制寄存器(CMPCTL)的位 SHDWAMODE 决定影子寄存器模式的使能/禁止。

位 7~0 保留位

计数比较 A 影子寄存器(CMPAM)

15	0
CMPA	
R/W - 0	

位 15~0 CMPA 计数比较 A 的值

计数比较 A 寄存器(CMPA)和计数比较 A 影子寄存器(CMPAM)都可用来访问计数比较 A 寄存器(CMPA)的值。唯一的差别是影子寄存器总是读回有效值。默认写入该寄存器是影子寄存器模式。不像计数比较 A 寄存器(CMPA),读取 CMPAM 总是返回工作寄存器的值。计数比较控制寄存器(CMPCTL4)计数比较 A 寄存器(CMPA)操作模式位(SHDWAMODE)使能/禁止影子寄存器模式:

- 如果计数比较控制寄存器(CMPCTL 4)的位 SHDWAMODE=0,那么影子寄存器模式使能,任何写操作会自动进入影子寄存器。所有的读操作都将反映工作寄存器的值。在此种情况下,计数比较控制寄存器(CMPCTL 1~0)的位 LOADAMODE 字段决定哪个事件从影子寄存器装载到工作寄存器;

- 在写操作之前,对计数比较控制寄存器(CMPCTL 8)的计数比较 A 寄存器(CMPA)的影子寄存器状态满标志位(SHDWAFULL)进行读操作,以确定影子寄存器目前是否满;
- 如果计数比较控制寄存器(CMPCTL 4)的位 SHDWAMODE=1,则影子寄存器被禁止,任何写或读操作将直接进入工作寄存器,也就是说寄存器有效控制硬件。

计数比较 A 高分辨率影子寄存器(CMPAHRM)

15	8	7	0
CMPAHR		保留	
R/W – 0		R – 0	

位 15~8　计数比较 A 高分辨率值(CMPAHR)

写入计数比较 A 高分辨率寄存器(CMPAHR),同时写入计数比较 A 高分辨率影子寄存器(CMPAHRM),可以访问计数比较 A 寄存器(CMPA)的值的高分辨率部分。访问计数比较 A 高分辨率影子寄存器(CMPAHRM)的读取是不确定的(保留供 TI 测试用)。默认的写入该寄存器的是影子寄存器。计数比较控制寄存器(CMPCTL 4)的计数比较 A 寄存器(CMPA)操作模式位 SHDWAMODE 使能/禁止影子寄存器模式。

位 7~0　保留位

3. 操作限定(AQ)模块寄存器组

以下提供了操作限定(AQ)模块寄存器的定义。

操作限定(AQ)模块输出 A 控制寄存器(AQCTLA)

15		12	11		10	9		8
保留			CBD			CBU		
R – 0			R/W – 0			R/W – 0		

7	6	5		4	3		2	1		0
CAD		CAU			PRD			ZRO		
R/W – 0		R/W – 0			R/W – 0			R/W – 0		

位 15~12　保留位

位 11~10　CBD

当时基计数器(TBCTR)的值等于计数比较 B 寄存器(CMPB)的值,且计数器在做减计数时有效。

00　不操作(无效);

01　清零:强制 ePWMxA 输出低电平;

10　设置:强制 ePWMxA 输出高电平;

11　触发 ePWMxA 输出:低输出信号将会被强制为高电平,且一个高信号会被强制为低电平。

位 9~8　CBU

当时基计数器(TBCTR)的值等于计数比较 B 寄存器(CMPB)的值,且计数器在做增计数时有效。

00　不操作(无效);

01　清零:强制 ePWMxA 输出低电平;

10　设置:强制 ePWMxA 输出高电平;

11　触发 ePWMxA 输出:低输出信号将会被强制为高电平,且一个高信号会被强制为低电平。

位 7~6　CAD

当时基计数器(TBCTR)的值等于计数比较 A 寄存器(CMPA)的值,且计数器在做减计数时有效。

00　不操作(无效);

01　清零:强制 ePWMxA 输出低电平;

10　设置:强制 ePWMxA 输出高电平;

11　触发 ePWMxA 输出:低输出信号将会被强制为高电平,且一个高信号会被强制为低电平。

位 5~4　CAU

当时基计数器(TBCTR)的值等于计数比较 A 寄存器(CMPA)的值,且计数器在做增计数时有效。

00　不操作(无效);

01　清零:强制 ePWMxA 输出低电平;

10　设置:强制 ePWMxA 输出高电平;

11　触发 ePWMxA 输出:低输出信号将会被强制为高电平,且一个高信号会被强制为低电平。

位 3~2　PRD

当计数器的值等于周期值时操作。

00　不操作(无效);

01　清零:强制 ePWMxA 输出低电平;

10　设置:强制 ePWMxA 输出高电平;

11　触发 ePWMxA 输出:低输出信号将会被强制为高电平,且一个高信号会被强制为低电平。

位 1~0　ZRO

当计数器的值等于零时操作。

00　不操作(无效);

01　清零:强制 ePWMxA 输出低电平;

10　设置:强制 ePWMxA 输出高电平;

11　触发 ePWMxA 输出:低输出信号将会被强制为高电平,且一个高信号会被强制为低电平。

操作限定(AQ)模块输出 B 控制寄存器(AQCTLB)

15			12	11		10	9	8
保留				CBD			CBU	
R - 0				R/W - 0			R/W - 0	

7		6	5		4	3		2	1		0
CAD			CAU			PRD			ZRO		
R/W - 0			R/W - 0			R/W - 0			R/W - 0		

位 15~12　保留位

位 11~10　CBD

当时基计数器(TBCTR)的值等于计数比较 B 寄存器(CMPB)的值,且计数器在做减计数时有效。

00　不操作(无效);

01　清零:强制 ePWMxB 输出低电平;

10　设置:强制 ePWMxB 输出高电平;

11　触发 ePWMxB 输出:低输出信号将会被强制为高电平,且一个高信号会被强制为低电平。

位 9~8　CBU

当时基计数器(TBCTR)的值等于计数比较 B 寄存器(CMPB)的值,且计数器在做增计数时有效。

00   不操作(无效);

01   清零:强制 ePWMxB 输出低电平;

10   设置:强制 ePWMxB 输出高电平;

11   触发 ePWMxB 输出:低输出信号将会被强制为高电平,且一个高信号会被强制为低电平。

位 7~6   CAD

当时基计数器(TBCTR)的值等于计数比较 A 寄存器(CMPA)的值,且计数器在做减计数时有效。

00   不操作(无效);

01   清零:强制 ePWMxB 输出低电平;

10   设置:强制 ePWMxB 输出高电平;

11   触发 ePWMxB 输出:低输出信号将会被强制为高电平,且一个高信号会被强制为低电平。

位 5~4   CAU

当时基计数器(TBCTR)的值等于计数比较 A 寄存器(CMPA)的值,且计数器在增计数时有效。

00   不操作(无效);

01   清零:强制 ePWMxB 输出低电平;

10   设置:强制 ePWMxB 输出高电平;

11   触发 ePWMxB 输出:低输出信号将会被强制为高电平,且一个高信号会被强制为低电平。

位 3~2   PRD

当计数器的值等于周期值时操作。

00   不操作(无效);

01   清零:强制 ePWMxB 输出低电平;

10   设置:强制 ePWMxB 输出高电平;

11   触发 ePWMxB 输出:低输出信号将会被强制为高电平,且一个高信号会被强制为低电平。

位 1~0   ZRO

当计数器的值等于零时操作。

00   不操作(无效);

01   清零:强制 ePWMxB 输出低电平;

10   设置:强制 ePWMxB 输出高电平;

11   触发 ePWMxB 输出:低输出信号将会被强制为高电平,且一个高信号会被强制为低电平。

操作限定软件强制寄存器(AQSFRC)

15		8	7	6	5	4	3	2	1	0
保留			RLDCSF		OTSFB	ACTSFB		OTSFA		ACTSFA
R - 0			R/W - 0		R/W - 0	R/W - 0		R/W - 0		R/W - 0

位 15~8   保留位

位 7~6   RLDCSF

操作限定软件连续强制控制寄存器(AQCSFRC)作为工作寄存器从影子寄存器中重装载。

00   重装载事件计数器的值为 0;

01   重装载事件计数器的值为周期值;

10   重装载事件计数器的值为 0 或为周期值;

11   立即装载(CPU 直接访问工作寄存器,而不是从影子寄存器中装载)。

位 5   OTSFB

软件强制输出 B 上发生单次事件。

0　写入 0 无效,读出值为 0。一旦写寄存器完,该位会自动清零,即强制初始化事件,这是首脉冲强制事件,在输出 B 的另一序列的事件可以使其无效;

1　初始化单个软件强制事件。

位 4～3　ACTSFB

当单次软件强制输出 B 事件将激活操作。

00　不操作(无效);

01　清零(低电平);

10　置位(高电平);

11　触发(由高变低或由低变高)。

位 2　OTSFA

软件强制输出 A 上发生单次事件。

0　写入 0 无效,读出值为 0。一旦写寄存器完成,该位会自动清零,即强制初始化事件;

1　初始化单个软件强制事件。

位 1～0　ACTSFA

当单次软件强制输出 A 事件将激活操作。

00　不操作;

01　清零(低电平);

10　置位(高电平);

11　触发(由高变低或由低变高)。

操作限定软件连续强制控制寄存器(AQCSFRC)

15	4	3	2	1	0
保留		CSFB		CSFA	
R - 0		R/W - 0		R/W - 0	

位 15～4　保留位

位 3～2　CSFB

在输出 B 上软件连续强制。当为立即模式,在下一个时基时钟(TBCLK)沿到来时连续强制操作;当为影子寄存器模式,影子寄存器的值装载到工作寄存器后,在下一个时基时钟(TBCLK)沿到来时连续强制操作。

00　强制禁止,即无效;

01　强制在输出 B 上输出连续低电平;

10　强制在输出 B 上输出连续高电平;

11　软件强制禁止无效。

位 1～0　CSFA

在输出 A 上软件连续强制,当为立即模式,在下一个时基时钟(TBCLK)沿到来时连续强制操作;当为影子寄存器模式,影子寄存器的值装载到工作寄存器后,在下一个时基时钟(TBCLK)沿到来时连续强制操作。

00　强制禁止,即无效;

01　强制在输出 A 上输出连续低电平;

10　强制在输出 A 上输出连续高电平;

11　软件强制禁止无效。

4. 死区(DB)模块的寄存器组

死区(DB)模块的寄存器定义如下：

死区控制寄存器(DBCTL)

15	14	6	5		4	3		2	1	0
HALFCYCLE	保留		IN_MODE			POLSEL			OUT_MODE	
R/W－0	R－0		R/W－0			R/W－0			R/W－0	

位 15　半周期时钟使能位(HALFCYCLE)

　　0　使能全周时钟，死区计数器以时基时钟(TBCLK)的速率计数；

　　1　使能半周时钟，死区计数器以时基时钟(TBCLK)*2 的速率计数。

位 14～6　保留位

位 5～4　死区输入模式控制位(IN_MODE)

　　位 5 控制 S5 开关；位 4 控制 S4 开关。这使得可以选择上升沿或者下降沿延时的输入源。

　　00　ePWMxA 输入是上升沿和下降沿两者都延时；

　　01　ePWMxB 输入是上升沿延时，ePWMxA 输入是下降沿延时；

　　10　ePWMxA 输入是上升沿延时，ePWMxB 输入是下降沿延时；

　　11　ePWMxB 输入是上升沿和下降沿都延时。

位 3～2　极性选择控制位(POLSEL)

　　位 3 控制 S3 开关；位 2 控制 S2 开关。这使得可以在向死区(DB)模块发出延时信号之前，可选择翻转其中一个延时信号。下面介绍的是针对典型的数字电动控制逆变桥的上桥臂或下桥臂开关控制。如果死区控制寄存器(DBCTL 1～0、5～4)的位 OUT_MODE＝11；IN_MODE＝00。

　　00　高电平有效模式。ePWMxA 和 ePWMxB 都不翻转；

　　01　互补模式低电平有效，ePWMxA 会翻转；

　　10　互补模式高电平有效，ePWMxB 会翻转；

　　11　低电平有效模式。ePWMxA 和 ePWMxB 都翻转。

位 1～0　死区输出模式控制位(OUT_MODE)

　　位 1 控制 S1 开关；位 0 控制 S0 开关。这使得用户可以有选择地使能或者通过上升沿和下降沿生成死区。

　　00　为两路输出信号产生死区。在此种模式中，来自于操作限定(AQ)模块的 ePWMxA 和 ePWMxB 的输出信号会直接传给斩波(PC)模块。该模式下(DBCTL 3～2)极性选择控制位(POLSEL)和(DBCTL 5～4)死区输入模式控制位(IN_MODE)将无效；

　　01　禁止上升沿延时。来自于操作限定(AQ)模块的 ePWMxA 的信号会直接传给斩波(PC)模块的 ePWMxA 输入；

　　10　在 ePWMxB 输出上可以观察到上升沿延时。延时输入信号由(DBCTL 5～4)死区输入模式控制位(IN_MODE)确定；

　　11　用于 ePWMxA 输出上升沿延时和 ePWMxB 输出下降沿延时信号的死区，全使能延时输入信号由(DBCTL 5～4)死区输入模式控制位 IN_MODE 确定。

死区上升沿延时寄存器(DBRED)

15		10	9		0
保留			DEL		
R－0			R/W－0		

位 15～10　保留位

位 9～0　DEL：上升沿延时值，10 位计数器。

死区下降沿延时寄存器(DBFED)

15　　　　　　　　　　　　　　　10	9　　　　　　　　　　　　　　　　0
保留	DEL
R－0	R/W－0

位 15～10　保留位

位 9～0　DEL 死区下降沿延时时间值

　　　　该位域用于下降沿延时计数，计数器为 10 位。

斩波控制寄存器(PCCTL)

15　　　　　　　　　　　　　　11	10　　　　8
保留	CHPDUTY
R－0	R/W－0

7　　　　　　　　　5	4　　　　　1	0
CHPFREQ	OSHTWTH	CHPEN
R/W－0	R/W－0	R/W－0

位 15～11　保留位

位 10～8　斩波时钟占空比位(CHPDUTY)

　　000　占空比　1/8(12.5%)；

　　001　占空比　2/8(25.0%)；

　　010　占空比　3/8(37.5%)；

　　011　占空比　4/8(50.0%)；

　　100　占空比　5/8(62.5%)；

　　101　占空比　6/8(75.0%)；

　　110　占空比　7/8(87.5%)；

　　111　保留。

位 7～5　斩波时钟频率位(CHPFREQ)

　　000　除以 1(无前分频，在 100MHz SYSCLKOUT 时，为 12.5 MHz)；

　　001　除以 2(6.25 MHz，在 100 MHz SYSCLKOUT 时)；

　　010　除以 3(4.16 MHz，在 100 MHz SYSCLKOUT 时)；

　　011　除以 4(3.12 MHz，在 100 MHz SYSCLKOUT 时)；

　　100　除以 5(2.50 MHz，在 100 MHz SYSCLKOUT 时)；

　　101　除以 6(2.08 MHz，在 100 MHz SYSCLKOUT 时)；

　　110　除以 7(1.78 MHz，在 100 MHz SYSCLKOUT 时)；

　　111　除以 8(1.56 MHz，在 100 MHz SYSCLKOUT 时)。

位 4～1　首脉冲宽度(One-Shot Pulse Width)OSHTWTH

　　当系统时针 SYSCLKOUT 信号为 100 MHz 时：

　　0000　1 × SYSCLKOUT / 8(＝80 ns)；

　　0001　2 × SYSCLKOUT / 8(＝160 ns)；

　　0010　3 × SYSCLKOUT / 8(＝240 ns)；

0011　4 × SYSCLKOUT / 8(=320 ns);

0100　5 × SYSCLKOUT / 8(=400 ns);

0101　6 × SYSCLKOUT / 8(=480 ns);

0110　7 × SYSCLKOUT / 8(=560 ns);

0111　8 × SYSCLKOUT / 8(=640 ns);

1000　9 × SYSCLKOUT / 8(=720 ns);

1001　10 × SYSCLKOUT / 8(=800 ns);

1010　11 × SYSCLKOUT / 8(=880 ns);

1011　12 × SYSCLKOUT / 8(=960 ns);

1100　13 × SYSCLKOUT / 8(=1040 ns);

1101　14 × SYSCLKOUT / 8(=1120 ns);

1110　15 × SYSCLKOUT / 8(=1200 ns);

1111　16 × SYSCLKOUT / 8(=1280 ns)。

位 0　脉宽调制斩波器使能位(CHPEN)

　　0　禁止(旁路)斩波器;

　　1　使能斩波器。

5. 触发区(TZ)模块的寄存器组

触发区选择寄存器(TZSEL)

使能/禁止单触发 OSHT。当任何一个使能引脚变成低电平时,这个 ePWM 模块将产生一个单次触发事件。当事件发生后,触发区控制寄存器(TZCTL)所定义的操作在 ePWMxA 和 ePWMxB 输出端发生。单次触发条件被锁定直到用户通过触发区控制寄存器(TZCTL)清零触发条件。

15	14	13	12	11	10	9	8
DCBEVT1	DCAEVT1	OSHT6	OSHT5	OSHT4	OSHT3	OSHT2	OSHT1
R – 0	R – 0	R/W – 0	R/W – 0	R/W – 0	R/W – 0	R/W – 0	R/W – 0

7	6	5	4	3	2	1	0
DCBEVT2	DCAEVT2	CBC6	CBC5	CBC4	CBC3	CBC2	CBC1
R – 0	R/W – 0	R/W – 0	R/W – 0	R/W – 0	R/W – 0	R/W – 0	R/W – 0

位 15　数字比较输出 B 事件选择位(DCBEVT1)

　　0　禁止该作为 ePWM 模块的单次触发源;

　　1　使能该作为 ePWM 模块的单次触发源。

位 14　数字比较输出 A 事件选择(DCAEVT1)

　　0　禁止该作为 ePWM 模块的单次触发源;

　　1　使能该作为 ePWM 模块的单次触发源。

位 13　触发区引脚 6($\overline{TZ6}$)选择位(OSHT6)

　　0　禁止 $\overline{TZ6}$ 作为这个 ePWM 模块的一个单次触发源;

　　1　使能 $\overline{TZ6}$ 作为这个 ePWM 模块的一个单次触发源。

位 12　触发区 5($\overline{TZ5}$)选择位(OSHT5)

　　0　禁止 $\overline{TZ5}$ 作为这个 ePWM 模块的一个单次触发源;

　　1　使能 $\overline{TZ5}$ 作为这个 ePWM 模块的一个单次触发源。

位 11　触发区 4($\overline{TZ4}$)选择位(OSHT4)

　　0　禁止$\overline{TZ4}$作为这个 ePWM 模块的一个单次触发源;

　　1　使能$\overline{TZ4}$作为这个 ePWM 模块的一个单次触发源。

位 10　触发区 3($\overline{TZ3}$)选择位(OSHT3)

　　0　禁止$\overline{TZ3}$作为这个 ePWM 模块的一个单次触发源;

　　1　使能$\overline{TZ3}$作为这个 ePWM 模块的一个单次触发源。

位 9　触发区 2($\overline{TZ2}$)选择位(OSHT2)

　　0　禁止$\overline{TZ2}$作为这个 ePWM 模块的一个单次触发源;

　　1　使能$\overline{TZ2}$作为这个 ePWM 模块的一个单次触发源。

位 8　触发区 1($\overline{TZ1}$)选择位(OSHT1)

　　0　禁止$\overline{TZ1}$作为这个 ePWM 模块的一个单次触发源;

　　1　使能$\overline{TZ1}$作为这个 ePWM 模块的一个单次触发源。

回环(Cycle－by－Cycle,CBC)触发区使能/禁止。当任何一个使能引脚变成低电平时,这个 ePWM 模块将产生一个回环触发事件。当事件发生后,ePWMxA 和 ePWMxB 的输出将采取触发区控制寄存器(TZCTL)定义的操作。当时基计数器(TBCTR)的值为零时,回环触发条件将自动清零。

位 7　数字比较输出 B 事件 2 选择位(DCBEVT2)

　　0　禁止该作为这个 ePWM 模块的回环触发源;

　　1　使能该作为这个 ePWM 模块的回环触发源。

位 6　数字比较输出 A 事件 2 选择(DCAEVT2)

　　0　禁止该作为这个 ePWM 模块的回环触发源;

　　1　使能该作为这个 ePWM 模块的回环触发源。

位 5　触发区 6($\overline{TZ6}$)选择位(CBC6)

　　0　禁止$\overline{TZ6}$作为这个 ePWM 模块的一个回环触发源;

　　1　使能$\overline{TZ5}$作为这个 ePWM 模块的一个回环触发源。

位 4　触发区 5($\overline{TZ5}$)选择位(CBC5)

　　0　禁止$\overline{TZ5}$作为这个 ePWM 模块的一个回环触发源;

　　1　使能$\overline{TZ5}$作为这个 ePWM 模块的一个回环触发源。

位 3　触发区 4($\overline{TZ4}$)选择位(CBC4)

　　0　禁止$\overline{TZ4}$作为这个 ePWM 模块的一个回环触发源;

　　1　使能$\overline{TZ4}$作为这个 ePWM 模块的一个回环触发源。

位 2　触发区 3($\overline{TZ3}$)选择位(CBC3)

　　0　禁止$\overline{TZ3}$作为这个 ePWM 模块的一个回环触发源;

　　1　使能$\overline{TZ3}$作为这个 ePWM 模块的一个回环触发源。

位 1　触发区 2($\overline{TZ2}$)选择位(CBC6)

　　0　禁止$\overline{TZ2}$作为这个 ePWM 模块的一个回环触发源;

　　1　使能$\overline{TZ2}$作为这个 ePWM 模块的一个回环触发源。

位 0　触发区 1($\overline{TZ1}$)选择位(CBC1)

　　0　禁止$\overline{TZ1}$作为这个 ePWM 模块的一个回环触发源;

　　1　使能$\overline{TZ1}$作为这个 ePWM 模块的一个回环触发源。

32位数字信号控制器原理及应用

触发区控制寄存器（TZCTL）

15			12	11			10	9			8
保留				DCBEVT2				DCBEVT1			
R - 0				R/W - 0				R/W - 0			

7		6	5			4	3		2	1		0
DCAEVT2			DCAEVT1				TZB			TZA		
R/W - 0			R/W - 0				R/W - 0			R/W - 0		

位 15～12　保留位

位 11～10　ePWMxB 上的数字比较输出 B 事件 2 操作位（DCBEVT2）

　　　00　高阻（ePWMxB 处于高阻态）；

　　　01　强制 ePWMxB 为高；

　　　10　强制 ePWMxB 为低；

　　　11　什么都不做，禁止触发。

位 9～8　ePWMxB 上的数字比较输出 B 事件 1 操作位（DCBEVT1）

　　　00　高阻（ePWMxB 处于高阻态）；

　　　01　强制 ePWMxB 为高；

　　　10　强制 ePWMxB 为低；

　　　11　什么都不做，禁止触发。

位 7～6　ePWMxA 上的数字比较输出 A 事件 2 操作位（DCAEVT2）

　　　00　高阻（ePWMxA 处于高阻态）；

　　　01　强制 ePWMxA 为高；

　　　10　强制 ePWMxA 为低；

　　　11　什么都不做，禁止触发。

位 5～4　ePWMxA 上的数字比较输出 A 事件 1 操作位（DCAEVT1）

　　　00　高阻（ePWMxA 处于高阻态）；

　　　01　强制 ePWMxA 为高；

　　　10　强制 ePWMxA 为低；

　　　11　什么都不做，禁止触发。

位 3～2　TZB

　　　当一个触发事件产生时，ePWMxB 输出将产生下面的操作。能产生触发事件的触发区引脚在触发区选择寄存器（TZSEL）中定义。

　　　00　高阻（ePWMxB 处于高阻态）；

　　　01　强制 ePWMxB 为高；

　　　10　强制 ePWMxB 为低；

　　　11　什么都不做，禁止触发。

位 1～0　TZA

　　　当一个触发事件产生时，ePWMxA 输出将产生下面的操作。能产生触发事件的触发区引脚在触发区选择寄存器（TZSEL）中定义。

　　　00　高阻 ePWMxA 处于高阻态；

　　　01　强制 ePWMxA 为高；

　　　10　强制 ePWMxA 为低；

　　　11　什么都不做，禁止触发。

触发区中断使能寄存器(TZEINT)

15							8
保留							
R-0							

7	6	5	4	3	2	1	0
保留	DCBEVT2	DCBEVT1	DCAEVT2	DCAEVT1	OST	CBC	保留
R-0	R/W-0	R/W-0	R/W-0	R/W-0	R/W-0	R/W-0	R-0

位 15～7　保留位

位 6　数字比较输出 B 事件 2 中断使能位(DCBEVT2)

　　0　禁止中断;

　　1　使能中断。

位 5　数字比较输出 B 事件 1 中断使能位(DCBEVT1)

　　0　禁止中断;

　　1　使能中断。

位 4　数字比较输出 A 事件 2 中断使能位(DCAEVT2)

　　0　禁止中断;

　　1　使能中断。

位 3　数字比较输出 A 事件 1 中断使能位(DCAEVT1)

　　0　禁止中断;

　　1　使能中断。

位 2　触发区单次中断使能位(OST)

　　0　禁止单次中断产生;

　　1　使能中断产生,一个单次触发事件将引起一个 ePWMx_TZINT PIE 中断

位 1　使能触发回环中断位(CBC)

　　0　禁止回环中断产生;

　　1　使能中断产生,一个回环触发事件将引起一个 ePWMx_TZINT PIE 中断

位 0　保留位

触发区标志寄存器(TZFLG)

15	7	6	5	4	3	2	1	0
保留		DCBEVT2	DCBEVT1	DCAEVT2	DCAEVT1	OST	CBC	INT
R-0		R-0	R-0	R-0	R-0	R-0	R-0	R-0

位 15～7　保留位

位 6　数字比较输出 B 事件 2 锁存状态标志位(DCBEVT2)

　　0　该位用于表示没有触发事件产生;

　　1　该位用于表示一个被定义为 DCBEVT2 的触发事件已经产生。

位 5　数字比较输出 B 事件 1 锁存状态标志位(DCBEVT1)

　　0　该位用于表示没有触发事件产生;

　　1　该位用于表示一个被定义为 DCBEVT1 的触发事件已经产生。

位 4　数字比较输出 A 事件 2 锁存状态标志位(DCAEVT2)

　　0　该位用于表示没有触发事件产生

259

1　该位用于表示一个被定义为 DCAEVT2 的触发事件已经产生。

位 3　数字比较输出 A 事件 1 锁存状态标志位(DCAEVT1)

0　该位用于表示没有触发事件产生；

1　该位用于表示一个被定义为 DCAEVT1 的触发事件已经产生。

位 2　单次触发事件锁存状态标志位(OST)

0　该位用于表示没有单次触发事件产生；

1　该位用于表示在一个被选择作为单次触发源的引脚上产生了一个触发事件。

通过往触发区清零寄存器(TZCLR)写入合适的值可以清零该位。

位 1　回环触发事件锁存状态标志位(CBC)

0　该位用于表示没有回环触发事件产生；

1　该位用于表示信号中被选作回环触发源的触发事件产生。触发区标志寄存器(TZFLG 1)的 CBC 位仍然被置位直到用户手动复位。如果当 CBC 位复位时连环触发事件仍然存在，CBC 位又会马上置位。当 ePWM 模块的时基计数器(TBCTR)的值为零 TBCTR＝0x0000 同时触发条件不再存在时，这个信号的特殊条件将被自动清零。当 TBCTR＝0x0000 时，无论回环标志是否清零，信号条件将被清零。向触发区清零寄存器(TZCLR)写入合适的值清零该位。

位 0　触发中断锁存状态锁存标志(INT)

0　该位用于表示没有中断产生；

1　该位用于表示由于一个触发条件产生了一个 ePWMx_TZINT PIE 中断。

该位被复位之前不会再有新的 ePWMx_TZINT PIE 中断产生。当置位 CBC 或 OST 时，如果中断标志位被复位，那么另一个中断脉冲将会产生。清零所有的标志位将阻止中断继续产生。给触发区清零寄存器(TZCLR)写入合适的值将使该位复位。

触发区清零寄存器(TZCLR)

15	7	6	5	4	3	2	1	0
保留		DCBEVT2	DCBEVT1	DCAEVT2	DCAEVT1	OST	CBC	INT
R－0		R/W1C－0	R/W1C－0	R/W1C－0	R/W1C－0	R/W－0	R/W－0	R/W－0

位 15～7　保留位

位 6　DCBEVT2 清零数字比较输出 B 事件 2 的标志位

0　写入无效，读出值为 0；

1　清零 DCBEVT2 事件触发条件。

位 5　DCBEVT1 清零数字比较输出 B 事件 1 的标志位

0　写入无效，读出值为 0；

1　清零 DCBEVT1 事件触发条件。

位 4　DCAEVT2 清零数字比较输出 A 事件 2 的标志位

0　写入无效，读出值为 0；

1　清零 DCAEVT2 事件触发条件。

位 3　DCAEVT1 清零数字比较输出 A 事件 1 的标志位

0　写入无效，读出值为 0；

1　清零 DCAEVT1 事件触发条件，

位 2　OST 清零单次触发 OST 锁存标志位

0　写入无效，读出值为 0；

1　清零这个事件触发(置位)条件。

位 1　CBC 清零回环 CBC 触发锁存标志位

　　0　写入无效,读出值为 0;

　　1　清零这个事件触发(置位)条件。

位 0　INT 全局中断清零标志位。

　　0　写入无效,读出值为 0;

　　1　清零这个 ePWM 模块的触发中断标志位 INT。

　　注意:直到这个标志位被复位之前不会再有 ePWMx_TZINT PIE 中断产生。如果 ePWMx_TZINT PIE 位被复位同时其他的标志位被置位,那么另一个中断脉冲将会产生。清零所有的标志位将阻止将来的中断。

触发区强制寄存器(TFRC)

15	7	6	5	4	3	2	1	0
保留		DCBEVT2	DCBEVT1	DCAEVT2	DCAEVT1	OST	CBC	保留
R-0		R/W-0	R/W-0	R/W-0	R/W-0	R/W-0	R/W-0	R-0

位 15~7　保留位

位 6　DCBEVT2 数字比较输出 B 事件 2 强制标志位

　　0　写入无效,读出值为 0;

　　1　使能 DCBEVT2 事件触发条件,同时将触发区标志寄存器(TZFLG)的位 DCBEVT2 置位。

位 5　DCBEVT1 数字比较输出 B 事件 1 强制标志位

　　0　写入无效,读出值为 0;

　　1　使能 DCBEVT1 事件触发条件,同时将触发区标志寄存器(TZFLG)的位 DCBEVT1 置位。

位 4　DCAEVT2 数字比较输出 A 事件 2 强制标志位

　　0　写入无效,读出值为 0;

　　1　使能 DCAEVT2 事件触发条件,同时将触发区标志寄存器(TZFLG)的位 DCAEVT2 置位。

位 3　DCAEVT1 数字比较输出 A 事件 1 强制标志位

　　0　写入无效,读出值为 0;

　　1　使能 DCAEVT1 事件触发条件,同时将触发区标志寄存器(TZFLG)的位 DCAEVT1 置位。

位 2　OST　　通过软件强制产生单次触发事件

　　0　写入无效,读出值为 0;

　　1　使能单次触发事件,同时置位触发区标志寄存器(TZFLG)的 OST 位。

位 1　CBC　　通过软件强制产生回环触发事件

　　0　写入效,读出值为 0;

　　1　使能回环触发事件,同时置位触发区标志寄存器(TZFLG)的 CBC 位。

位 0　保留位

触发区数字比较选择寄存器(TZDCSEL)

15	12	11	9	8	6	5	3	2	0
保留		DCBEVT2		DCBEVT1		DCAEVT2		DCAEVT1	
R-0		R/W-0		R/W-0		R/W-0		R/W-0	

位 15~12　保留位

位 11~9　数字比较输出 B 事件 2(DCBEVT2)选择位

　　000　事件禁止;

001	DCBH 低,DCBL 不考虑;
010	DCBH 高,DCBL 不考虑;
011	DCBL 低,DCBH 不考虑;
100	DCBL 高,DCBH 不考虑;
101	DCBL 高,DCBH 低;
110	保留;
111	保留。

位 8～6　数字比较输出 B 事件 1(DCBEVT1)选择位

000	事件禁止;
001	DCBH 低,DCBL 不考虑;
010	DCBH 高,DCBL 不考虑;
011	DCBL 低,DCBH 不考虑;
100	DCBL 高,DCBH 不考虑;
101	DCBL 高,DCBH 低;
110	保留;
111	保留。

位 5～3　数字比较输出 A 事件 2(DCAEVT2)选择位

000	事件禁止;
001	DCAH 低,DCAL 不考虑;
010	DCAH 高,DCAL 不考虑;
011	DCAL 低,DCAH 不考虑;
100	DCAL 高,DCAH 不考虑;
101	DCAL 高,DCAH 低;
110	保留;
111	保留。

位 2～0　数字比较输出 A 事件 1(DCAEVT1)选择位

000	事件禁止;
001	DCAH 低,DCAL 不考虑;
010	DCAH 高,DCAL 不考虑;
011	DCAL 低,DCAH 不考虑;
100	DCAL 高,DCAH 不考虑;
101	DCAL 高,DCAH 低;
110	保留;
111	保留。

6. 数字比较(DC)模块的寄存器组

数字比较触发选择寄存器(DCTRIPSEL)

15	12　11	8
DCBLCOMPSEL		DCBHCOMPSEL
R/W – 0		R/W – 0

7		4	3		0
	DCALCOMPSEL			DCAHCOMPSEL	
	R/W-0			R/W-0	

位 15~12   数字比较输出 B 低电平输入选择位(DCBLCOMPSEL)

该位域用于设定 DCBL 的输入源。当 TZ 信号被用作触发信号时,其通用输入同时可以定义成高/低电平有效。

0000 $\overline{TZ1}$ 作为输入;

0001 $\overline{TZ2}$ 作为输入;

0010 $\overline{TZ3}$ 作为输入;

1000 COMP1OUT 作为输入;

1001 COMP2OUT 作为输入;

1010 COMP3OUT 作为输入(在 2802x 系列器件上不可用)。

没有列出的数字被保留。如果某器件没有专门的比较器,那么那个选项将被保留。

位 11~8   数字比较输出 B 高电平输入选择位(DCBHCOMPSEL)

该位域用于设定 DCBH 的输入源。当 TZ 信号被用作触发信号时,其通用输入同时可以定义成高/低电平有效。

0000 $\overline{TZ1}$ 作为输入;

0001 $\overline{TZ2}$ 作为输入;

0010 $\overline{TZ3}$ 作为输入;

1000 COMP1OUT 作为输入;

1001 COMP2OUT 作为输入;

1010 COMP3OUT 作为输入(在 2802x 系列器件上不可用)。

没有列出的数字被保留。如果某器件没有专门的比较器,那么那个选项将被保留。

位 7~4   数字比较输出 A 低电平输入选择位(DCALCOMPSEL)

该位域用于设定 DCBL 的输入源。当 TZ 信号被用作触发信号时,其通用输入同时可以定义成高/低电平有效。

0000 $\overline{TZ1}$ 作为输入;

0001 $\overline{TZ2}$ 作为输入;

0010 $\overline{TZ3}$ 作为输入;

1000 COMP1OUT 作为输入;

1001 COMP2OUT 作为输入;

1010 COMP3OUT 作为输入(在 2802x 系列器件上不可用)。

没有列出的值被保留。如果某器件没有专门的比较器,那么那个选项将被保留。

位 3~0   数字比较输出 A 高电平输入选择位 DCAHCOMPSEL

该位域用于设定 DCBL 的输入源。当 TZ 信号被用作触发信号时,其通用输入同时可以定义成高/低电平有效。

0000 $\overline{TZ1}$ 作为输入;

0001 $\overline{TZ2}$ 作为输入;

0010 $\overline{TZ3}$ 作为输入;

1000 COMP1OUT 作为输入;

1001 COMP2OUT 作为输入;

1010 COMP3OUT 作为输入(在 2802x 系列器件上不可用)。

没有列出的值被保留。如果某器件没有专门的比较器，那么那个选项将被保留。

数字比较输出 A 控制寄存器（DCACTL）

15			10	9	8
保留				EVT2FRC SYNCSEL	EVT2SRCSEL
R－0				R/W－0	R/W－0

7	4	3	2	1	0
保留		EVT1SYNCE	EVT1SOCE	EVT1FRC SYNCSEL	EVT1SRCSEL
R－0		R/W－0	R/W－0	R/W－0	R/W－0

位 15～10　保留位

位 9　DCAEVT2 强制同步信号选择位（EVT2FRC SYNCSEL）

　　0　触发源是同步信号；

　　1　触发源是异步信号。

位 8　DCAEVT2 信号源选择位（EVT2SRCSEL）

　　0　信号源是数字比较输出 A 事件 2（DCAEVT2）信号；

　　1　信号源是数字比较事件过滤信号（DCEVTFILT）。

位 7～4　保留位

位 3　DCAEVT1 SYNC 使能位（EVT1SYNCE）

　　0　禁止 SYNC 信号产生；

　　1　使能 SYNC 信号产生。

位 2　DCAEVT1 单通道单转换（SOC）使能位（EVT1SOCE）

　　0　禁止单通道单转换（SOC）信号产生；

　　1　使能单通道单转换（SOC）信号产生。

位 1　DCAEVT1 强制同步信号选择位（EVT1FRC SYNCSEL）

　　0　信号源是同步信号；

　　1　信号源是异步信号。

位 0　DCAEVT1 信号源选择位（EVT1SRCSEL）

　　0　信号源是 DCAEVT1 信号；

　　1　信号源是数字比较事件过滤信号（DCEVTFILT）。

数字比较输出 B 控制寄存器（DCBCTL）

15			10	9	8
保留				EVT2FRC　SYNCSEL	EVT2SRCSEL
R－0				R/W－0	R/W－0

7	4	3	2	1	0
保留		EVT1SYNCE	EVT1SOCE	EVT1FRC SYNCSEL	EVT1SRCSEL
R－0		R/W－0	R/W－0	R/W－0	R/W－0

位 15～10　保留位

位 9　DCBEVT2 强制同步信号选择位（EVT2FRC SYNCSEL）

　　0　触发源是同步信号；

　　1　触发源是异步信号。

位 8　DCBEVT2 信号源选择位（EVT2SRCSEL）

　0　信号源是 DCBEVT2 信号；

　1　信号源是数字比较事件过滤信号（DCEVTFILT）。

位 7～4　保留位

位 3　DCBEVT1 SYNC 使能位（EVT1SYNCE）

　0　禁止 SYNC 信号产生；

　1　使能 SYNC 信号产生。

位 2　DCBEVT1 单通道单转换（SOC）使能位（EVT1SOCE）

　0　禁止单通道单转换（SOC）信号产生；

　1　使能单通道单转换（SOC）信号产生。

位 1　DCBEVT1 强制同步信号选择位（EVT1FRC SYNCSEL）

　0　信号源是同步信号；

　1　信号源是异步信号。

位 0　DCBEVT1 信号源选择位（EVT1SRCSEL）

　0　信号源是数字比较输出 B 事件 1（DCBEVT1）信号；

　1　信号源是数字比较事件过滤信号（DCEVTFILT）。

数字比较滤波控制寄存器（DCFCTL）

15	6	5	4	3	2	1	0
保留		PULSESEL		BLANKINV	BLANKE	SRCSEL	
R－0		R/W－0		R/W－0	R/W－0	R/W－0	

位 15～6　保留位

位 5～4　脉冲数选择位（PULSESEL）

该位域用于忽略和捕获对齐的脉冲选择。

　00　时基计数器（TBCTR）的值与时基周期寄存器（TBPRD）的周期值相等，TBCTR＝TBPRD；

　01　时基计数器（TBCTR）的值等于 0，TBCTR＝0x0000；

　10　保留；

　11　保留。

位 3　消隐窗口翻转选择位（LANKINV）

　0　消隐窗口不翻转；

　1　消隐窗口翻转。

位 2　消隐窗口使能位（BLANKE）

　0　消隐窗口禁止；

　1　消隐窗口使能。

位 1～0　滤波模块信号源选择位（RCSEL）

　00　信号源是 DCAEVT1 信号；

　01　信号源是数字比较输出 A 事件 2（DCAEVT2）信号；

　10　信号源是数字比较输出 B 事件 1（DCBEVT1）信号；

　11　信号源是 DCBEVT2 信号。

数字比较捕获控制寄存器(DCCAPCTL)

15			2	1	0
		保留		SHDWMODE	CAPE
		R－0		R/W－0	R/W－0

位 15～2　保留位

位 1　时基计数器(TBCTR)捕获影子寄存器模式选择位(SHDWMODE)

　　0　使能影子寄存器模式。在数字比较滤波控制寄存器(DCFCTL 5～4)的 PULSESEL 位定义的
　　　　TBCTR＝TBPRD 或 TBCTR＝0 时,数字比较捕获寄存器(DCCAP)的值被复制到影子寄存器。
　　　　CPU 读数字比较捕获寄存器(DCCAP)的值将返回影子寄存器的值;

　　1　使能主动模式。在此种模式下影子寄存器被禁止。CPU 读数字比较捕获寄存器(DCCAP)的值
　　　　将返回工作寄存器自身。

位 0　时基计数器(TBCTR)捕获使能位(CAPE)

　　0　禁止时基计数器(TBCTR)捕获;

　　1　使能时基计数器(TBCTR)捕获。

数字比较捕获寄存器(DCCAP)

15	0
	DCCAP
	R－0

位 15～0　数字比较寄存器捕获位(DCCAP)

　　置位数字比较捕获控制寄存器(DCCAPCTL 0),时基计数器(TBCTR)计时捕获使能位(CAPE)使能
　　时基计数器(TBCTR)捕获功能。如果使能基计数器捕获功能,时基计数器(TBCTR)反应了由低变
　　高的边沿过滤 DCEVFLT 事件。直到下一个周期或者数字比较滤波控制寄存器(DCFCTL 5～4)的
　　PULSESEL 位选择为 0,否则后来的捕获事件被忽略。

　　通过数字比较捕获控制寄存器(DCCAPCTL 1),时基计数器(TBCTR)捕获影子寄存器模式选择位
　　SHDWMODE＝0 使能 DCCAP 的影子寄存器模式。默认情况为影子寄存器模式。

　　在此种模式下,当数字比较滤波控制寄存器(DCFCTL 5～4)的 PULSESEL 位定义的 TBCTR＝TB-
　　PRD 或者 TBCTR＝0 时,工作寄存器的值被复制到影子寄存器。CPU 读取数字比较捕获寄存器
　　(DCCAP)的值将返回影子寄存器的值。

　　如果数字比较捕获控制寄存器(DCCAPCTL 1)的 SHDWMODE＝1,将使能主动模式。在此种模式
　　下,CPU 读数字比较捕获寄存器(DCCAP)的值将返回工作寄存器。

　　工作寄存器和影子寄存器共享相同的内存地址。

数字比较滤波偏移量寄存器(DCFOFFSET)

15	0
	OFFSET
	R－0

位 15～0　消隐窗口偏移量(OFFSET)

　　该寄存器表示了从参考消隐窗口参考点到使用消隐窗口的点时基时钟(TBCLK)循环数。消隐窗口
　　参考值由数字比较滤波控制寄存器(DCFCTL 5～4)的 PULSESEL 位设定,当时基计数器(TBCTR)
　　的值为 0。该寄存器处于影子寄存器模式,工作寄存器在由数字比较滤波控制寄存器(DCFCTL 5～4)

的 PULSESEL 位定义的参考点被装载。当工作寄存器装载后,偏移量寄存器被初始化并开始减计数。当计数值达到预设值时,消隐窗口被使用。如果当前消隐窗口是激活的,那么消隐窗口时基计数器(TBCTR)将重启。

数字比较滤波偏移量寄存器(DCFOFFSETCNT)

15	0
OFFSETCNT	
R – 0	

位 15～0　OFFSETCNT 数字比较滤波偏移量

　　该寄存器为 16 位只读,表示的是偏移量寄存器的当前值。计数值递减到 0 然后停止计数,直到下一个周期或者数字比较滤波控制寄存器(DCFCTL 5～4)的位 PULSESEL 清零,时基计数器(TBCTR)的值被重新载入后才会继续计数。偏移量寄存器的值不受自由/软件仿真位的影响。也就是说,如果器件被仿真停止暂停时,时基计数器(TBCTR)的值仍然继续递减。

数字比较滤波窗口寄存器(DCFWINDOW)

15	8	7	0
保留		WINDOW	
R – 0		R/W – 0	

位 15～8　保留位

位 7～0　消隐窗口宽度(WINDOW)

00　　　不产生消隐窗口;

01～FFh　时基时钟(TBCLK)循环中设定消隐窗口宽度。当偏移量计数值达到预期值时消隐窗口开始产生。这个事件发生后,消隐窗口计数器被装载同时开始递减计数。如果消隐窗口当前处于激活状态,同时计数达到预期,那么消隐窗口计数器重启。消隐窗口可以穿越一个 PWM 周期的边界。

数字比较滤波窗口计数寄存器(DCFWINDOWCNT)

15	8	7	0
保留		WINDOWCNT	
R – 0			

位 15～8　保留位

位 7～0　消隐窗口计数位(WINDOWCNT)

　　该位域为只读,其数字表明为当前消隐窗口计数值。递减计数到 0 即停止,直到偏移量计数再次置值,达到 0 才被重新载入然后开始计数。

7. 事件触发(ET)模块的寄存器组

事件触发选择寄存器(ETSEL)

15	14	12	11	10	8
SOCBEN	SOCBSEL		SOCAEN	SOCASEL	
R/W – 0	R/W – 0		R/W – 0	R/W – 0	

7		4	3	2		0
	保留		INTIN		INTSEL	
	R－0		R/W－0		R/W－0	

位 15　SOCBEN：该位用于使能转换事件 B 的 ePWMxSOCB 脉冲的模数转换开始功能。

　　0　禁止 ePWMxSOCB 脉冲；

　　1　使能 ePWMxSOCB 脉冲。

位 14～12　SOCBSEL：该位域用于选择 ePWMxSOCB 选项，该位域决定 ePWMxSOCB 脉冲何时产生。

　　000　使能数字比较输出 B 事件 1(DCBEVT1.soc)事件；

　　001　使能事件，时基计数器(TBCTR)的值等于 0，TBCTR＝0x0000；

　　010　使能事件，时基计数器(TBCTR)的值等于时基周期寄存器(TBPRD)的值，TBCTR＝TBPRD；

　　011　使能事件，时基计数器(TBCTR)的值等于零或者等于时基周期寄存器(TBPRD)的值，TBCTR＝0x0000 或者 TBCTR＝TBPRD。这个模式在增减计数模式有用。

　　100　使能事件：时基递增计数且时基计数器(TBCTR)的值等于 CMPA；

　　101　使能事件：时基递减计数且时基计数器(TBCTR)的值等于 CMPA；

　　110　使能事件：时基递增计数且时基计数器(TBCTR)的值等于 CMPB；

　　111　使能事件：时基递减计数且时基计数器(TBCTR)的值等于 CMPB。

位 11　SOCAEN：该位用于使能转换 ePWMxSOCA 脉冲的模数转换开始功能。

　　0　禁止 ePWMxSOCA 脉冲；

　　1　使能 ePWMxSOCA 脉冲。

位 10～8　SOCASEL：该位域用于选择 ePWMxSOCA 选项，该位域决定 ePWMxSOCA 脉冲何时产生。

　　000　使能 DCAEVT1.soc 事件；

　　001　使能事件，时基计数器(TBCTR)的值等于 0，TBCTR＝0x0000；

　　010　使能事件，时基计数器(TBCTR)的值等于时基周期寄存器(TBPRD)的值，TBCTR＝TBPRD；

　　011　使能事件，时基计数器(TBCTR)的值等于零或者等于时基周期寄存器(TBPRD)的值。TBCTR＝0x0000 或者 TBCTR＝TBPRD。这个模式在增减计数模式有用；

　　100　使能事件：时基递增计数且时基计数器(TBCTR)的值等于 CMPA；

　　101　使能事件：时基递减计数且时基计数器(TBCTR)的值等于 CMPA；

　　110　使能事件：时基递增计数且时基计数器(TBCTR)的值等于 CMPB；

　　111　使能事件：时基递减计数且时基计数器(TBCTR)的值等于 CMPB。

位 7～4　保留位

位 3　INTEN：该位用于使能 ePWM 中断 ePWMx_INT 产生。

　　0　禁止 ePWMx_INT 产生；

　　1　使能 ePWMx_INT 产生。

位 2～0　INTSEL：该位域用于 ePWM 中断 ePWMx_INT 选择选项。

　　000　保留位；

　　001　当时基计数器(TBCTR)的值等于 0 时 TBCTR＝0x0000，使能中断；

　　010　当时基计数器(TBCTR)的值等于时基周期寄存器(TBPRD)的周期值 TBCTR＝TBPRD，使能中断；

　　011　当时基计数器(TBCTR)的值等于零或者等于时基周期寄存器(TBPRD)的周期值 TBCTR＝0x0000 或者 TBCTR＝TBPRD，使能中断。这个模式在增减计数模式有用；

　　100　当时基计数器(TBCTR)的值等于计数比较 A 寄存器(CMPA)，同时时基计数器(TBCTR)递增计数时，使能中断；

101　当时基计数器（TBCTR）的值等于计数比较 A 寄存器（CMPA），同时时基计数器（TBCTR）递减计数时，使能中断；

110　当时基计数器（TBCTR）的值等于计数比较 B 寄存器（CMPB）的值，同时时基计数器（TBCTR）递增计数时，使能中断；

111　当时基计数器（TBCTR）的值等于计数比较 B 寄存器（CMPB）的值，同时时基计数器（TBCTR）递减计数时，使能中断。

事件触发前分频寄存器（ETPS）

15	14	13	12	11	10	9	8
SOCBCNT		SOCBPRD		SOCACNT		SOCAPRD	
R – 0		R/W – 0		R – 0		R/W – 0	

7				4	3	2	1	0
保留					INTCNT		INTPRD	
R – 0					R – 0		R/W – 0	

位 15～14　ePWM 模数转换开始转换 B 事件 ePWMxSOCB 计数寄存器（SOCBCNT）

该位域表明事件触发选择寄存器（ETSEL 14～12）的 SOCBSEL 事件已经产生。

00　没有事件产生；

01　1 个事件产生；

10　2 个事件产生；

11　3 个事件产生。

位 13～12　ePWM 模数转换开始转换 B 事件 ePWMxSOCB 周期选择位（SOCBPRD）

该位域决定在 ePWMxSOCB 脉冲产生前需要产生多少个由事件触发选择寄存器（ETSEL 14～12）的 SOCBSEL 位所选择的事件。为了产生脉冲，脉冲必须被使能，事件触发选择寄存器（ETSEL 15）：SOCBEN＝1。尽管状态标志位在前一个转换开始时置位事件触发标志寄存器（ETFLG 3）：SOCB＝1，SOCB 脉冲将继续产生。一旦 SOCB 脉冲产生，事件触发前分频寄存器（ETPS 15～14）的 SOCBCNT 位将自动清零。

00　关闭 SOCB 事件计数器。没有 ePWMxSOCB 脉冲产生；

01　在第一个事件发生时产生 ePWMxSOCB 脉冲。事件触发前分频寄存器（ETPS）的位 SOCBCNT＝01；

10　在第二个事件发生时产生 ePWMxSOCB 脉冲。事件触发前分频寄存器（ETPS）的位 SOCBCNT＝10；

11　在第三个事件发生时产生 ePWMxSOCB 脉冲。事件触发前分频寄存器（ETPS）的位 SOCBCNT＝11。

位 11～10　ePWM 模数转换开始转换 A 事件 ePWMxSOCA 计数位（SOCACNT）

该位域表明多少个事件触发选择寄存器（ETSEL 10～8）的 SOCASEL 事件已经产生。

00　没有事件产生；

01　1 个事件产生；

10　2 个时间产生；

11　3 个事件产生。

位 9～8　ePWM 模数转换开始转换 A 事件 ePWMxSOCA 周期选择位（SOCAPRD）

该位域决定在 ePWMxSOCA 脉冲产生前需要产生多少个被事件触发选择寄存器（ETSEL 10～8）的位 SOCASEL 所选择的事件。为了产生脉冲，脉冲必须被使能，事件触发选择寄存器（ETSEL 11）：

SOCAEN=1。尽管状态标志位在前一个转换开始时置位事件触发标志寄存器(ETFLG 2)：SOCA=1,SOCA 脉冲将继续产生。一旦 SOCA 脉冲将产生,事件触发前分频寄存器(ETPS 11～10)的 SOCACNT 位将自动清零。

00 关闭 SOCA 事件计数。没有 ePWMxSOCA 脉冲产生；

01 在第一个事件发生时产生 ePWMxSOCA 脉冲。事件触发前分频寄存器(ETPS)的位 SOCACNT=01；

10 在第二个事件发生时产生 ePWMxSOCA 脉冲。事件触发前分频寄存器(ETPS)的位 SOCACNT=10；

11 在第三个事件发生时产生 ePWMxSOCA 脉冲。事件触发前分频寄存器(ETPS)的位 SOCACNT=11。

位 7～4 保留位

位 3～2 ePWM 事件触发 ePWMx_INT 计数选择位(INTCNT)

该位域表示有多少个被事件触发选择寄存器(ETSEL 2～0)的 INTSEL 选择的事件已经产生。该位域将会在一个中断脉冲产生时自动清零。如果中断被关闭,事件触发选择寄存器(ETSEL)的位 INTIN=0 或者中断标志位被置位,事件触发标志寄存器(ETFLG 0)：INT=1,事件触发前分频寄存器(ETPS)的 INTCNT 计数值达到 INTPRD 周期值时停止计数。

00 没有事件产生；

01 1 个事件产生；

10 2 个事件产生；

11 3 个事件产生。

位 1～0 INTPRDePWM 中断 ePWMx_INT 周期选择位

该位域决定一个中断产生前多少个被事件触发选择寄存器(ETSEL 2～0)的 INTSEL 位所选择的事件需要产生。为了产生中断,中断功能必须开启,即事件触发选择寄存器(ETSEL)的位 INTIN=1。如果中断状态标志位在前一个中断时置位事件触发标志寄存器(ETFLG 0)：INT=1,那么直到通过事件触发清零寄存器(ETCLR 0)的 INT 位清之前不会有新的中断产生。这允许当一个中断正在执行服务程序时新中断处于等待状态。一旦这个中断产生,事件触发前分频寄存器(ETPS 3～2)的 INTCNT 位将自动清零。

如果中断使能同时状态标志位被清零,那么写一个和当前计数值相同的事件触发前分频寄存器(ETPS 1～0)INTPRD 位的值将触发一个中断。

写一个比当前计数值小的事件触发前分频寄存器(ETPS 1～0)INTPRD 位值将导致一个不确定的状态。

如果计数事件产生同时写了一个为零或非零的事件触发前分频寄存器(ETPS 1～0)的位 INTPRD 的值,那么时基计数器(TBCTR)将递增。

00 关闭事件触发计数器。不会产生中断,同时事件触发强制寄存器(ETFRC 0)的位 INT 将被忽略；

01 在事件触发前分频寄存器(ETPS)的位 INTCNT=01 第 1 个事件时产生中断；

10 在事件触发前分频寄存器(ETPS)的位 INTCNT=10 第 2 个事件时产生中断；

11 在事件触发前分频寄存器(ETPS)的位 INTCNT=11 第 3 个事件时产生中断。

事件触发标志寄存器(ETFLG)

15		4	3	2	1	0
保留			SOCB	SOCA	保留	INT
R-0			R-0	R-0	R-0	R-0

位 15～4 保留位

位 3 ePWM 模数转换开始转换 B 事件 ePWMxSOCB 状态标志（SOCB）

    0 表明没有 ePWMxSOCB 事件产生；

    1 表明 ePWMxSOCB 上产生了一个开始转换脉冲。尽管标志位置位，ePWMxSOCB 仍将继续输出。

位 2 ePWM 模数转换开始转换 A 事件 ePWMxSOCA 状态标志 SOCA

    不像事件触发标志寄存器（ETFLG 0）的 INT 位，尽管该位置位，ePWMxSOCA 仍将继续输出。

    0 表明没有事件产生；

    1 表明 ePWMxSOCA 上产生了一个开始转换脉冲。尽管标志位被置位 ePWMxSOCA 任仍将继续输出。

位 1 保留位

位 0 ePWM 中断 ePWMx_INT 状态标志位锁存位（INT）

    0 表明没有事件产生；

    1 表明产生了一个 ePWM 中断 ePWMx_INT。在该位被清零之前不会再有中断产生。如果事件触发标志寄存器（ETFLG 0）的 INT 位仍然是置位，那么另一个中断将等待。如果一个中断处于等待，那么在事件触发标志寄存器（ETFLG 0）的 INT 位清零前中断将不会产生。

事件触发清零寄存器（ETCLR）

15		4	3	2	1	0
保留			SOCB	SOCA	保留	INT
R－0			R/W－0	R/W－0	R/W－0	R/W－0

位 15～4 保留位

位 3 ePWM 模数转换开始转换 B 事件 ePWMxSOCB 标志清零位（SOCB）

    0 写入 0 无效，读该位总是返回 0；

    1 对事件触发标志寄存器（ETFLG 3）的 SOCB 位清零。

位 2 ePWM 模数转换开始转换 A 事件 ePWMxSOCA 标志清零位（SOCA）

    0 写入 0 无效，读该位值为 0；

    1 对事件触发标志寄存器（ETFLG 2）的 SOCA 位清零。

位 1 保留位

位 0 ePWM 中断 ePWMx_INT 状态清零位（INT）

    0 写入 0 无效，读该位值为 0；

    1 对事件触发标志寄存器（ETFLG 0）的 INT 位，同时使能用于产生下一个中断脉冲。

事件触发强制寄存器（ETFRC）

15		4	3	2	1	0
保留			SOCB	SOCA	保留	INT
R－0			R－0	R－0	R－0	R－0

位 15～4 保留位

位 3 SOCB 强制位（SOCB）

    SOCB 脉冲只在事件触发选择寄存器（ETSEL）中所选择的事件使能时产生，该位才会置位。

    0 写入 0 无效，读出值为 0；

    1 ePWMxSOCB 上产生一个脉冲同时置位 SOCBFLG 位。这一位用于测试。

位 2   SOCA 强制位(SOCA)

SOCA 脉冲只在事件触发选择寄存器(ETSEL)中所选择的事件使能时产生,该位才会置位。

0   写入 0 忽略。读出值为 0;

1   ePWMxSOCA 上产生一个脉冲同时置位 SOCAFLG 位。这一位用于测试。

位 1   保留位

位 0   中断强制位(INT)

中断只在事件触发选择寄存器(ETSEL)中所选择的事件使能时产生,该位才会置位。

0   写入 0 忽略。读出值为 0;

1   ePWMxINT 上产生一个中断同时置位 INT 标志位。这一位用于测试。

11.14   脉宽调制输出控制 LED 灯显示渐变例程

本节介绍在 TI TMS320F28027 芯片上 PWM 输出例程。例程中通过 6 个 PWM 输出通道循环变化占空比的 PWM 方波,调整 6 个 LED 灯的亮度,达到"呼吸灯"的效果。表 11 - 14 的相关硬件结构可参见图 1 - 4 中的电路原理图。

适用范围:本节所描述的例程适用于 TMS320F28027 芯片,对于其他型号或封装的芯片,未经测试。

表 11 - 14   输出引脚硬件配置表

序 号	PWM 编号(PCB 上的元件编号)	IO 口	引脚号	说 明
1	PWM1	GPIO0	29	PWM1A 输出
2	PWM2	GPIO1	28	PWM1B 输出
3	PWM3	GPIO2	37	PWM2A 输出
4	PWM4	GPIO3	38	PWM2B 输出
5	PWM5	GPIO4	39	PWM3A 输出
6	PWM6	GPIO5	40	PWM3B 输出

PWM 输出电路图和 LED 灯渐变显示电路及输出接头电路图可参见图 5 - 3。

1. 主函数例程(程序流程框图见图 11 - 48)

```
void main (void)
{
// Step 1. Initialize System Control:
// PLL, WatchDog, enable Peripheral Clocks
// This example function is found in the DSP2802x_SysCtrl.c file.
   InitSysCtrl();
// Step 2. Initalize GPIO:
// This example function is found in the DSP2802x_Gpio.c file and
```

```
// illustrates how to set the GPIO to it's default state.
// InitGpio();   // Skipped for this example
// For this case just init GPIO pins for ePWM1, ePWM2, ePWM3
// These functions are in the DSP2802x_EPwm.c file
    InitEPwm1Gpio();
    InitEPwm2Gpio();
    InitEPwm3Gpio();
// Step 3. Clear all interrupts and initialize PIE vector table:
// Disable CPU interrupts
    DINT;
// Initialize the PIE control registers to their default state.
// The default state is all PIE interrupts disabled and flags
// are cleared.
// This function is found in the DSP2802x_PieCtrl.c file.
    InitPieCtrl();
// Disable CPU interrupts and clear all CPU interrupt flags:
    IER = 0x0000;
    IFR = 0x0000;
// Initialize the PIE vector table with pointers to the shell Interrupt
// Service Routines (ISR).
// This will populate the entire table, even if the interrupt
// is not used in this example.   This is useful for debug purposes.
// The shell ISR routines are found in DSP2802x_DefaultIsr.c.
// This function is found in DSP2802x_PieVect.c.
    InitPieVectTable();
// Interrupts that are used in this example are re-mapped to
// ISR functions found within this file.
    EALLOW;   // This is needed to write to EALLOW protected registers
    PieVectTable.EPWM1_INT = &epwm1_isr;
    PieVectTable.EPWM2_INT = &epwm2_isr;
    PieVectTable.EPWM3_INT = &epwm3_isr;
    EDIS;       // This is needed to disable write to EALLOW protected registers
// Step 4. Initialize all the Device Peripherals:
// This function is found in DSP2802x_InitPeripherals.c
// InitPeripherals();   // Not required for this example
// For this example, only initialize the ePWM
    EALLOW;
    SysCtrlRegs.PCLKCR0.bit.TBCLKSYNC = 0;
    EDIS;
```

```
    InitEPwm1Example();

    InitEPwm2Example();

    InitEPwm3Example();

    EALLOW;

    SysCtrlRegs.PCLKCR0.bit.TBCLKSYNC = 1;

    EDIS;
// Step 5. User specific code, enable interrupts:
// Enable CPU INT3 which is connected to EPWM1 - 3 INT:
    IER | = M_INT3;
// Enable EPWM INTn in the PIE: Group 3 interrupt 1 - 3
    PieCtrlRegs.PIEIER3.bit.INTx1 = 1;

    PieCtrlRegs.PIEIER3.bit.INTx2 = 1;

    PieCtrlRegs.PIEIER3.bit.INTx3 = 1;
// Enable global Interrupts and higher priority real - time debug events:
    EINT;    // Enable Global interrupt INTM

    ERTM;    // Enable Global realtime interrupt DBGM
// Step 6. IDLE loop. Just sit and loop forever (optional):
    for(;;)
    {
        asm("          NOP");
    }
}
```

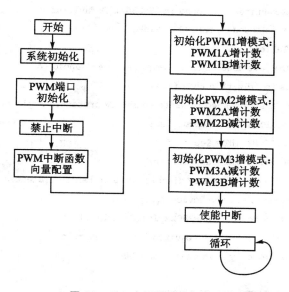

图 11 - 48　主函数流程框图

2. PWMx 占空比更新函数例程(程序流程框图见图 11 - 49)

```
void update_compare(EPWM_INFO * epwm_info)
{
    // Every 10'th interrupt, change the CMPA/CMPB values
    if(epwm_info - >EPwmTimerIntCount == 10)
    {
        epwm_info - >EPwmTimerIntCount = 0;
        // If we were increasing CMPA, check to see if
        // we reached the max value.   If not, increase CMPA
        // else, change directions and decrease CMPA
        if(epwm_info - >EPwm_CMPA_Direction == EPWM_CMP_UP)
        {
            if(epwm_info - >EPwmRegHandle - >CMPA.half.CMPA < epwm_info - >EPwmMaxCMPA)
            {
                epwm_info - >EPwmRegHandle - >CMPA.half.CMPA ++ ;
            }
            else
            {
                epwm_info - >EPwm_CMPA_Direction = EPWM_CMP_DOWN;
                epwm_info - >EPwmRegHandle - >CMPA.half.CMPA - - ;
            }
        }
        // If we were decreasing CMPA, check to see if
        // we reached the min value.   If not, decrease CMPA
        // else, change directions and increase CMPA
        else
        {
            if(epwm_info - >EPwmRegHandle - >CMPA.half.CMPA == epwm_info - >EPwmMinCMPA)
            {
                epwm_info - >EPwm_CMPA_Direction = EPWM_CMP_UP;
                epwm_info - >EPwmRegHandle - >CMPA.half.CMPA ++ ;
            }
            else
            {
                epwm_info - >EPwmRegHandle - >CMPA.half.CMPA - - ;
            }
        }
        // If we were increasing CMPB, check to see if
```

```
            // we reached the max value.   If not, increase CMPB
            // else, change directions and decrease CMPB
            if(epwm_info->EPwm_CMPB_Direction == EPWM_CMP_UP)
            {
                if(epwm_info->EPwmRegHandle->CMPB < epwm_info->EPwmMaxCMPB)
                {
                    epwm_info->EPwmRegHandle->CMPB++;
                }
                else
                {
                    epwm_info->EPwm_CMPB_Direction = EPWM_CMP_DOWN;
                    epwm_info->EPwmRegHandle->CMPB--;
                }
            }
            // If we were decreasing CMPB, check to see if
            // we reached the min value.   If not, decrease CMPB
            // else, change directions and increase CMPB
            else
            {
                if(epwm_info->EPwmRegHandle->CMPB == epwm_info->EPwmMinCMPB)
                {
                    epwm_info->EPwm_CMPB_Direction = EPWM_CMP_UP;
                    epwm_info->EPwmRegHandle->CMPB++;
                }
                else
                {
                    epwm_info->EPwmRegHandle->CMPB--;
                }
            }
        }
    }
    else
    {
        epwm_info->EPwmTimerIntCount++;
    }
    return;
}
```

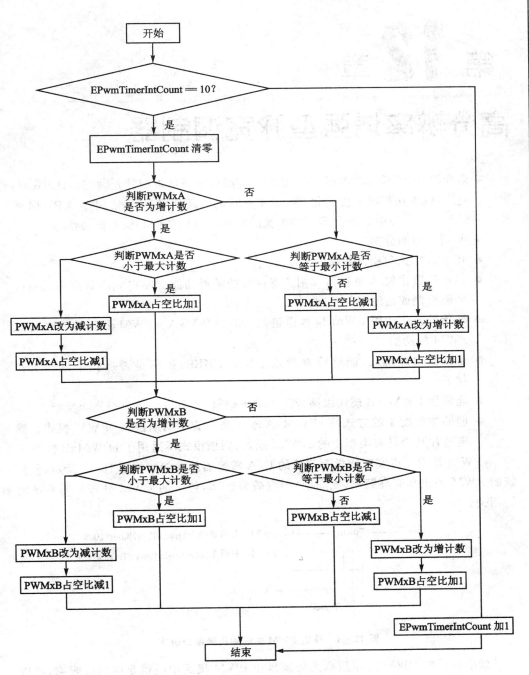

图 11-49　PWMx 占空比更新函数流程框图

第 **12** 章

高分辨率增强型脉宽调制器

本章介绍 TMS320F280287 芯片新增加的高分辨率增强型脉宽调制（HRPWM）模块的应用,该模块扩展了传统脉宽调制 PWM 的时间分辨率,通常用在当 PWM 的分辨率低于 9～10 位时。高分辨率增强型脉宽调制（HRPWM）的关键特性:

- 扩展了时间分辨率;
- 用于占空比和相位匹配的控制方式;
- 运用计数比较 A 寄存器和相位寄存器的扩展功能能够得到高分辨率的时间间隔控制或边沿定位控制;
- 按传统方式使用 PWM 信号通道,比如:ePWMxA、ePWMxB 输出实现传统 PWM 的功能;
- 自诊断软件模式,能够检查微边沿定位（MEP）逻辑是否运行于最佳工作状态;
- 能够使 PWM–B 模块以高分辨率输出信号,并可以将输出交换和反相;
- 能够按类型 1 的方式使 ePWMxA 输出高分辨率周期控制 ePWM 模式。确定芯片是否具有类型 1 的 ePWM 模式,而该模式不适用于 ePWMxB 模块。

ePWM 外设可以实现数学上等价的 D/A 转换器的功能。如图 12-1 所示,使传统的 PWM 提供具有高频率（或周期）的有效分辨率,传统的 PWM 分辨率与系统时钟相关。

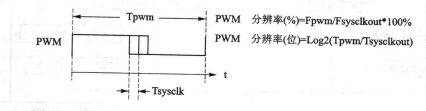

图 12-1 传统 PWM 生成的高频率分辨率

如果所需的 PWM 工作频率无法满足在 PWM 模式中提供足够的分辨率,可以考虑使用高分辨率增强型脉宽调制（HRPWM）。作为一个对高分辨率增强型脉宽调制（HRPWM）模块实施改进性能的例子,表 12-1 列出了多种 PWM 频率的分辨率,假设 1 个步长是 180 ps。

表 12-1　PWM 和 HRPWM 分辨率

PWM 频率 (kHz)	常规分辨（PWM）				高分辨率（HRPWM）	
	60 MHz 时钟频率输出		50 MHz 时钟频率输出			
	位	%	位	%	位	%
20	11.6	0.0	11.3	0	18.1	0.000
50	10.2	0.1	10	0.1	16.8	0.001
100	9.2	0.2	9	0.2	15.8	0.002
150	8.6	0.3	8.4	0.3	15.2	0.003
200	8.2	0.3	8	0.4	14.8	0.004
250	7.9	0.4	7.6	0.5	14.4	0.005
500	6.9	0.8	6.6	1	13.4	0.009
1000	5.9	1.7	5.6	2	12.4	0.018
1500	5.3	2.5	5.1	3	11.9	0.027
2000	4.9	3.3	4.6	4	11.4	0.036

　　尽管每种不同应用对分辨率的要求不同,但常规的低频率(低于 250 kHz)PWM 操作不需要使用高分辨率增强型脉宽调制(HRPWM)。高分辨率增强型脉宽调制(HRPWM)的功能对 PWM 高频开关电源转换拓扑非常适用,比如:

- 单相和多相的降压、升压和反激式电路;
- 全桥移相电路;
- 开关放大器调制电路。

12.1　高分辨率增强型脉宽调制的操作方法

　　高分辨率增强型脉宽调制(HRPWM)基于微边沿定位(MEP)技术。微边沿定位(MEP)逻辑能够通过细分一个传统 PWM 发生器的系统时钟来非常精确地定位边沿。时间步长不大于 150 ps。高分辨率增强型脉宽调制(HRPWM)的自检软件诊断模式可以检查微边沿定位(MEP)逻辑在所有操作条件下是否能正常地运行。图 12-2显示了微边沿定位(MEP)步长与系统时钟信号和边沿定位的关系,通过计数比较高分辨率寄存器(CMPAHR)的一个 8 位字段来设置。

　　配置 PWM 寄存器组产生一个给定频率和极性的传统 PWM。为了产生一个高分辨率增强型脉宽调制(HRPWM)波形,高分辨率增强型脉宽调制(HRPWM)寄存器与 PWM 寄存器组一起工作来扩展边沿分辨率。尽管有很多可能的编程组合,但只有小部分组合能够满足需要并可以应用。

　　高分辨率增强型脉宽调制(HRPWM)的操作控制和监控可使用表 12-2 所列寄存器。

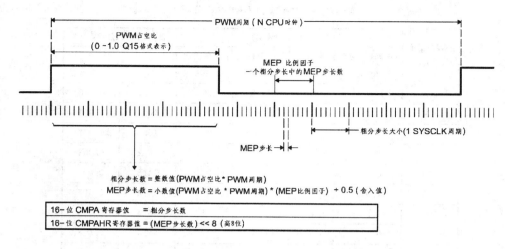

图 12-2 微边沿定位(MEP)使用示意图

表 12-2 高分辨率增强型脉宽调制(HRPWM)寄存器

助记符	地址偏移量	影子寄存器	说　明
TBPHSHR	0x0002	无	时基相位高分辨率寄存器(8 位)
TBPRDHR	0x0006	有	时基周期高分辨率寄存器(8 位)
CMPAHR	0x0008	有	计数比较 A 高分辨率寄存器(8 位)
HRCNFG	0x0020	无	高分辨率配置寄存器
HRPWR	0x0021	无	高分辨率功率寄存器
HRMSTEP	0x0026	无	高分辨率微边沿定位(MEP)步长寄存器
TBPRDHRM	0x002A	有	时基周期高分辨率影子寄存器(8 位)
CMPAHRM	0x002C	有	计数比较 A 高分辨率影子寄存器(8 位)

1. 高分辨率增强型脉宽调制(HRPWM)功能控制

高分辨率增强型脉宽调制(HRPWM)的微边沿定位(MEP)由 3 个 8 位高分辨率寄存器控制。这些高分辨率增强型脉宽调制(HRPWM)寄存器和 16 位的时基相位寄存器(TBPHS)、时基周期寄存器(TBPRD)和计数比较 A 寄存器(CMPA)配合用来控制 PWM 操作。

- TBPHSHR:时基相位高分辨率寄存器;
- CMPAHR:计数比较 A 高分辨率寄存器;
- TBPRDHR:时间基准周期高分辨率寄存器(某些型号芯片有)。

高分辨率增强型脉宽调制(HRPWM)功能由模块 A 的 PWM 信号控制。通过对高分辨率配置寄存器(HRCNFG)适当配置也能使高分辨率增强型脉宽调制(HR-

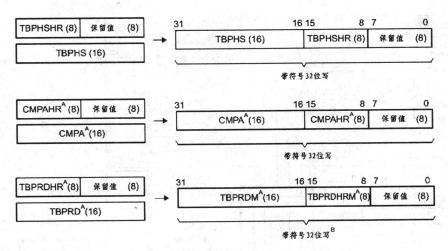

(A) 这些寄存器都是有影子的,能够在两个不同的存储空间位置被写入。影子寄存器带
"M"后缀(例如 CMPA 的影子＝CMPAM)高精度影子寄存器时读出值是不确定的
(B) TBPRDHR 和 TBPRD 寄存器仅仅在影子地址可以写入 32 位的值。不是所有的器件
都有 TBPRD 和 TBPRDHR 寄存器

图 12－3　高分辨率增强型脉宽调制(HRPWM)寄存器和存储分配

PWM)支持模块 B。图 12－4 显示高分辨率增强型脉宽调制(HRPWM)与 8 位寄存
器的接口方法。

2. 配置高分辨率增强型脉宽调制(HRPWM)模块

一旦 ePWM 配置 PWM 的频率和极性后,就可以通过地址偏移量为 20h 的高分
辨率配置寄存器(HRCNFG)来编程配置 HRPWM。该寄存器配置选项如下:

边沿模式:在同一时间,微边沿定位(MEP)可能通过编程实现对上升沿 RE、下
降沿 FE 或双向沿 BE 进行精确的控制。FE、RE 用于需要进行占空比(计数比较 A
寄存器(CMPA)的高分辨率控制)控制的电源变换拓扑中,而 BE 用于需要移相的电
路拓扑中。例如:全桥移相电路(TBPHS 或 TBPRD 高分辨率控制)。

控制模式:微边沿定位(MEP)可以通过对计数比较 A 高分辨率寄存器(CM-
PAHR)的占空比或时基相位高分辨率寄存器(TBPHSHR)的相位编程进行控制。
RE 或 FE 控制模式使用计数比较 A 高分辨率寄存器(CMPAHR)。BE 控制模式使
用时基相位高分辨率寄存器(TBPHSHR)。当微边沿定位(MEP)由时基周期高分
辨率寄存器(TBPRDHR)进行周期控制时,能够通过相应的高分辨率寄存器控制占
空比和相位。

屏蔽模式:此种模式提供了与普通 PWM 模式相同的屏蔽(双重缓冲)选项。该
选项仅当由计数比较 A 高分辨率寄存器(CMPAHR)和时基周期高分辨率寄存器
(TBPRDHR)操作,且能够被选择为计数比较 A 寄存器(CMPA)的常规选项时有
效。如果时基相位高分辨率寄存器(TBPHSHR)正在使用,那么此屏蔽选项无效。

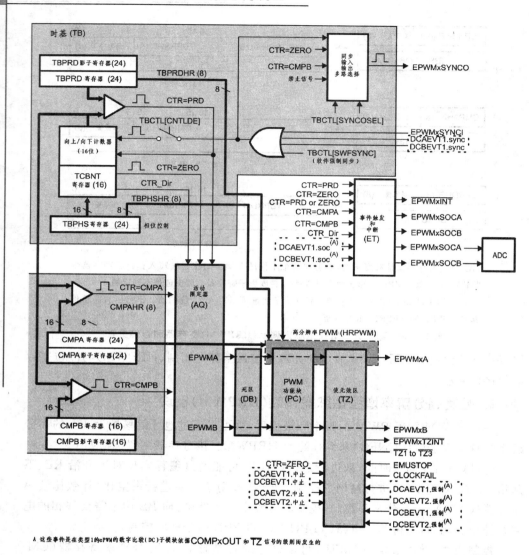

A 这些事件是在类型1的ePWM的数字比较(DC)子模块依据COMPxOUT 和 TZ 信号的级别而发生的

图 12 - 4　高分辨率增强型脉宽调制(HRPWM)功能方框图

　　高分辨率 B 信号控制：一个 ePWM 的通道 B 信号能够通过变换 A、B 输出(高分辨率信号将会出现在 ePWMxB 而不是 ePWMxA)或者通过输出一个高分辨率 eP-WMxA 信号相对于 PWMxB 引脚的反相信号。

　　自动转换模式：此种模式仅与比例因子优化软件配合使用。对于类型 1 的高分辨率增强型脉宽调制(HRPWM)模式，如果使能自动转换，那么 CMPAHR=取小数(PWM 占空比 * PWM 周期)≪8。比例因子优化软件将会通过后台代码计算微边沿定位(MEP)比例因子，然后自动地计算出相对于每个粗分步长的微边沿定位(MEP)步数更新 HRMSTEP 寄存器。微边沿定位(MEP)计算模块使用高分辨率增强型脉宽调制（HRPWM）微边沿定位（MEP）步数配置寄存器（HRMSTEP）和计数比较 A 高分辨率寄存器（CMPAHR）的值自动计算出的微边沿定位（MEP）实际步数，微边沿定位（MEP）步数由占空比的小数和高分辨率 ePWM 信号边沿相应的移动值构成。如果禁止自动转换，计数比较 A 高分辨率寄存器（CMPAHR）与类型 0 的高分辨率增强型脉宽调制（HRPWM）模式一样，此时 CMPAHR＝（取小数（PWM 占空比 ＊ PWM 周期）＊ MEP 比例因子＋0.5）≪8。所有这些计算都需要在此种模式下由用户代码实现，并忽略 HRMSTEP。高分辨率周期自动转换与高分辨率占空比自动转换一样。在高分辨率周期转换中自动转换必须一直被使能。

操作原理：微边沿定位（MEP）逻辑能够等分边沿时间为 255 个（8 位）个步长。微边沿定位（MEP）与 PWM 寄存器组一起使用能够确保时间步长为最佳，以及保证 PWM 频率、系统时钟频率和其他使用条件下的宽范围边沿定位精度。表 12－3 显示高分辨率增强型脉宽调制（HRPWM）所支持典型的频率范围。

表 12－3　微边沿定位（MEP）步长、PWM 频率与分辨率的关系

系统频率（MHz）	每个 SYSCLKOUT[1][2][3] MEP 步数	PWM 最小值（Hz）[4]	PWM 最大值（MHz）	最高分辨位数（位）[5]
50.0	111	763	2.50	11.1
60.0	93	916	3.00	10.9
70.0	79	1068	3.50	10.6
80.0	69	1221	4.00	10.4
90.0	62	1373	4.50	10.3
100.0	56	1526	5.00	10.1

注：[1] 系统频率＝SYSCLKOUT，例如 CPU 时钟，TBCLK＝SYSCLKOUT。

[2] 表中数据基于 180 ps 的 MEP 时间分辨率（这仅是一个例子，MEP 的限制条件详见专用芯片数据手册）。

[3] 在这个例子中 MEP 实用步数＝TSYSCLKOUT/180 ps。

[4] PWM 最小频率基于最大周期值，例如 TBPRD＝65535，PWM 模式是不对称的向上计数。

[5] 指定的最高 PWM 频率的分辨位数。

边沿定位：在电源控制回路中（比如：开关模式电源、数字电机控制 DMC、不间断电源供电 UPS）控制器发出的命令其相关数据，通常是用小数或者百分比来表示。假设需要实时占空比为 0.405 或者 40.5％而变频器 PWM 频率为 1.25 MHz。则可用 PWM 发生器产生 60 MHz 时钟频率，而占空比的选择只能在 40.5％附近，如表 12－4 所列，第 19 个数最接近 40.5％，这时边沿定位为 316.7 ns 而不是期望的 324 ns。

采用微边沿定位（MEP）能够定位一个最接近 324 ns 期望值的边沿。表 12－4 列出了除了计数比较 A 寄存器（CMPA）数据之外，微边沿定位（MEP）的 44 个步长

将会定位边沿于 323.92 ns，产生的误差几乎为零。该例中的微边沿定位（MEP）的步长分辨率为 180 ps。

表 12-4　CMPA 与占空比（表的左边）与 CMPA:CMPAHR 与占空比（表的右边）相比较

CMPA（计数值）[1][2][3]	占空比%	高精度时间（ns）	CMPA（计数值）	CMPAHR（计数值）	占空比（%）	高精度时间（ns）
15	31.25%	250	19	40	40.40%	323.2
16	33.33%	267	19	41	40.42%	323.38
17	37.50%	283	19	42	40.45%	323.56
18	39.58%	300	19	43	40.47%	323.74
19	41.68%	316	19	44	40.49%	323.92
20	43.75%	333	19	45	40.51%	324.1
21		350	19	46	40.54%	324.28
			19	47	40.56%	324.46
需求值			19	48	40.58%	324.64
19.4	40.50%	324	19	49	40.60%	324.82

注：[1] 系统时钟，SYSCLKOUT 和 TBCLK=60 MHz，16.67 ns。

　　[2] PWM 周期寄存器（值为 48），PWM 周期=48×16.67 ns=800 ns，PWM 频率=1/800 ns=1.25 MHz。

　　[3] MEP 步长为 180 ps。

微步长设置：使用计数比较 A 寄存器（CMPA）和微边沿定位（MEP）方法是可行的。在实际应用中 CPU 使用一个函数完成，这个函数将小数形式的占空比整合为非小数的值写入计数比较 A 高分辨率寄存器（CMPAHR）。

在控制软件中常用小数或百分数表示占空比。它的优点就是容易计算而不考虑转换成时钟计数或微秒为单位的占空比，还可以适应不同类型的 PWM 频率下其代码不变。

实现方案需要以下两个步骤：

假设条件如下：

系统时钟（SYSCLKOUT）=16.67 ns(60 MHz)

需要的 PWM 频率　　　=1.25 MHz(小数 800 ns)

需要的 PWM 占空比　　=0.405(40.5%)

粗分步长的 PWM 周期　=48(800 ns/16.67 ns=48)

粗分步长内的微边沿定位（MEP）步数（MEP_SF）=93(16.67 ns/ 180 ps=92.6)

保证 CMPAHR 值在 1～255 范围内，如果取小数（PWM 占空比 * PWM 周期）* MEP_SF 的结果 ≥0.5（在 Q8 模式时为 0080h），则取整为 1。

步骤 1：对 CMPA 寄存器的百分数转换成整数

CMPA 寄存器值=int(PWM 占空比 * PWM 周期)=int(0.405 * 48(CMPA 寄

存器值))＝19(13h)

步骤 2：对计数比较 A 高分辨率寄存器(CMPAHR)的小数进行转换

计数比较 A 高分辨率寄存器(CMPAHR)的值＝(取小数(PWM 占空比 * PWM 周期) * MEP_SF＋0.5)≪8;

> ＝(取小数(19.4) * 93＋0.5)≪8;左移位是为了将数据移到 CMPAHR 高字节
>
> ＝(0.4 * 93 ＋0.5)≪8;
>
> ＝(37.2＋0.5)≪8;左移 8 位相当于乘以 256
>
> ＝ 37.7 * 256;
>
> ＝ 9651;

计数比较 A 高分辨率寄存器(CMPAHR)的值＝25B3h;将忽略低 8 位。

如果高分辨率配置寄存器(HRCNFG 6)的自动转换延时值位(AUTOCONV)置位,且 MEP_SF 保存在 HRMSTEP 寄存器中,那么计数比较 A 高分辨率寄存器(CMPAHR)的值＝取小数(PWM 占空比 * PWM 周期≪8)。转换计算的步骤将会由硬件自动执行,正确的微边沿定位(MEP)信号边沿就会出现在 ePWM 输出通道上。如果 AUTOCONV 位没有置位,上述计算必须由软件执行。

微边沿定位(MEP)比例因子 MEP_SF 会随着系统时钟和 DSC 运行条件而变化。TI 提供一个微边沿定位(MEP)比例因子优化软件 C 函数,返回优化比例因子给高分辨率增强型脉宽调制(HRPWM)。

由于比例因子在有限的范围内缓慢变化,所以 C 函数的优化可以在后台慢速运行。

在内存中配置计数比较 A 寄存器(CMPA)和计数比较 A 高分辨率寄存器(CMPAHR),以便 CPU 能够将此作为一个联合使用,比如(CMPA：CMPAHR)、时基周期影子寄存器(TBPRDM)和时基周期高分辨率影子寄存器(TBPRDHRM)在内存中有着相似的配置。

可以使用 C 语言和汇编语言编程实现方案。对每个周期都需要计算时最好选用汇编语言编程。汇编程序可优化函数(11 个 SYSCLKOUT 周期),能将 Q15 格式数据作为输入并写入联合(CMPA：CMPAHR)。

12.2　占空比范围限制

在高分辨率模式下,100％PWM 周期内的微边沿定位(MEP)可以动态变化:

● 3 个系统时钟周期高分辨率(TBPRDHR)控制模式被禁止;

● 配置高分辨率周期控制寄存器(HRPCTL)使高分辨率控制模式使能时,微边沿定位(MEP)可以改变时刻如下:

— 递增计数模式下:从周期开始后的 3 个系统时钟周期到周期结束前的 3 个

系统时钟周期；

—— 可逆计数模式下：当递增计数时，在 CTR＝0 之后的 3 个系统时钟周期到 CTR＝PRD 之前的 3 个系统时钟周期；在递减计数下，CTR＝PRD 之后的 3 个系统时钟周期到 CTR＝0 前的 3 个系统时钟周期。

表 12－5 为占空比周期范围被 3 个 SYSCLK/TBCLK 周期限制。

表 12－5　占空比周期范围被 3 个 SYSCLK/TBCLK 周期限制

PWM 频率[1] (kHz)	3时钟脉冲 最小占空比	3时钟脉冲 最大占空比[2]	PWM 频率[1] (kHz)	3时钟脉冲 最小占空比	3时钟脉冲 最大占空比[2]
200	1.00%	99.00%	1200	6.00%	94.00%
400	2.00%	98.00%	1400	7.00%	93.00%
600	3.00%	97.00%	1600	8.00%	92.00%
800	4.00%	96.00%	1800	9.00%	91.00%
1000	5.00%	95.00%	2000	10.00%	90.00%

注：(1) 系统时钟—$T_{SYSCLKOUT}$＝16.67 ns　　系统时钟＝TBCLK＝60 MHz。
　　(2) 这个限制仅仅在高分辨率周期(TBPRDHR)时被应用。

占空比的范围限制如图 12－5 所示。此种限制只是增加了对微边沿定位(MEP)的占空比限制。比如：在占空比下降到 0% 的整个过程中，精确的边沿控制无效。在高分辨率控制周期使能时，在前 3 个周期，高分辨率增强型脉宽调制(HRP-WM)控制无效，标准的 PWM 占空比在下降到 0% 的过程中仍然是动态变化的。在大多数的应用中，占空比的控制不能达到接近 0%。在高分辨率周期控制使能情况下，占空比不能调节到范围以外，否则，ePWMxA 输出不可预计。

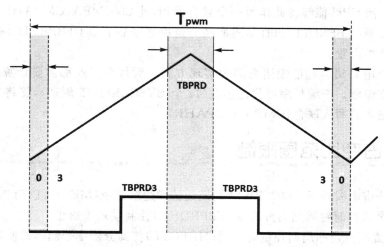

图 12－5　上升沿计数占空比范围限制的示例

如果应用中要求高分辨率增强型脉宽调制（HRPWM）工作在较低占空比时序，则可以采用禁止高分辨率周期使能，高分辨率增强型脉宽调制（HRPWM）可以被配置为上升沿位置 REP 触发的递减计数模式。

注：高分辨率周期控制寄存器（HRPCTL）的高分辨率周期使能位 HRPE＝1，如果应用高分辨率周期控制寄存器（HRPCTL）的高分辨率周期使能位 HRPE＝1，占空比不能下降到限制范围内，否则 ePWM 输出会出现不可预计的情况。

12.3　高分辨率周期控制

采用时基周期高分辨率影子寄存器（TBPRDHRM）的微边沿定位（MEP）逻辑的高分辨率周期控制支持类型 1 的 ePWM 模块。类型 1 的 ePWM 的占空比程序也适用于高分辨率周期控制。高分辨率周期控制不支持 ePWMxB 模块。

示例条件：

系统时钟 SYSCLKOUT 　　　＝16.67 ns（60 MHz）

需要的 PWM 频率 　　　　＝175kHz（周期为 342.857）

粗分步长的微边沿定位（MEP）步数（MEP_SF）　＝93（16.67 ns/180 ps）

保持 TBPRDHR 在 1～255 范围

且取小数为固定值（默认值）　＝0.5（在 Q8 模式时为 0080h）

存在的问题：

在上升沿模式下：

如果 TBPRD＝342，则 PWM 频率＝174.93kHz（周期＝（342＋1）＊TTBCLK）

如果 TBPRD＝341，则 PWM 频率＝175.44kHz（周期＝（341＋1）＊TTBCLK）

在上下沿计数模式下：

如果 TBPRD＝172，则 PWM 频率＝174.42kHz（周期＝（172＊2）＊TTBCLK）

如果 TBPRD＝171，则 PWM 频率＝175.44kHz（周期＝（171＊2）＊TTBCLK）

解决方案：

当细分步长为 180 ps 时，则粗分步长的微边沿定位（MEP）步数为 93：

第 1 步骤：TBPRD 寄存器的整数周期值转换百分比

整数周期值　　　　　　　＝342＊TTBCLK

　　　　　　　　　　　　＝int（342.857）＊TTBCLK

　　　　　　　　　　　　＝int（PWM 周期）＊TTBCLK

在上升沿计数模式下：

TBPRD 寄存器值＝341（TBPRD＝周期值—1）

　　　　　　　　＝0155h

在上下沿计数模式下：

TBPRD 寄存器值＝171（TBPRD＝周期值/2）

$$=00ABh$$

第 2 步骤：时基周期高分辨率寄存器(TBPRDHR)进行小数转换

TBPRDHR 寄存器值＝(取小数(PWM 周期) * MEP_SF ＋ 0.5)(移动到 TB-PRDHR 的高字节)

HRMSTEP＝MEP_SF 值(93)：

$$=取小数(PWM 周期)<<8$$

TBPRDHR 寄存器值＝取小数(342.857)<<8

$$=0.857×256$$

$$=DB00h$$

BPRDHR 微边沿定位(MEP)延时由硬件决定：

$$=(00DBh×93+80h)>>8$$

$$=(500Fh)>>8$$

周期的微边沿定位(MEP)延时数＝0050h * MEP 步长

为了使用高分辨率周期功能,需要按照下述步骤对 ePWMx 模块进行初始化：

(1) 使能 ePWMx 时钟；

(2) 禁止时基时钟同步信号 TBCLKSYNC；

(3) 配置 ePWMx 寄存器 AQ、TBPRD、CC：

● ePWMx 只允许在上升沿计数与上下沿计数模式,不兼容下降沿计数模式；

● 时基时钟(TBCLK)必须等于 SYSCLKOUT；

● TBPRD 与 CC 寄存器必须配置为影子装载方式；

● 计数比较控制寄存器(CMPCTL)的位 LOADAMODE：

　　— 上升沿计数模式：计数比较控制寄存器(CMPCTL)的位 LOADAMODE＝1(加载 CTR=PRD)；

　　— 上下沿计数模式：计数比较控制寄存器(CMPCTL)的位 LOADAMODE＝2(加载 CTR=0 或 CTR=PRD)。

(4) 配置高分辨率增强型脉宽调制(HRPWM)寄存器：

● 高分辨率配置寄存器(HRCNFG)的位 HRLOAD＝2(加载 CTR=0 或 CTR=PRD)；

● 高分辨率配置寄存器(HRCNFG)的位 AUTOCONV＝1(使能自动转换)；

● 高分辨率配置寄存器(HRCNFG)的位 EDGMODE＝3(微边沿定位(MEP)在两个边沿控制)。

(5) 对于 TBPHS：时基相位高分辨率寄存器(TBPHSHR)同步与高分辨率周期时,同时设置高分辨率周期控制寄存器(HRPCTL)的位 TBPSHRLOADE＝1 和时基控制寄存器(TBCTL)的位 PHSEN＝1,上下沿计数模式时,这些位必须设置为 1,忽约时基相位高分辨率寄存器(TBPHSHR)的内容；

(6) 使能高分辨率周期控制寄存器(HRPCTL)的高分辨率周期使能位 HRPE＝1；

（7）使能时基时钟同步信号 TBCLKSYNC；

（8）时基控制寄存器（TBCTL）的位 SWFSYNC＝1；

（9）由于使能自动转换功能，HRMSTEP 必须包含一个比例因子（每个由 SY-SCLKOUT 确定粗分步长内的微边沿定位（MEP）步数）。微边沿定位（MEP）的比例因子可以在 SFO（）函数得到；

（10）为了控制高分辨率周期，需写入时基周期高分辨率寄存器（TBPRDHR）及影子寄存器。

比例因子优化 C 函数 SFO：

微边沿定位（MEP）逻辑能够将粗分步长细分为 255 步数。微步长大小可以达到 150 ps。微边沿定位（MEP）步长精度在工艺参数、工作温度和电压变化的最差情况下也能满足。微边沿定位（MEP）步长大小将随着电压的降低和温度的升高而增大，随着电压的升高和温度降低而减小。在使用高分辨率增强型脉宽调制（HRP-WM）功能时，应该使用 TI 公司提供的微边沿定位（MEP）比例因子优化算法 SFO 的C 函数，有助于在高分辨率增强型脉宽调制（HRPWM）运行时动态地估计每个系统时钟 SYSCLKOUT 周期内的微边沿定位（MEP）步数。

比例因子优化汇编代码：

要了解如何使用高分辨率增强型脉宽调制（HRPWM）功能的最好方法是理解以下实例：

（1）使用简单的 BUCK 非对称 PWM 变换器；

（2）PWM 输出连接 RC 滤波器后实现 DAC 功能。

下面的初始化/配置代码都用 C 语言编写。为了更容易理解，使用了#定义。

例 12－1：本例假定微边沿定位（MEP）步长为 150 ps，并且不使用 SFO 软件库函数。

例 12－1　高分辨率增强型脉宽调制（HRPWM）的头文件#定义。

```
// 高分辨率增强型脉宽调制(HRPWM)//
==============================
//高分辨率配置寄存器(HRCNFG)
# define HR_Disable 0x0
# define HR_REP 0x1           //上升沿位置
# define HR_FEP 0x2           //下降沿位置
# define HR_BEP 0x3           //两个的位置
# define HR_CMP 0x0           //CMPAHR 控制
# define HR_PHS 0x1           //TBPHSHR 控制
# define HR_CTR_ZERO 0x0      //CTR = 0 事件
# define HR_CTR_PRD 0x1       //CTR = period
# define HR_CTR_ZERO_PRD 0x2  //CTR = 0 或 Period
# define HR_NORM_B     0x0    //正常 ePWMxB 输出
# define HR_INVERT_B 0x1      //ePWMxB 逆向 ePWMxA 输出
```

12.4　实现一个简单的降压转换器功能

例 12 - 2：SYSCLKOUT＝60 MHz,PWM 的要求是：
- PWM 频率＝ 600 kHz(即 TBPRD＝100)；
- PWM 模式＝非对称上升沿模式；
- 分辨率＝12.7 位(微边沿定位的步长大小为 150 ps)。

图 12 - 6 和图 12 - 7 显示所需的 PWM 波形。除了适当的微边沿定位(MEP)选项外,ePWM 模块的配置与通常情况下的配置几乎一样。

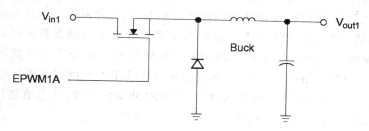

图 12 - 6　简单降压变换器

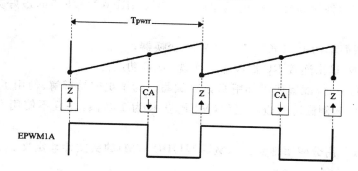

图 12 - 7　简单降压转换器控制产生的 PWM 波形

例 12 - 2 代码由两个主要部分组成：
- 初始化代码(执行一次)；
- 运行代码(通常放在中断服务程序执行)。

例 12 - 2 初始化代码。第一部分配置传统的 PWM。第二部分设置高分辨率增强型脉宽调制(HRPWM)资源。假定微边沿定位(MEP)的步长为 150 ps,并且没有使用 SFO 软件库。

例 12 - 2 高分辨率增强型脉宽调制(HRPWM)降压转换器初始化代码。

```
EPWM1_BASE.set 0x6800
CMPAHR1.set EPWM1_BASE + 0x8
;=========================================================
```

```
HRBUCK_DRV;(能够在 ISR 或 loop 情况期间执行)
;===========================================
MOVW DP,#_HRBUCK_In
MOVL XAR2,@_HRBUCK_In;       指向输入 Q15 格式占空比(XAR2)
MOVL XAR3,#CMPAHR1;          指向 CMPA 寄存器(XAR3)
                            ;EPWM1A(HRPWM)的输出
MOV T,*XAR2;                         T<= 占空比
MPYU ACC,T,@_hrbuck_period;  基于 Q15 格式比例因子
MOV T,@_MEP_SF;             MEP 比例因子(基于优化 s/w)
MPYU P,T,@AL;               P<=T*AL,优化尺度
MOVH @AL,P;                 AL<=P,结果值返回 ACC
ADD ACC,#0x080;            MEP 范围和四舍五入调整
MOVL *XAR3,ACC;            CMPA:CMPAHR(31:8)<= ACC
                          ;EPWM1B 寄存器可选择输出—只用于比较
MOV *+XAR3[2],AH;          存储 ACCH 到计数比较 B 寄存器(CMPB)
```

例 12-3：高分辨率增强型脉宽调制(HRPWM)降压转换器运行代码。

```
void HrBuckDrvCnf(void)
{
// 首先配置 PWM
EPwm1Regs.TBCTL.bit.PRDLD = TB_IMMEDIATE;        //设置立即引导
EPwm1Regs.TBCTL.bit.PRDLD = TB_IMMEDIATE;        //周期设置为 600 kHz PWM
hrbuck_period = 200;                             //Q15 到 Q0 扩展为 2 倍周期
EPwm1Regs.TBCTL.bit.CTRMODE = TB_COUNT_UP;
EPwm1Regs.TBCTL.bit.PHSEN = TB_DISABLE;          //EPWM1 为主寄存器
EPwm1Regs.TBCTL.bit.SYNCOSEL = TB_SYNC_DISABLE;
EPwm1Regs.TBCTL.bit.SYNCOSEL = TB_SYNC_DISABLE;
EPwm1Regs.TBCTL.bit.HSPCLKDIV = TB_DIV1;
EPwm1Regs.TBCTL.bit.CLKDIV = TB_DIV1;
                    //注意:ChB 在此初始化的目的只是因为比较的目的,并不是必需的
EPwm1Regs.CMPCTL.bit.LOADAMODE = CC_CTR_ZERO;
EPwm1Regs.CMPCTL.bit.SHDWAMODE = CC_SHADOW;
EPwm1Regs.CMPCTL.bit.LOADBMODE = CC_CTR_ZERO;    //可选择
EPwm1Regs.CMPCTL.bit.SHDWBMODE = CC_SHADOW;      //可选择
EPwm1Regs.AQCTLA.bit.ZRO = AQ_SET;
EPwm1Regs.AQCTLA.bit.CAU = AQ_CLEAR;
EPwm1Regs.AQCTLB.bit.ZRO = AQ_SET;               //可选择
EPwm1Regs.AQCTLB.bit.CBU = AQ_CLEAR;             //可选择
                                                 //此处配置 HRPWM 资源 EALLOW
                                                 //只作用在 ChA
EPwm1Regs.HRCNFG.all = 0x0;                       //所有位清零
EPwm1Regs.HRCNFG.bit.EDGMODE = HR_FEP;            //控制下降沿位置
```

```
EPwm1Regs.HRCNFG.bit.CTLMODE = HR_CMP;        //CMPAHR 控制 MEP
EPwm1Regs.HRCNFG.bit.HRLOAD = HR_CTR_ZERO;    //CTR = 0 时引导影子寄存器
EDIS;
MEP_SF = 111 * 256;                           //在典型比例因子下启动,值为 60Mh
                                              //注意:使用 SFO 功能需动态刷新 MEP_SF
}
```

12.5　使用 RC 滤波器实现 DAC 功能

例 12 - 4:PWM 的要求为:

● PWM 频率＝400 kHz(即 TBPRD＝150);

● PWM 模式＝非对称向上计数;

● 分辨率＝14 位(微边沿定位(MEP)步长大小为 150 ps)。

图 12 - 8 和图 12 - 9 显示 DAC 的功能和所需要的 PWM 波形。除了适当的微边沿定位(MEP)选项外,对于 ePWM 模块的配置与通常情况下配置几乎一样。

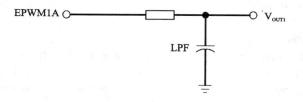

图 12 - 8　使用简单滤波器的 PWM 实现 DAC

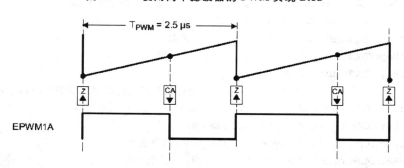

图 12 - 9　为实现 DAC 功能而产生的 PWM 波形

例 12 - 4 代码所示由两个主要部分组成:

● 初始化代码(执行一次);

● 运行代码(通常在中断服务程序执行)。

例 12 - 4 列出了初始化代码。第一部分配置传统的 PWM。第二部分设置高分辨率增强型脉宽调制(HRPWM)资源。

例 12-4　PWM DAC 功能初始化代码。

```
void HrPwmDacDrvCnf(void)
{
                                            //首先配置 PWM 参数
EPwm1Regs.TBCTL.bit.PRDLD = TB_IMMEDIATE;   //设置立即装载
EPwm1Regs.TBPRD = 150;                      //PWM 周期设置为 400 kHz
hrDAC_period = 150;                         //使用 Q15 格式设置比例因子
EPwm1Regs.TBCTL.bit.CTRMODE = TB_COUNT_UP;
EPwm1Regs.TBCTL.bit.PHSEN = TB_DISABLE;     //EPWM1
EPwm1Regs.TBCTL.bit.SYNCOSEL = TB_SYNC_DISABLE;
EPwm1Regs.TBCTL.bit.HSPCLKDIV = TB_DIV1;
EPwm1Regs.TBCTL.bit.CLKDIV = TB_DIV1;
                                            //这里 ChB 被初始化只是作为对比目的
EPwm1Regs.CMPCTL.bit.LOADAMODE = CC_CTR_ZERO;
EPwm1Regs.CMPCTL.bit.SHDWAMODE = CC_SHADOW;
EPwm1Regs.CMPCTL.bit.LOADBMODE = CC_CTR_ZERO;   //可选择
EPwm1Regs.CMPCTL.bit.SHDWBMODE = CC_SHADOW;     //可选择


EPwm1Regs.AQCTLA.bit.ZRO = AQ_SET;
EPwm1Regs.AQCTLA.bit.CAU = AQ_CLEAR;
EPwm1Regs.AQCTLB.bit.ZRO = AQ_SET;          //可选择
EPwm1Regs.AQCTLB.bit.CBU = AQ_CLEAR;        //可选择
                                   //此处配置高分辨率增强型脉宽调制(HRPWM)资源
EALLOW;                                     //此处寄存器受保护
  //只作用于 ChA
EPwm1Regs.HRCNFG.all = 0x0;                 //首先清除所有位
EPwm1Regs.HRCNFG.bit.EDGMODE = HR_FEP;      //控制下降沿位置
EPwm1Regs.HRCNFG.bit.CTLMODE = HR_CMP;      //CMPAHR 控制 MEP
EPwm1Regs.HRCNFG.bit.HRLOAD = HR_CTR_ZERO;  //CTR = 0 时引导影子寄存器
EDIS;
MEP_SF = 111 * 256;                         //在典型比例因子下启动,值为 60Mh
                                            //需使用 SFO 功能动态刷新 MEP_SF

}
```

例 12-5:DAC 功能运行代码,可以循环执行高速中断服务程序 ISR。

```
EPWM1_BASE.set 0x6800
CMPAHR1.set EPWM1_BASE + 0x8
;==================================================
HRPWM_DAC_DRV;    能够在一个中断服务程序 ISR 或循环内执行完
;==================================================
MOVW DP, # _HRDAC_In;
```

293

```
MOVL XAR2,@_HRDAC_In          ;指针指向输入 Q15 格式占空比(XAR2)
MOVL XAR3,#CMPAHR1            ;指针指向 CMPA 寄存器(XAR3)
                              ;输出给 EPWM1A(HRPWM)
MOV T,*XAR2                   ;T<=占空比
MPY ACC,T,@_hrDAC_period     ;Q15 格式的周期
ADD ACC,@_HrDAC_period<<15    ;双极性位移
MOV T,@_MEP_SF               ;MEP 比例因子(基于优化 s/w)
MPYU P,T,@AL                  ;P<=T*AL,优化比例
MOVH @AL,P                    ;AL<=P,值返回到 ACC
ADD ACC,#0x080               ;MEP 调整范围和四舍五入
MOVL *XAR3,ACC               ;CMPA:CMPAHR(31:8)<=ACC
                              ;EPWM1B 寄存器可选输出——只作为比较
MOV *+XAR3[2],AH             ;保存 ACCH 到计数比较 B 寄存器(CMPB)
```

12.6　高分辨率增强型脉宽调制寄存器组

本节介绍高分辨率增强型脉宽调制(HRPWM)寄存器组。

高分辨率配置寄存器(HRCNFG)(受 EALLOW 保护)

15							8
保留							
R-0							

7	6	5	4		3	2	1	0
SWAPAB	AUTOCONV	SELOUTB	HRLOAD		CTLMODE		EDGMODE	
R/W-0	R/W-0	R/W-0	R/W-0		R/W-0		R/W-0	

位 15~8　保留位

位 7　ePWM A 与 ePWMB 通道交换的输出位(SWAPAB)

该位用于使能 A 与 B 的输出信号交换。

0　ePWMxA 与 ePWMxB 输出信号不变;

1　ePWMxA 信号出现在 ePWMxB 端,ePWMxB 信号出现在 ePWMxA 端。

位 6　自动转换延时值位(AUTOCONV)

在 CMPAHR/时基周期高分辨率寄存器(TBPRDHR)/时基相位高分辨率寄存器(TBPHSHR)中选择最接近的占空比/周期/相位是否自动由高分辨率微边沿定位步数配置寄存器(HRMSTEP)中的微边沿定位(MEP)比例因子来配置,或者由应用软件来配置。SFO 软件库函数依据相应的微边沿定位(MEP)比例因子自动更新高分辨率微边沿定位步数配置寄存器(HRMSTEP)。

0　禁止 HRMSTEP 自动转换功能;

1　使能 HRMSTEP 自动转换功能。

如果应用软件配置最小占空比或相位,例如:软件设置 CMPAHR=(取小数(PWM 占空比 * PWM 周期) * MEP 比例因子)<<8+0x080 占空比脉冲,此时必须禁止此种模式。

位 5　ePWMxB 输出选择位(SELOUTB)

选择该位时信号由 ePWMxB 通道输出。

0　ePWMxB 输出正常；

1　ePWMxB 输出与 ePWMxA 信号反相。

位 4～3　影子寄存器控制位(HRLOAD)

该位域用于选择时间事件，它们将加载 CMPAHR 影子寄存器值到寄存器。

00　CTR＝Zero 加载：时基计数器(TBCTR)为 0(TBCTR＝0x0000)；

01　CTR＝PRD 加载：时基计数器(TBCTR)为周期(TBCTR＝TBPRD)；

10　CTR＝Zero 或 CTR＝PRD 加载；

11　保留

位 2　模式控制位(CTLMODE)

0　选择寄存器(CMP/TBPRD 或 TBPHS)用于控制微边沿定位(MEP)；

1　CMPAHR 或时基周期高分辨率寄存器(TBPRDHR)控制微边沿定位(例如：此处为占空比或周期控制模式)(复位时默认为 1)。

位 1～0　边沿模式位域(EDGMODE)

该位域用于选择 PWM 的边沿模式，它由微边沿定位(MEP)逻辑控制。

00　禁止高分辨率增强型脉宽调制(HRPWM)功能(复位时为默认 00)；

01　微边沿定位(MEP)控制上升沿 CMPAHR；

10　微边沿定位(MEP)控制下降沿 CMPAHR；

11　微边沿定位(MEP)控制上升沿和下降沿，时基相位高分辨率寄存器(TBPHSHR)或时基周期高分辨率寄存器(TBPRDHR)。

计数比较 A 高分辨率寄存器(CMPAHR)

15	8 7	0
CMPAHR	保留	
R/W－0	R－0	

位 15～8　微边沿定位(MEP)步长控制的比较 A 高分辨率寄存器控制位 CMPAHR

该位域用于微边沿定位(MEP)步长控制比较 A 高分辨率寄存器，包括计数比较 A 高分辨率的值。CMPA:CMPAHR 可以做 32 位读/写操作。影子寄存器是否使用由计数比较控制寄存器(CMPCTL4)位 SHDWAMODE 控制。

位 7～0　保留位

时基相位高分辨率寄存器(TBPHSHR)

15	8 7	0
TBPHSH	保留	
R/W－0	R－0	

位 15～8　时基相位高分辨率控制位(TBPHSH)

位 7～0　保留位

时基周期高分辨率寄存器(TBPRDHR)

15	8
TBPRDHR	
R/W－0	

7		0
	保留	
	R - 0	

位 15～8　周期高分辨率值(TBPRDHR)

　　该位域用于高分辨率周期控制,包括高分辨率周期值。该寄存器不受基控制寄存器(TBCTL 3)的时基周期装载使能位 PRDLD 影响。从该寄存器读数,实为读取其影子寄存器的值。同样对其写操作时亦写入影子寄存器。该寄存器只有在高分辨率周期功能使能时才有效。该寄存器只用于高分辨率周期控制。

位 7～0　保留位

计数比较 A 高分辨率影子寄存器(CMPAHRM)

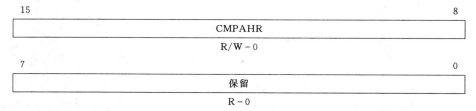

位 15～8　计数比较 A 高分辨率值(CMPAHR)

　　写入 CMPAHR 与 CMPAHRM 位置的用于高分辨率计数比较 A 的值。与 CMPAHR 唯一的区别是从影子寄存器 CMPAHRM 读数时不确定。对该寄存器的写入操作可以是对影子寄存器,由计数比较控制寄存器(CMPCTL)的位 SHDWAMODE 控制。

位 7～0　保留位

时基周期高分辨率影子寄存器

位 15～8　TBPRDHRM 时基周期高分辨率影子值,该 8 位包括高分辨率周期值的影子。

　　TBPRD 值提供向下和之前的高分辨率的兼容性。时基周期影子寄存器(TBPRDM)与 TBPRDHRM 允许一次写入 32 位数据至时基周期高分辨率寄存器(TBPRDHR)。由于先前的时基周期寄存器(TBPRD)的奇数存储单元地址,对于时基周期寄存器(TBPRD)与时基周期高分辨率寄存器(TB-PRDHR)不能进行 32 位写操作。时基周期高分辨率影子寄存器(TBPRDHRM)不受时基控制寄存器(TBCTL)的时基周期装载使能位 PRDLD 影响。

　　写入时基周期高分辨率寄存器(TBPRDHR)与时基周期影子寄存器(TBPRDM)位置,用于高分辨率时基周期的值。与时基周期高分辨率寄存器(TBPRDHR)唯一的区别是从影子寄存器 TBPRDHRM 读数是不确定的。

　　TBPRDHRM 寄存器可用于高分辨率,因为它支持高分辨率周期控制,且只用于当高分辨率周期功能使能时的情况。

位 7～0　保留位域。

高分辨率周期控制寄存器（HRPCTL）（受 EALLOW 保护，仅用于类型 1 高分辨率模式）

15							8
保留							
R－0							

7			3	2		1	0
保留				TBPHSHR		保留	HRPE
R－0				R/W－0		R－0	R/W－0

位 15～3　保留位

位 2　加载使能位（TBPHSHR）

　　该位允许在 SYNCIN、时基控制寄存器（TBCTL）的位 SWFSYNC 或数字比较输出事件时同步使用具有高分辨率相位。这使得能在同一个频率下进行多种高分辨率操作。

　　0　禁止 SYNCIN，时基控制寄存器（TBCTL）的位 SWFSYNC 或数字比较输出事件时的高分辨率相位的同步发生；

　　1　使能 SYNCIN，时基控制寄存器（TBCTL）的位 SWFSYNC 或数字比较输出事件时的高分辨率相位的同步发生。相位使用时基相位高分辨率寄存器（TBPHSHR）的内容来同步发生。

　　时基控制寄存器（TBCTL）的位 PHSEN 在 SYNCIN 或时基控制寄存器（TBCTL）的位 SWFSYNC 事件时使能时基控制寄存器（TBCTL）用 TBPHS 的值进行加载。用户需要使能该位，因为在高分辨率周期功能开启时也同时控制相位。

　　当高分辨率周期用于上下计数模式，当 TBPHSHR＝0x0000 时，该位与时基控制寄存器（TBCTL）的位 PHSEN 都必须置 1。如果只是在高分辨率占空比使能时，该位可不置 1。

位 1　保留位

位 0　高分辨率周期使能位（HRPE）

　　0　禁止高分辨率周期功能。该模式下，ePWM 模块为类型 0 的 ePWM 模式；

　　1　使能高分辨率周期功能。该模式下，高分辨率增强型脉宽调制（HRPWM）模块可以控制占空比与频率。

　　当使能高分辨率周期时，不支持时基控制寄存器（TBCTL）的位 CTRMODE＝01（下降沿计数模式）。

高分辨率微边沿定位寄存器（HRMSTEP）（受 EALLOW 保护）

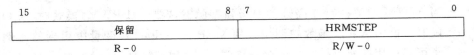

15		8	7		0
保留			HRMSTEP		
R－0			R/W－0		

位 15～8　保留位

位 7～0　高分辨率微边沿定位步数控制位（HRMSTEP）

　　当自动转换功能开启时，高分辨率配置寄存器（HRCNFG）的位 AUTOCONV＝1，该位域包含由硬件控制的微边沿定位（MEP）比例因子（每个粗分步长的微边沿定位步数），用来自动把 CMPAHR、时基相位高分辨率寄存器（TBPHSHR）或时基周期高分辨率寄存器（TBPRDHR）的值在高分辨率 ePWM 的输出转换成比例的微边沿延时。该寄存器值由 SFO 校准软件在每个校准过程后写入。

高分辨率功率寄存器(HRPWR)(受 EALLOW 保护)

15	10 9	6 5	0
保留	MEP OFF	保留	
R/W−0	R/W−0	R/W−0	

位 15~10 保留位

位 9~6 校准关闭控制位域(MEPOFF)

当高分辨率增强型脉宽调制(HRPWM)不使用微边沿定位(MEP)校准时,将该位域全置为 1,可以禁止微边沿定位(MEP)校准逻辑,并减少功率损耗。

位 5~0 保留位。

12.7 比例因子优化函数

该函数在任意给定的时间里驱动微边沿定位(MEP)逻辑来运行 SFO()诊断函数,以确定合适的微边沿定位(MEP)比例因子(每个粗分 SYSCLKOUT 步长的微边沿定位步数)。

如果 SYSCLKOUT=TBCLK=60 MHz,并且假定微边沿定位(MEP)步长为 150 ps,那么在 60MHz 下,常用的比例因子值为 111MEP 步数/TBCLK(16.67 ns)。

函数返回一个微边沿定位(MEP)比例因子值:

MEP 比例因子=MEP 步数/SYSCLKOUT。

制约该函数应用的因素:

● SFO()函数可以应用的最小频率为 SYSCLKOUT=TBCLK=50MHz。微边沿定位(MEP)逻辑可以在系统时钟 SYSCLKOUT 中应用,却不能在时基时钟(TBCLK)中应用,因此,只限于在系统时钟 SYSCLKOUT 中应用是它的一个重要的制约因素。如果频率低于 50MHz,并且随着设备处理过程的随机变化的影响,微边沿定位(MEP)步长可能会在低温和高内核电压的情况下缩短,即微边沿定位(MEP)步数 255 就不能持续到整个系统时钟 SYSCLKOUT 周期内了。

● 随时能够调用 SFO()程序执行微边沿定位(MEP)校准模块。

用途:

● 当 ePWM 通道执行在高分辨率增强型脉宽调制(HRPWM)模式时,SFO()随时都能够从底层函数中调用。从 MEP_ScaleFactor 变量中得到的比例因子可以应用在所有执行高分辨率增强型脉宽调制(HRPWM)模式的 ePWM 通道中。这是由于该函数利用了微边沿定位(MEP)校准模块(它可在 ePWM 通道独立运行)中的诊断逻辑;

● 当校准完成时,程序返回 1,并且计算出了新比例因子;当校准仍在进行,则程序返回 0。如果出现错误并且微边沿定位(MEP)比例因子比 255 步或者粗分 SYSCLKOUT 周期要大,程序返回 2。在此种情况下,高分辨率微边沿定位步数配置寄存器（HRMSTEP）会保存小于 256 的最后的微边沿定位（MEP）比例因子以便提供自动转换；

● 当不采用高分辨率周期控制时，所有的 ePWM 模块以高分辨率增强型脉宽调制（HRPWM）操作都会带来 3 - SYSCLKOUT 周期的最小工作周期的限制。如果采用高分辨周期控制，在 PSW 周期的末尾限制的 3 - SYSCLKOUT 周期前会产生一个附加占空比周期；

● 在 SFO_TI_Build_V6b.lib 中，SFO() 的功能也会用比例因子更新高分辨率微边沿定位步数配置寄存器（HRMSTEP）。如果设置了高分辨率配置寄存器（HRCNFG）的 AUTOCONV 位，当在底层执行 SFO() 时，应用程序只负责设定 CMPAHR＝取小数（PWM 占空比 * PWM 周期）<<8 或 TBPRDHR＝取小数（PWM 周期）。然后微边沿定位（MEP）校准模块利用在高分辨率微边沿定位步数配置寄存器（HRMSTEP）和 CMPAHR/时基周期高分辨率寄存器（TBPRDHR）的值，从而自动计算出占空比或周期下的合适的微边沿定位（MEP）步数，并控制高分辨率信号的边沿。在 SFO_TI_Build_V6.lib 中，SFO() 功能不会自动更新高分辨率微边沿定位步数配置寄存器（HRMSTEP）。因此，SFO() 函数结束后，应用程序必须将微边沿定位（MEP）比例因子写入高分辨率微边沿定位步数配置寄存器（HRMSTEP）（受 EALLOW 保护）；

● 如果置位高分辨率配置寄存器（HRCNFG）的 AUTOCONV 位，将忽略高分辨率微边沿定位步数配置寄存器（HRMSTEP）。应用程序需要进行必要的人为计算，从而：

－ CMPAHR＝（取小数（PWM 占空比 * PWM 周期）* MEP 比例因子）<<8+0x080；

－ 同样的操作应用于时基相位高分辨率寄存器（TBPHSHR）。使用时基周期高分辨率寄存器（TBPRDHR）时，必须开启自动转换功能。

该程序可以作为底层任务来运行，可以不考虑 CPU 时钟周期。SFO() 函数需要执行的重复率依赖于应用程序的运行环境。这是因为所有的 CMOS 器件的温度和供给电压的变化都会对微边沿定位（MEP）操作产生影响。然而，在大多数的应用场合这些参数变化很缓慢，因而每 5～10 s 执行一次 SFO() 函数即可。如果考虑到参数会发生更快的变化，需要以更高的频率来运行 SFO() 函数以满足匹配需要。SFO 执行的重复率是没有最高限制，可以执行的与底层循环函数一样快。

当使用高分辨率增强型脉宽调制（HRPWM）特性时，高分辨率增强型脉宽调制（HRPWM）逻辑在 PWM 周期的最开始的 3 个 SYSCLKOUT 周期内不会被激活（如果使用了时基周期高分辨率寄存器（TBPRDHR），那最后的 3 个 SYSCLKOUT 周期也不会被激活）。当以此种配置来运行应用程序时，如果禁止高分辨率周期控制（HRPCTL 0）：HRPE＝0，并且计数比较 A 寄存器（CMPA）的值小于 3 个周期，那么计数比较 A 高分辨率寄存器(CMPAHR)必须清零。若使能高分辨率周期控制(HRPCTL 0):HRPE＝1,那么计数比较 A 寄存器(CMPA)的值必须不小于 3 或不大于 TBPRD－3。这样可以避免 PWM 信号的不可预计问题。

SFO()库函数为支持高分辨率增强型脉宽调制(HRPWM)的 ePWM 模块计算微边沿定位(MEP)比例因子。比例因子为 1～255 的整型数,同时代表了一个系统时钟周期内可进行的微边沿定位数。比例因子由一个叫做 MEP－ScaleFactor 的整型变量返回。SFO()功能说明:返回微边沿定位(MEP)比例因子——MEP_Scale-Factor;返回微边沿定位(MEP)比例因子到 SFO_TI_Build_V6bt. lib 的高分辨率微边沿定位步数配置寄存器(HRMSTEP)中。函数改变变量:MEP_ScaleFactor 或高分辨率微边沿定位步数配置寄存器(HRMSTEP);为了使用 ePWMs 的高分辨率增强型脉宽调制(HRPWM)功能,介绍 SFO()函数使用方法。

第 1 步:添加"Include"文件

SFO_V6. h 需要包括在下列文件中,在此使用 SFO 库函数是必需的。DSP2802x. h 与 DSP2802x_ePWM defines. h 必须包括在内。对于其他系列,头文件中的 device_specific equivalent files 与 examples software packages 也是必需的。如果在最终应用中使用了用户的头文件,那么这些 include 文件则为可选。

例 12 - 6:一个如何添加"Include"的示例。

```
# include "DSP2802x_Device.h"            //DSP2802x 头文件
# include "DSP2802x_EPwm_defines.h"      //初始化定义
# include "SFO_V6.h"                      //SFO 库函数(高分辨率增强型脉宽调制 HRPWM 需要)
```

第 2 步:变量声明

为比例因子定义一个整型变量。第一个虚设的 &EPwm1Regs 只是起预留存储空间的作用,可以不理会。

例 12 - 7:变量声明。

```
int MEP_ScaleFactor = 0;                  //比例因数值
volatile struct EPWM_REGS * ePWM[] = {&EPwm1Regs, &EPwm1Regs, &EPwm2Regs, &EPwm3Regs,
&EPwm4Regs};
```

第 3 步:微边沿定位(MEP)比例因子初始化

SFO()函数不用为 MEP_ScaleFactor 设置初始值。首先在应用代码内使用 MEP_ScaleFactor 变量,调用 SFO()函数来利用微边沿定位(MEP)校准模块计算出一个 MEP_ScaleFactor 变量的值。优先使用 MEP_ScaleFactor 的初始化代码的一部分如例 12 - 8 所示。

例 12 - 8:带有比例因子值的初始化。

```
使用 SFO()函数计算 MEP 比例因子
while(SFO() == 0){}                //用(MEP)技术模型计数 MEP_比例因子
```

第 4 步：编写应用程序

当应用程序运行时，由于设备环境温度变化与供给网络电压波动。为了确保优化比例因子对于每一个种 ePWM 模块都适用，SFO( ) 函数应当作为一个底层函数从而周期性地运行，如例 12 - 9 所示。

例 12 - 9：SFO( ) 函数调用。

SFO( ) 函数共有两个不同版本，即 SFO_TI_Build_V6. lib 与 SFO_TI_Build_V6b. lib。SFO_TI_Build_V6. lib 没有更新高分辨率微边沿定位步数配置寄存器（HRMSTEP）（使用 MEP_ScaleFactor 中的值），而 SFO_TI_Build_V6b. lib 更新了高分辨率微边沿定位步数配置寄存器（HRMSTEP）。因而，如果使用 SFO_TI_Build_V6. lib 且自动转换功能是使能的，那么应用程序必须把 MEP_ScaleFactor 写入 HRMSTEP 寄存器，如例 12 - 10 所示。

```
main()
{
int status;
// 用户程序
// ePWM1，2，3，4 在高分辨率增强型脉宽调制(HRPWM)模块下运行
// 只要有新的 MEP_比例因子值由 MEP 校准模块
//(运行 SFO 检测时)计算出来，静态变量则返回 1。
status = SFO();
if(status == 2) {ESTOP0;}     //如果 MEP_比例因子值大于最大值 255(判断出错条件),则函
                                数返回值 2
}
```

例 12 - 10：若使用 SFO_TI_Build_V6. lib 需人为更新 HRMSTEP 寄存器。

```
main()
{
int status;
status = SFO_INCOMPLETE;
while(status == SFO_INCOMPLETE) {
status = SFO();
}
if(status! = SFO_ERROR) {          //如果 SFO()无任何错误
EALLOW;
EPwm1Regs. HRMSTEP = MEP_ScaleFactor;
EDIS;
}
```

12. 8　高分辨率增强型脉宽调制定时

通过使用一个专用的校准延迟线，使模块在一个单模块和一个简化的校准系统

内包含多条延迟线。每一个 ePWM 模块均有一条 HR 延迟线。

高分辨率增强型脉宽调制(HRPWM)模块提供 PWM 分辨率(时间量度),此分辨率极大好于使用传统数字 PWM 方法所能得到的分辨率。高分辨率增强型脉宽调制(HRPWM)模块的关键点:

● 大大扩展了传统的数字 PWM 的时间分辨率功能;

● 此功能可应用在单边沿(占空比和相移控制)以及针对频率/周期调制的双边沿控制中;

● 通过对 ePWM 模块的比较 A 和相位寄存器的扩展来控制更加细微的时间控制或者边沿定位;

● 高分辨率增强型脉宽调制(HRPWM)功能,当在一个特定器件上可用时,只在 PWM 模块的 A 信号路径上提供(即在 EPWMxA 输出上提供)。EPWMxB 输出只具有传统 PWM 功能。

高分辨率增强型脉宽调制(HRPWM)所能接收的最小系统时钟 SYSCLKOUT 频率为 50 MHz。当使能双边沿高分辨率时(高分辨率周期模式),PWMxB 输出不可用。

高分辨率 PWM 的开关特性。在系统时钟 SYSCLKOUT=50~60 MHz 时,微边沿定位(MEP)步长最小值为 150 ps,最大值为 310 ps。

高分辨率增强型脉宽调制(HRPWM)运行在一个最少 50 MHz 的系统时钟 SYSCLKOUT 频率上。低于 50 MHz 时,在器件运行过程发生变化时,比如低温且高的内核电压,微边沿定位(MEP)步长宽度有可能减窄,以至于 255 MEP 步长宽度将不能覆盖整个系统时钟 SYSCLKOUT 的周期。

最大微边沿定位(MEP)步长是基于最差情况过程如最高温度和最高电压。微边沿定位(MEP)步长大小将随着电压的降低和温度的升高而增大,随着电压的升高和温度的降低而减小。应用高分辨率增强型脉宽调制(HRPWM)特性应该使用微边沿定位(MEP)缩放因子优化器 SFO()软件函数。SFO()软件函数的相关内容可参见 TI 软件库。SFO()函数有助于在高分辨率增强型脉宽调制(HRPWM)运行时动态地估计每个系统时钟 SYSCLKOUT 的周期内的微边沿定位(MEP)步数。

第 **13** 章

增强型捕捉模块

增强型捕获(eCAP)模块在外部事件精确定时捕获应用时非常必要。

1. 增强型捕获(eCAP)模块的用途

- 测量(利用霍尔传感器测量齿轮转速)旋转电机的转速;
- 测量两个位置传感器脉冲之间的时间间隔;
- 测量脉冲信号的周期和占空比;
- 根据电流/电压传感器编码的占空比周期,计算电流/电压的幅值。

2. 增强型捕获(eCAP)模块的主要特征

- 4 个事件时间标记戳寄存器(每个 32 位);
- 最多可以为 4 个时间标记戳捕获事件选择边沿极性;
- 4 个事件的每一个都可以产生中断;
- 能单次捕获多达 4 个事件时间标记戳;
- 能在 4 级循环缓冲器中连续捕获时间标记戳;模式采样
- 能捕获绝对的时间标记戳;
- 能捕获差分模式的捕获时间标记戳;
- 上述的所有功能连接到一个信号输入引脚上;
- 当有使用捕获模式时,增强型捕获(eCAP)模块可以配置成单通道的 PWM 输出。

3. 增强型捕获(eCAP)模块功能

增强型捕获(eCAP)模块有完整的采样通道能同时实现多次采样,增强型捕获(eCAP)模块有几种独立的重要功能:

- 专用的输入捕获引脚;
- 32 位时基;
- 4 个 32 位时间标记戳捕获寄存器(CAP1~CAP4);
- 与外部事件同步的模数 4 计数器,能根据增强型捕获(eCAP)模块引脚上升/下降沿触发实现与外部事件的同步;
- 可为 4 个事件的独立边沿选择极性;
- 输入捕获信号前分频 2~62;
- 在 1~4 时间标记戳事件以后,单稳态比较寄存器停止捕获;

- 采用 4 级循环缓冲器来控制连续时间戳捕获；
- 4 个捕获事件中均可产生中断。

13.1　增强型捕获和辅助脉宽调制操作模式

当增强型捕获（eCAP）模块没有用于输入捕获时，可以用该模块去构成一个单通道的 PWM 发生器。计数器处于增计数模式时，为不对称 PWM 波形提供时钟。捕获寄存器（CAP1）和（CAP2）可单独使用或者作为比较寄存器使用，捕获寄存器 CAP3 和 CAP4 也可单独使用或作为捕获影子寄存器使用。图 13-1 是捕获和辅助脉宽调制 APWM 模式操作模式方框图。

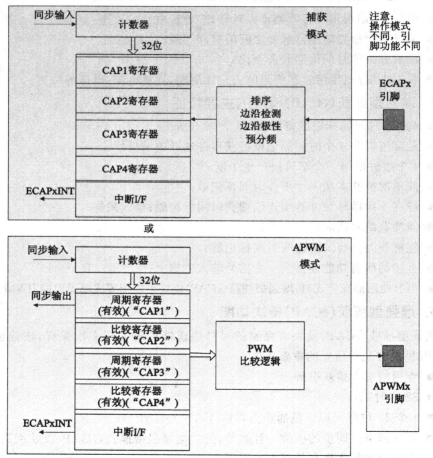

（A）CAP 和辅助脉宽调制（APWM）共用一个引脚，在捕获模式中，该引脚是输入引脚。在辅助脉宽调制（APWM）模式中，该引脚是输出引脚；

（B）在辅助脉宽调制（APWM）模式中，向捕获寄存器（CAP1）和（CAP2）写任何值也都同时向相应的影子寄存器（CAP3）和（CAP4）写相同的值。向影子寄存器（CAP3）和（CAP4）赋值可以调用影子寄存器。

图 13-1　捕获和 APEM 模式操作模式方框图

13.2　增强型捕获模式

图 13-2 显示了增强型捕捉模块的功能及执行捕获功能时的各个组成部分。

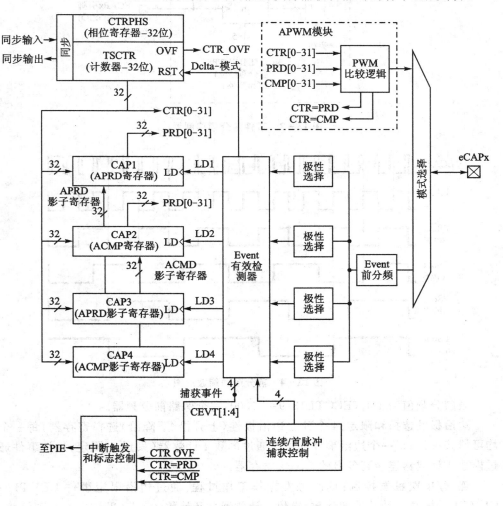

图 13-2　捕获模块功能方框图

增强型捕获(eCAP)模块是按系统时钟输出率计时的,外设时钟控制寄存器 1 (PCLKCR1)的 ECAP1ENCLK 位将关闭增强型捕获(eCAP 模块)(低功耗运行)。复位时,ECAP1ENCLK 设置为低电平,表明时钟被关闭。

事件前分频器:一个输入捕获信号(脉冲序列)可以被 N＝2～62(以 2 为倍数)前分频或者可以旁路前分频器。当输入为高频信号时前分频操作是很有效的。图 13-3 显示功能模块,图 13-4 显示前分频功能的操作方框图。

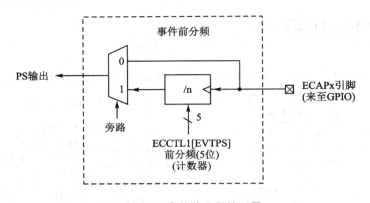

图 13 - 3　事件前分频控制器

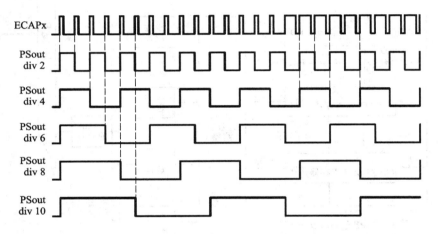

图 13 - 4　前分频功能波形图

当前分频值为 1 时（ECCTL13:9＝00000）完全旁路前分频器。

边沿极性选择和限定：4 个独立边沿极性（上升沿/下降沿）选择寄存器，每一个均可捕获事件；每一个边沿事件都可以通过模数 4 计数器（只到 4）限定；边沿事件通过模数 4 计数器连接到各自的 CAPx 寄存器。

连续/单次触发控制：单次触发操作工作过程：通过边沿限定事件 CEVT1～CEVT4 后模数 4 计数器增计数；模数 4 计数器循环计数（0－1－2－3－0）直到停止。一个 2 位的寄存器与模数 4 计数器的输出相比较，当相等的时候，模数 4 计数器停止计数，同时禁止向计数器中装载数据。

通过单次触发功能，连续/单次触发模块可以控制模数 4 寄存器的开/关和置位功能，该功能可以停止比较寄存器的触发，也可以通过软件控制触发。

一旦置位，增强型捕获（eCAP）模块便将在停止模数 4 寄存器和捕获寄存器（CAP1～CAP4）（例如：时间标记戳）的值之前等待 1～4 个（通过停止寄存器定义）捕获事件。

　　重置是增强型捕获（eCAP）模块为另一个捕获序列做准备。重置可以清除模数 4 计数器，允许对捕获寄存器（CAP1～CAP4）的值重新装载或用 CAPLDEN 位进行设置。

　　在连续模式中，模数 4 计数器循环运行（0－1－2－3－0），忽略单次触发功能，捕获值被连续写到循环缓冲的捕获寄存器（CAP1～CAP4）中。

　　图 13－5 为连续/单次触发模块的方框图。

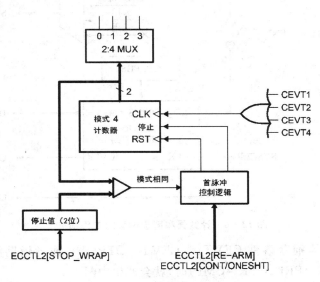

图 13－5　连续/单次触发模块的方框图

　　32 位计数器和相位控制器：32 位计数器通过系统时钟为事件的捕获提供时基。

　　相位寄存器通过硬件和软件来实现与其他计数器之间的同步。当需要两个模块之间形成相位偏置时，辅助脉宽调制（APWM）模式非常有用。

　　当 4 个事件中任何一个被装载时，可以重置 32 位计数器。这对于不同的时间捕获很有用。首先捕获 32 位计数器的值，然后通过 LD1～LD4 信号中的任何一个重置到 0。

　　图 13－6 为计数器和同步模块的工作细节。

　　捕获寄存器（CAP1～CAP4）：该 4 个 32 位寄存器是以 32 位计数器时钟为基础，当各自的 LD 输入选通时，赋值（CTR0～31）（例如：捕获一个时间标记戳）。

　　捕获寄存器的装载可以通过 CAPLDEN 控制位进行控制。在单次触发操作中，当一个停止时间标记戳 StopValue＝Mod4 发生时，自动清零该位。

　　在辅助脉宽调制（APWM）模式中，捕获寄存器（CAP1）和（CAP2）可以分别作为工作周期寄存器和比较寄存器。

　　在辅助脉宽调制（APWM）操作过程中，捕获寄存器（CAP3）和（CAP4）相对于捕获寄存器（CAP1）和（CAP2）可以分别用作周期影子寄存器（APRD）和（ACMP）。

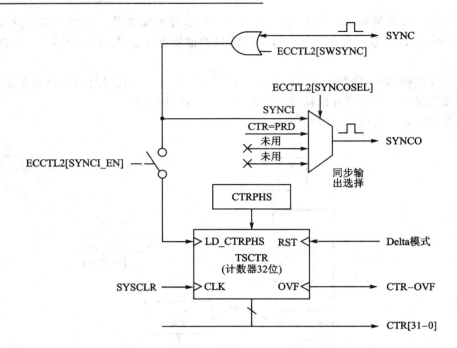

图 13-6　计数器和同步模块的工作细节

中断控制：当捕获事件 CEVT1～CEVT4，CTROVF 或者辅助脉宽调制（AP-WM）事件（CTR＝PRD，CTR＝CMP）时，就会产生中断。

计数器溢出（FFFFFFFF～00000000）也可以产生 CTROVF 中断。

捕获事件是边沿和限定的定序器（例如：按时间排序），该定序器可以分别被极性选择和 Mod4 选通限定。

来自增强型捕获（eCAP）模块的，这些事件中的任何一个都可以选择作为 PIE 的中断源。

可以产生 7 个中断事件 CEVT1、CEVT2、CEVT3、CEVT4、CNTOVF、CTR＝PRD、CTR＝CMP。捕获中断使能寄存器（ECEINT）使能单独中断事件。捕获中断标志寄存器（ECFLG）标识已经发生的中断和总中断 INT。只有在中断事件发生时，才产生中断脉冲，相应的标志位置 1，INT 标志位清零。中断服务程序必须在中断脉冲产生前通过捕获中断清除寄存器（ECCLR）清除总中断标志位和其他中断标志位。可以通过捕获中断强制寄存器（ECFRC）强制产生一个中断，这对于系统的调试非常有用。

捕获中断标志寄存器（ECFLG）中的位 CEVT1、CEVT2、CEVT3、CEVT4 只有在捕获模式 ECCTL2 的 CAP/APWM＝0 有效。CTR＝PRD，CTR＝CMP 标志寄存器只有在辅助脉宽调制 APWM 模式 ECCTL2 的 CAP/APWM＝1 有效。CNTOVF 标志寄存器在两个模式均有效。

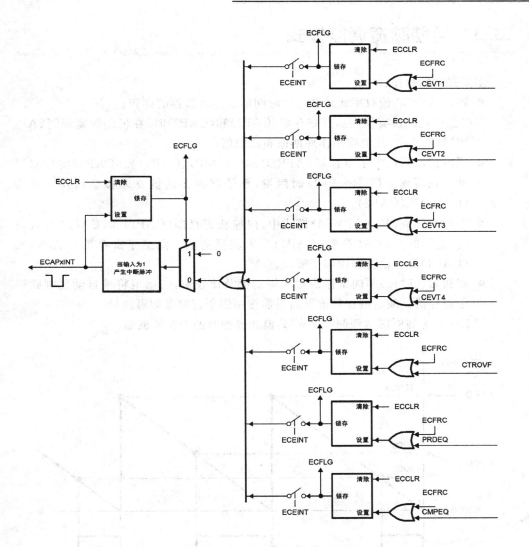

图 13-7　增强型捕获(eCAP)模块中断的结构图

影子装载和封锁控制：在捕获模式中，禁止单独的从周期影子寄存器(APRD)和(ACMP)对捕获寄存器(CAP1)和(CAP2)影子装载。在辅助脉宽调制(APWM)模式中，影子装载有效且允许以下两种选择：

- 立即方式：在更新值的同时，周期影子寄存器(APRD)和(ACMP)立即移至捕获寄存器(CAP1)和捕获寄存器(CAP2)；
- 在周期相等时装载，例如：CTR 31:0=PRD31:0。

13.3 辅助脉宽调制模式

主要强调的操作：
- 通过两个32位数字比较器进行时间标记戳计数器的比较；

当捕获模式中没有使用捕获寄存器(CAP1)和(CAP2)时,在辅助脉宽调制(AP-WM)模式中,其值将用作周期值和比较值；
- 通过使用周期影子寄存器(APRD)和(ACMP)(CAP3)和(CAP4)实现双缓冲。在写或者CTR＝PRD时触发,影子寄存器的值立即移至捕获寄存器(CAP1)和(CAP2)；
- 在辅助脉宽调制(APWM)模式中,向捕获寄存器(CAP1)和(CAP2)写入值时,也同时向(CAP3)和(CAP4)写入相同的值。向影子寄存器(CAP3)和(CAP4)写入值将调用影子模式。
- 在初始化时,必须向寄存器写入周期值及比较值,初始值将被自动复制到影子寄存器。随后的比较值更新只需使用影子寄存器即可。

图13-8为辅助脉宽调制(APWM)模式操作时的PWM波形。

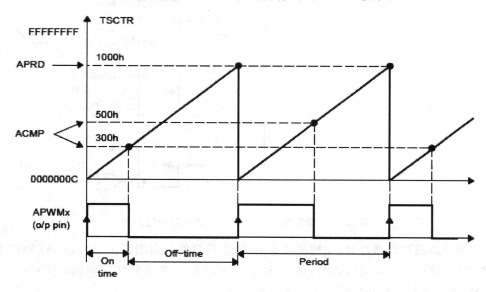

图 13-8 辅助脉宽调制(APWM)模式操作时的 PWM 波形

辅助脉宽调制(APWM)模式在高电平有效时(APWMPOL＝0)的操作如下：

CMP＝0x00000000,输出低电平的连续周期(0%的占空比)；

CMP＝0x00000001,输出1个周期的高电平；

CMP＝0x00000002,输出2个周期的高电平；

CMP＝PERIOD,除了一个周期外(小于 100％占空比),输出均为高电平;

CMP＝PERIOD＋1,整个周期输出高电平(100％占空比);

CMP ＞ PERIOD＋1,整个周期输出高电平。

辅助脉宽调制(APWM)模式在低电平有效时(APWMPOL＝1)的操作如下:

CMP＝0x00000000,输出高电平的连续周期的(0％的占空比);

CMP＝0x00000001,输出 1 个周期的低电平;

CMP＝0x00000002,输出 2 个周期的低电平;

CMP＝PERIOD,除了一个周期外(小于 100％占空比),输出均为低电平;

CMP＝PERIOD＋1,整个周期输出低电平(100％占空比);

CMP ＞ PERIOD＋1,整个周期输出低电平。

13.4　增强型捕获模块的控制和状态寄存器

表 13－1 列出了增强型捕获(eCAP)模块控制和状态寄存器的配置。

表 13－1　控制与状态寄存器的配置

名　称	偏移量	位数大小(×16)	说　明
时基模块寄存器			
TSCTR	0x0000	2	时间标记戳计数器
CTRPHS	0x0002	2	计数相位控制寄存器
CAP1	0x0004	2	捕获寄存器 1
CAP2	0x0006	2	捕获寄存器 2
CAP3	0x0008	2	捕获寄存器 3
CAP4	0x000A	2	捕获寄存器 4
保留	0x000C ～ 0x0013	8	
ECCTL1	0x0014	1	捕获控制寄存器 1
ECCTL2	0x0015	1	捕获控制寄存器 2
ECEINT	0x0016	1	捕获中断使能寄存器
ECFLG	0x0017	1	捕获中断标志寄存器
ECCLR	0x0018	1	捕获中断清除寄存器
ECFRC	0x0019	1	捕获中断强制寄存器
保留	0x001A ～ 0x001F	6	

时间标记戳计数器(TSCTR)

31		0
	TSCTR	
	R/W – 0	

位 31~0 时间标记戳计数值(TSCTR)

通过激活 32 位计数器以记录时间标记戳。

计数相位控制寄存器(CTRPHS)

31		0
	CTRPHS	
	R/W – 0	

位 31~0 计数相位值(CTRPHS)

该寄存器能够为相位的滞后/超前进行编程。在 SYNCI 事件或者通过控制位强制 S/W 下载到时间标记戳计数器(TSCTR)中。以实现与相关的其他增强型捕获(eCAP)模块和 EPWM 时间标记戳之间的相位同步控制。

捕获寄存器 1(CAP1)

31		0
	CAP1	
	R/W – 0	

位 31~0 时间标记戳捕获值(CAP1)

该寄存器能够下载:
- 在一个捕获事件中的时间标记戳(例如:时间标记戳计数器的值);
- 软件——用于测试目的;
- 在辅助脉宽调制(APWM)模式中的周期影子寄存器(APRD)(例如:CAP3)。

捕获寄存器 2(CAP2)

31		0
	CAP2	
	R/W – 0	

位 31~0 时间标记戳捕获值(CAP2)

该寄存器能够下载:
- 在一个捕获事件中的时间标记戳(例如:计数器的值);
- 软件——用于测试目的;
- 在辅助脉宽调制(APWM)模式中的周期影子寄存器(APRD)(例如:CAP4)。

在辅助脉宽调制(APWM)模式下,向捕获寄存器(CAP1)和(CAP2)写值的同时也将同样的值写入到相应的影子寄存器(CAP3)和(CAP4)中,这与立即模式相仿。向影子寄存器(CAP3)和(CAP4)写值的操作将调用影子寄存器模式。

捕获寄存器 3(CAP3)

31	0
CAP3	
R/W－0	

位 31~0　时间标记戳捕获值(CAP3)

在 CMP 模式中,该寄存器作为时间标记戳捕获寄存器。在辅助脉宽调制(APWM)模式中,该寄存器作为周期影子寄存器(APRD)。使用该寄存器能够更新 PWM 的周期值。

捕获寄存器 4(CAP4)

31	0
CAP4	
R/W－0	

位 31~0　时间标记戳捕获值(CAP4)

在 CMP 模式中,该寄存器作为时间标记戳捕获寄存器。在辅助脉宽调制(APWM)模式中,该寄存器作为比较影子寄存器(ACMP)。使用该寄存器能够更新 PWM 的比较值。

捕获控制寄存器 1(ECCTL1)

15	14	13	12	11	10	9	8
FREE/SOFT		PRESCALE					CAPLDEN
R/W－0		R/W－0					R/W－0

7	6	5	4	3	2	1	0
CTRRST4	CAP4POL	CTRRST3	CAP3POL	CTRRST2	CAP2POL	CTRRST1	CAP1POL
R/W－0	R/W－0	R/W－0	R/W－0	R/W－0	R/W－0	R/W－0	R/W－0

位 15~14　仿真控制位(FREE/SOFT)

00　时间标记戳计数器 TSCTR 阻止瞬时的模拟暂停;

01　时间标记戳计数器 TSCTR＝0 时停止运行;

1x　时间标记戳计数器 TSCTR 不会受到模拟暂停的影响(空运行)。

位 13~9　事件前分频选择位(PRESCALE)

00000　被 1 除;

00001　被 2 除;

00010　被 4 除;

00011　被 6 除;

00100　被 8 除;

00101　被 10 除;

...

11110　被 60 除;

11111　被 62 除。

位 8　捕获事件中,使能捕获寄存器(CAP1~4)的下载位(CAPLDEN)

0　在捕获事件时间,禁止对捕获寄存器(CAP1~4)的下载;

1　在捕获事件时间,使能对捕获寄存器(CAP1~4)的下载。

位 7　捕获事件 4 的计数器复位位(CTRST4)

    0　在捕获事件 4 中,不复位计数器(绝对时间);

    1　在捕获事件 4 后,复位计数器(在差分模式下运行)。

位 6　捕获事件 4 的极性选择位(CAP4POL)

    0　在上升沿触发捕获事件 4;

    1　在下降沿触发捕获事件 4。

位 5　捕获事件 3 的计数器复位位(CTRRST3)

    0　在捕获事件 3 中,不复位计数器(绝对时间);

    1　在捕获事件 3 后,复位计数器,捕获时间戳(在差分模式下运行)。

位 4　捕获事件 3 的极性选择位(CAP3POL)

    0　在上升沿触发捕获事件 3;

    1　在下降沿触发捕获事件 3。

位 3　捕获事件 2 的计数器复位位(CTRRST2)

    0　在捕获事件 2 中,不复位计数器(绝对时间);

    1　在捕获事件 2 后,复位计数器,捕获时间戳(在差分模式下运行)。

位 2　捕获事件 2 的极性选择位(CAP2POL)

    0　在上升沿触发捕获事件 2;

    1　在下降沿触发捕获事件 2。

位 1　捕获事件 1 的计数器复位位(CTRRST1)

    0　在捕获事件 1 中,不复位计数器(绝对时间);

    1　在捕获事件 1 后,复位计数器,捕获时间戳(在差分模式下运行)。

位 0　捕获事件 1 的极性选择位(CAP1POL)

    0　在上升沿触发捕获事件 1;

    1　在下降沿触发捕获事件 1。

捕获控制寄存器 2(ECCTL2)

15		11	10	9	8
保留			APWMPOL	CAP/APWM	SWSYNC
R – 0			R/W – 0	R/W – 0	R/W – 0

7	6	5	4	3	2	1	0
SYNCO_SEL		SYNCI_EN	TSCTRSTOP	REARM	STOP_WRAP		CONT/ONESHT
R/W – 0		R/W – 0	R/W – 0	R/W – 0	R/W – 1		R/W – 0

位 15～11　保留位

位 10　辅助脉宽调制(APWM)输出极性选择位(APWMPOL)

    仅适用辅助脉宽调制(APWM)模式。

    0　输出为高电平有效(例如:比较值定义高电平时段)。

    1　输出为低电平有效(例如:比较值定义低电平时段)。

位 9　工作模式选择位(CAP/APWM)

    0　增强型捕获(eCAP)模块在捕获模式下运行。此模式具有以下配置:

      • 当 CTR=PRD 时,禁止时间标记戳计数器(TSCTR)复位;

      • 禁止捕获寄存器(CAP1)和 CAP2 影子装载;

      • 允许使用者装载捕获寄存器(CAP 1～4);

- CAPx/APWMx 引脚作为捕获输入引脚。

1　增强型捕获(eCAP)模块在辅助脉宽调制(APWM)模式下运行。此模式具有以下配置：

- 当 CTR＝PRD 时,允许时间标记戳计数器(TSCTR)复位；
- 允许捕获寄存器(CAP1)和(CAP2)影子装载；
- 禁止在时间戳装载到向捕获寄存器(CAP 1~4)中装载时间标记戳；
- CAPx/APWMx 引脚作为辅助脉宽调制(APWM)的输出引脚。

位 8　强制软件计数(时间标记戳计数器 TSCTR)同步位(SWSYNC)

该位用于提供一种便利的以同步部分或者所有的增强型捕获(eCAP)模块时基的方法。在辅助脉宽调制(APWM)模式中,利用 CTR＝PRD 事件也能实现同步化。

0　写入 0 无效。读出为 0；

1　写入 1 值产生时间标记戳计数器(TSCTR)影子装载,任何增强型捕获(eCAP)模块强制 SYNCO_SEL 位置 00。写入 1 后该位返回值为 0。

注意:选择 CTR＝PRD 只在辅助脉宽调制(APWM)模式下可行；如果该条件可行也可以在 CAP 模式下选用。

位 7~6　外部同步选择位(SYNCO_SEL)

00　选取内部同步信号为外部同步信号；

01　选取 CTR＝PRD 事件作为外部同步信号；

10　禁止外部同步信号；

11　禁止外部同步信号。

位 5　时间标记戳计数器(TSCTR)内部同步输入选择获取模式位(SYNCI_EN)

0　禁止内部同步输入选择；

1　通过一个 SYNCI 信号或者 S/W 事件,使计数相位控制寄存器(CTRPHS)中下载得到使能时间标记计数器(TSCTR)。

位 4　时间标记戳计数器(TSCTR)停止控制位(TSCTRSTOP)

0　时间标记戳计数器(TSCTR)停止；

1　时间标记戳计数器(TSCTR)运行。

位 3　单稳态控制位(RE ARM)

如停止触发。RE ARM 功能在单稳态或者连续模式下有效。

0　写入 0 无效,读出为 0；

1　单稳态序列如下：

- 将 Mod4 计数器复位为 0；
- 启动 Mod4 计数器；
- 使能捕获寄存器装载。

位 2~1　停止单稳态模式位(STOP_WRAP)

捕获寄存器(CAP 1~4)停止之前,允许发生捕获次数(1~4),如:捕获过程停止。复位值为连续模式。

00　在单稳态模式下,捕获事件 1 后停止。在连续模式下,捕获事件 1 后复位；

01　在单稳态模式下,捕获事件 2 后停止。在连续模式下,捕获事件 2 后复位；

10　在单稳态模式下,捕获事件 3 后停止。在连续模式下,捕获事件 3 后复位；

11　在单稳态模式下,捕获事件 4 后停止。在连续模式下,捕获事件 4 后复位。

注意:STOP_WRAP 与 Mod4 相比较,当相等时,有 2 种状况发生：

- Mod4 计数器停止；
- 禁止捕获寄存器装载。

在单稳态模式中,中断事件被锁存,直到解除。

位 0　连续或者是单稳态模式控制位(CONT/ONESHT)(适用捕获模式)

　　0　在连续模式中运行;

　　1　在单稳态模式中运行。

捕获中断使能寄存器(ECEINT)

15							8
保留							

7	6	5	4	3	2	1	0
CTR=CMP	CTR=PRD	CTROVF	CEVT4	CEVT3	CEVT2	CETV1	保留
R/W	R/W	R/W	R/W	R/W	R/W	R/W	

位 15~8　保留位

位 7　计数器等于比较中断使能位(CTR=CMP)

　　0　禁止比较中断;

　　1　使能比较中断。

位 6　计数器等于周期中断使能位(CTR=PRD)

　　0　禁止周期中断;

　　1　使能周期中断。

位 5　计数器溢出中断使能位(CTROVF)

　　0　禁止计数器溢出中断;

　　1　使能计数器溢出中断。

位 4　捕获事件 4 使能位(CEVT4)

　　0　禁止捕获事件 4 中断;

　　1　使能捕获事件 4 中断。

位 3　捕获事件 3 使能位(CEVT3)

　　0　禁止捕获事件 3 中断;

　　1　使能捕获事件 3 中断。

位 2　捕获事件 2 使能位(CEVT2)

　　0　禁止捕获事件 2 中断;

　　1　使能捕获事件 2 中断。

位 1　捕获事件 1 使能位(CEVT1)

　　0　禁止捕获事件 1 中断;

　　1　使能捕获事件 1 中断。

位 0　保留位

中断使能位(CEVT1,…)禁止任何已选择的事件产生中断。事件将被锁存到捕获中断标志寄存器(ECFLG),且可通过捕获中断强制寄存器(ECFRC)/捕获中断清除寄存器(ECCLR)清除。

配置外设模式和中断的正确步骤如下:

• 禁止全局中断;

• 停止增强型捕获(eCAP)模块计数器;

• 禁止增强型捕获(eCAP)模块中断;

• 配置外设寄存器;

• 清除有干扰的增强型捕获(eCAP)模块中断标志位;

- 使能增强型捕获(eCAP)模块中断;
- 启动增强型捕获(eCAP)模块计数器;
- 使能全局中断。

捕获中断标志寄存器(ECFLG)

15							8
保留							
R－0							

7	6	5	4	3	2	1	0
CTR=CMP	CTR=PRD	CTROVF	CEVT4	CETV3	CEVT2	CETV1	INT
R－0	R－0	R－0	R－0	R－0	R－0	R－0	R－0

位 15~8　保留位

位 7　计数器等于比较状态标志位(CTR＝CMP)

　　该位只适用于辅助脉宽调制(APWM)模式。

　　0　事件未发生;

　　1　时间标记戳计数器(TSCTR)达到了比较寄存器的值(ACMP)。

位 6　计数器等于周期状态标志位(CTR＝PRD)

　　该位只适用于辅助脉宽调制(APWM)模式。

　　0　事件未发生;

　　1　时间标记戳计数器(TSCTR)达到了周期影子寄存器(APRD)的值且被复位。

位 5　计数器溢出状态标志位(CTROVF)

　　该位只适用于 CAP 和辅助脉宽调制(APWM)模式。

　　0　事件未发生;

　　1　时间标记戳计数器(TSCTR)已经完成了从 FFFFFFFF~00000000 的翻转。

位 4　捕获事件 4 状态标志位(CEVT4)

　　该位只适用于 CAP 模式。

　　0　事件未发生;

　　1　在增强型捕获(eCAP)引脚发生了第 4 事件。

位 3　捕获事件 3 状态标志位(CEVT3)

　　该位只适用于 CAP 模式。

　　0　事件未发生

　　1　在增强型捕获(eCAP)引脚发生了第 3 事件。

位 2　捕获事件 2 状态标志位(CEVT2)

　　该位只适用于 CAP 模式。

　　0　事件未发生;

　　1　在增强型捕获 eCAP 引脚发生了第 2 事件。

位 1　捕获事件 1 状态标志位(CEVT1)

　　该位只适用于 CAP 模式。

　　0　事件未发生

　　1　在增强型捕获 eCAP 引脚发生了第 1 事件。

位 0　全局中断状态标志位(INT)

　　0　未产生中断;

1 产生一个中断。

捕获中断清除寄存器（ECCLR）

15							8
保留							
R－0							

7	6	5	4	3	2	1	0
CTR＝CMP	CTR＝PRD	CTROVF	CEVT4	CETV3	CETV2	CETV1	INT
R/W－0	R/W－0	R/W－0	R/W－0	R/W－0	R/W－0	R/W－0	R/W－0

位 15～8 保留位

位 7 计数器等于比较状态标志位（CTR＝CMP）

    0 写入 0 无效，读出为 0；

    1 写入 1 清除 CTR＝CMP 的状态标志。

位 6 计数器等于周期状态标志位（CTR＝PRD）

    0 写入 0 无效，读出为 0；

    1 写入 1 清除 CTR＝PRD 的状态标志。

位 5 计数器溢出状态标志位（CTROVF）

    0 写入 0 无效，读出为 0；

    1 写入 1 清除 CTROVF 标志。

位 4 捕获事件 4 状态标志位（CEVT4）

    0 写入 0 无效，读出为 0；

    1 写入 1 清除 CEVT4 标志。

位 3 捕获事件 3 状态标志位（CEVT3）

    0 写入 0 无效，读出为 0；

    1 写入 1 清除 CEVT3 标志。

位 2 捕获事件 2 状态标志位（CEVT2）

    0 写入 0 无效，读出为 0；

    1 写入 1 清除 CEVT2 标志。

位 1 捕获事件 1 状态标志位（CEVT1）

    0 写入 0 无效，读出为 0；

    1 写入 1 清除 CEVT1 标志。

位 0 全局中断清除标志位（INT）

    0 写入 0 无效，读出为 0；

    1 写入 1 清除中断状态标志，如果任意事件的标志位设置为 1，则会产生下一个的中断使能。

捕获中断强制寄存器（ECFRC）

15	14	13	12	11	10	9	8
保留							
R－0							

7	6	5	4	3	2	1	0
CTR＝CMP	CTR＝PRD	CTROVF	CEVT4	CETV3	CETV2	CETV1	保留
R/W－0	R/W－0	R/W－0	R/W－0	R/W－0	R/W－0	R/W－0	R－0

位 15～8　保留位

位 7　强制计数器等于比较中断位(CTR＝CMP)

　　0　写入 0 无效,读出为 0;

　　1　写入 1 设置 CTR＝CMP 状态。

位 6　强制计数器等于周期中断位(CTR＝PRD)

　　0　写入 0 无效,读出为 0;

　　1　写入 1 设置 CTR＝PRD 状态。

位 5　强制计数溢出中断位(CTROVF)

　　0　写入 0 无效,读出为 0;

　　1　写入 1 设置 CTROVF 的状态。

位 4　强制捕获事件 4 中断位(CEVT4)

　　0　写入 0 无效,读出为 0;

　　1　写入 1 设置 CEVT4 的状态。

位 3　强制捕获事件 3 中断位(CEVT3)

　　0　写入 0 无效,读出为 0;

　　1　写入 1 设置 CEVT3 的状态。

位 2　强制捕获事件 2 中断位(CEVT2)

　　0　写入 0 无效,读出为 0;

　　1　写入 1 设置 CEVT2 的状态。

位 1　强制捕获事件 1 中断位(CEVT1)

　　0　写入 0 无效,读出为 0;

　　1　写入 1 设置 CEVT1 的状态。

位 0　保留位

13.5　增强型捕获模块的应用实例

　　以下提供一个应用的例子和代码片段介绍怎样去配置和运行增强型捕获(eCAP)模块。为了使用起来更加清晰和简便,该例子使用增强型捕获(eCAP)模块的"C"头文件通过定义帮助对该例子的理解。

```
// ECCTL1  (增强型捕获(eCAP)模块控制寄存器 1),设置 CAPxPOL 位
# define EC_RISING 0x0
# define EC_FALLING 0x1          //CTRRSTx 位
# define EC_ABS_MODE 0x0
# define EC_DELTA_MODE 0x1       //PRESCALE 位
# define EC_BYPASS 0x0
# define EC_DIV1 0x0
# define EC_DIV2 0x1
# define EC_DIV4 0x2
# define EC_DIV6 0x3
# define EC_DIV8 0x4
```

```
#define EC_DIV10 0x5
// ECCTL2 （eCAP 控制寄存器 2),设置 CONT/ONESHOT 位
#define EC_CONTINUOUS 0x0
#define EC_ONESHOT 0x1                   //STOPVALUE 位
#define EC_EVENT1 0x0
#define EC_EVENT2 0x1
#define EC_EVENT3 0x2
#define EC_EVENT4 0x3                     //RE－ARM 位
#define EC_ARM 0x1                        //TSCTRSTOP 位
#define EC_FREEZE 0x0
#define EC_RUN 0x1                        //SYNCO_SEL 位
#define EC_SYNCIN 0x0
#define EC_CTR_PRD 0x1
#define EC_SYNCO_DIS 0x2                  //CAP/APWM 模式位
#define EC_CAP_MODE 0x0
#define EC_APWM_MODE 0x1                  //APWMPOL 位
#define EC_ACTV_HI 0x0
#define EC_ACTV_LO 0x1                    //通用方式
#define EC_DISABLE 0x0
#define EC_ENABLE 0x1
#define EC_FORCE 0x1
```

例 13-1：上升沿触发捕获绝对时间。

图 13-9 显示了一个连续捕获的例子。时间标记戳计数器（TSCTR)不复位且只在上升沿捕获事件,以展示周期信息。在此事件中,首先捕获时间标记戳计数器（TSCTR)的值,之后模数 4 进入到下一个状态。如果时间标记戳计数器（TSCTR)达到 FFFFFFFF（最大值)时将循环回到 00000000;如果该事件发生,计数器溢出 CTROVF 标志位置位,且有一个中断发生（如果使能),通过图 13-9 表明,捕获的时间标记戳有效。如第 4 事件后,事件 CEVT4 将触发一个中断且 CPU 也能从 CAPx 寄存器中读取数据。

针对 CAP 模式绝对时间,上升沿触发的代码片段:

```
//初始化时间,eCAP 模式 1 配置
ECap1Regs.ECCTL1.bit.CAP1POL = EC_RISING;
ECap1Regs.ECCTL1.bit.CAP2POL = EC_RISING;
ECap1Regs.ECCTL1.bit.CAP3POL = EC_RISING;
ECap1Regs.ECCTL1.bit.CAP4POL = EC_RISING;
ECap1Regs.ECCTL1.bit.CTRRST1 = EC_ABS_MODE;
ECap1Regs.ECCTL1.bit.CTRRST2 = EC_ABS_MODE;
ECap1Regs.ECCTL1.bit.CTRRST3 = EC_ABS_MODE;
ECap1Regs.ECCTL1.bit.CTRRST4 = EC_ABS_MODE;
```

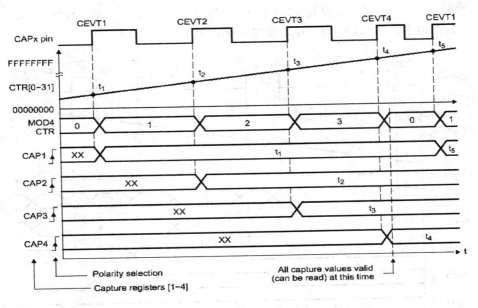

图 13 - 9　上升沿触发连续捕获绝对时间时序图

```
ECap1Regs.ECCTL1.bit.CAPLDEN = EC_ENABLE;
ECap1Regs.ECCTL1.bit.PRESCALE = EC_DIV1;
ECap1Regs.ECCTL2.bit.CAP_APWM = EC_CAP_MODE;
ECap1Regs.ECCTL2.bit.CONT_ONESHT = EC_CONTINUOUS;
ECap1Regs.ECCTL2.bit.SYNCO_SEL = EC_SYNCO_DIS;
ECap1Regs.ECCTL2.bit.SYNCI_EN = EC_DISABLE;
ECap1Regs.ECCTL2.bit.TSCTRSTOP = EC_RUN;        //允许 TSCTR 运行
//运行时间(事件 CEVT4 触发调用中断服务程序 ISR)
TSt1 = ECap1Regs.CAP1;            //捕获的时间标记戳存在 T1
TSt2 = ECap1Regs.CAP2;            //捕获的时间标记戳存在 T2
TSt3 = ECap1Regs.CAP3;            //捕获的时间标记戳存在 T3
TSt4 = ECap1Regs.CAP4;            //捕获的时间标记戳存在 T4
Period1 = TSt2 - TSt1;           //计算第 1 个周期
Period2 = TSt3 - TSt2;           //计算第 2 个周期
Period3 = TSt4 - TSt3;           //计算第 3 个周期
TSt4 = ECap1Regs.CAP4;           //捕获的时间标记戳存在 T4
Period1 = TSt2 - TSt1;           //计算第 1 个周期
Period2 = TSt3 - TSt2;           //计算第 2 个周期
Period3 = TSt4 - TSt3;           //计算第 3 个周期
```

例 13 - 2：上升沿和下降沿触发捕获绝对时间。

在图 13 - 10 中,除了捕获事件规定为上升沿或者下降沿外,增强型捕获(eCAP)模块运行模式几乎与前面例 13 - 1 一样,以展示周期和占空比信息,如:周期 1＝t3 —

t1、周期 2＝t5－t3 等。占空比 1(高电平时间％)＝(t2－t1)/周期 1×100％等。占空比 1(低电平时间％)＝(t3－t2)/周期 1×100％等。

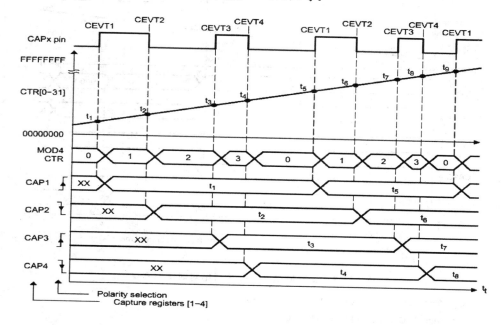

图 13－10　上升沿和下降沿捕获绝对时间时序图

CAP 模式的上升沿和下降沿触发捕获绝对时间的代码段：

```
//初始化时间,eCAP 模式 1 配置
ECap1Regs.ECCTL1.bit.CAP1POL = EC_RISING;
ECap1Regs.ECCTL1.bit.CAP2POL = EC_FALLING;
ECap1Regs.ECCTL1.bit.CAP3POL = EC_RISING;
ECap1Regs.ECCTL1.bit.CAP4POL = EC_FALLING;
ECap1Regs.ECCTL1.bit.CTRRST1 = EC_ABS_MODE;
ECap1Regs.ECCTL1.bit.CTRRST2 = EC_ABS_MODE;
ECap1Regs.ECCTL1.bit.CTRRST3 = EC_ABS_MODE;
ECap1Regs.ECCTL1.bit.CTRRST4 = EC_ABS_MODE;
ECap1Regs.ECCTL1.bit.CAPLDEN = EC_ENABLE;
ECap1Regs.ECCTL1.bit.PRESCALE = EC_DIV1;
ECap1Regs.ECCTL2.bit.CAP_APWM = EC_CAP_MODE;
ECap1Regs.ECCTL2.bit.CONT_ONESHT = EC_CONTINUOUS;
ECap1Regs.ECCTL2.bit.SYNCO_SEL = EC_SYNCO_DIS;
ECap1Regs.ECCTL2.bit.SYNCI_EN = EC_DISABLE;
ECap1Regs.ECCTL2.bit.TSCTRSTOP = EC_RUN;         //允许 TSCTR 运行
//运行时间(事件 CEVT4 触发调用中断服务程序 ISR)
TSt1 = ECap1Regs.CAP1;                //捕获的时间标记戳存在 T1
```

```
TSt2 = ECap1Regs.CAP2;          //捕获的时间标记戳存在 T2
TSt3 = ECap1Regs.CAP3;          //捕获的时间标记戳存在 T3
TSt4 = ECap1Regs.CAP4;          //捕获的时间标记戳存在 T4
Period1 = TSt3 - TSt1;          //计算第 1 个周期
DutyOnTime1 = TSt2 - TSt1;      //计算导通时间
DutyOffTime1 = TSt3 - TSt2;     //计算关断时间
```

例 13 - 3:上升沿触发捕获时间差分 Δ。

如图 13-11 所示,例 13-3 介绍增强型捕获(eCAP)模块是怎样从脉冲波形中收集时间差分？此例使用了连续捕获模式(时间标记戳计数器不复位)。在时间差分？测试中,时间标记戳计数器(TSCTR)在每一个有效事件中复位为 0。这种捕获事件只适用于上升沿。在此事件中,首先捕获时间标记戳计数器(TSCTR)内容(如时间标记戳),然后时间戳计数器 TSCTR 复位到 0,之后模数 4 计数器进入到下一个状态。如果时间标记戳计数器(TSCTR)达到 FFFFFFFF(最大值)时将循环回到 00000000;如果该事件发生,计数器溢出 CNTOVF 标志位置位,且有一个中断发生(如果使能)。时间差分 Δ 的优势是 CAPx 内容直接给予时间差数据,而不需要 CPU 计算,如:周期 1=T1、周期 2=T2 等。如图 13-11 所示,事件 CEVT1 是一个触发点读取时间标记戳,T1、T2、T3、T4 都有效。

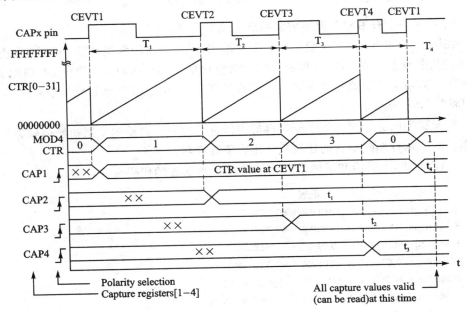

图 13 - 11 时间差分 Δ 和上升沿检测的捕获序列

CAP 模式,上升沿触发捕获时间差分 Δ 的代码片段:

```
//初始化时间,eCAP 模式 1 配置
```

```
ECap1Regs.ECCTL1.bit.CAP1POL = EC_RISING;
ECap1Regs.ECCTL1.bit.CAP2POL = EC_RISING;
ECap1Regs.ECCTL1.bit.CAP3POL = EC_RISING;
ECap1Regs.ECCTL1.bit.CAP4POL = EC_RISING;
ECap1Regs.ECCTL1.bit.CTRRST1 = EC_DELTA_MODE;
ECap1Regs.ECCTL1.bit.CTRRST2 = EC_DELTA_MODE;
ECap1Regs.ECCTL1.bit.CTRRST3 = EC_DELTA_MODE;
ECap1Regs.ECCTL1.bit.CTRRST4 = EC_DELTA_MODE;
ECap1Regs.ECCTL1.bit.CAPLDEN = EC_ENABLE;
ECap1Regs.ECCTL1.bit.PRESCALE = EC_DIV1;
ECap1Regs.ECCTL2.bit.CAP_APWM = EC_CAP_MODE;
ECap1Regs.ECCTL2.bit.CONT_ONESHT = EC_CONTINUOUS;
ECap1Regs.ECCTL2.bit.SYNCO_SEL = EC_SYNCO_DIS;
ECap1Regs.ECCTL2.bit.SYNCI_EN = EC_DISABLE;
ECap1Regs.ECCTL2.bit.TSCTRSTOP = EC_RUN;      //允许 TSCTR 运行
//运行时间(事件 CEVT1 触发中断服务程序 ISR 调用)时间标记戳直接反映出周期值
Period4 = ECap1Regs.CAP1;          //捕获的时间标记戳存在 T1
Period1 = ECap1Regs.CAP2;          //捕获的时间标记戳存在 T2
Period2 = ECap1Regs.CAP3;          //捕获的时间标记戳存在 T3
Period3 = ECap1Regs.CAP4;          //捕获的时间标记戳存在 T4
```

例 13 - 4：上升沿和下降沿触发捕获时间差分 Δ。

在图 13 - 12 中，除开捕获事件为上升沿和下降沿外，增强型捕获(eCAP)模块运行模式几乎与上一节一样，以展示周期与占空比信息，如：周期 1＝T1＋T2、周期 2＝T3＋T4 等，占空比 1(高电平时间％)＝T1/周期 1×100％、占空比 1(低电平时间％)＝T2/周期 1×100％等。

在调试期间必须写入到工作寄存器中以进行比较。自动的复制初始值到影子寄存器。对于运行期间随后的比较只使用影子寄存器。

CAP 模式，上升沿和下降沿触发捕获时间差分 Δ 的代码片段：

```
//初始化时间,eCAP 模式 1 配置
ECap1Regs.ECCTL1.bit.CAP1POL = EC_RISING;
ECap1Regs.ECCTL1.bit.CAP2POL = EC_FALLING;
ECap1Regs.ECCTL1.bit.CAP3POL = EC_RISING;
ECap1Regs.ECCTL1.bit.CAP4POL = EC_FALLING;
ECap1Regs.ECCTL1.bit.CTRRST1 = EC_DELTA_MODE;
ECap1Regs.ECCTL1.bit.CTRRST2 = EC_DELTA_MODE;
ECap1Regs.ECCTL1.bit.CTRRST3 = EC_DELTA_MODE;
ECap1Regs.ECCTL1.bit.CTRRST4 = EC_DELTA_MODE;
ECap1Regs.ECCTL1.bit.CAPLDEN = EC_ENABLE;
ECap1Regs.ECCTL1.bit.PRESCALE = EC_DIV1;
ECap1Regs.ECCTL2.bit.CAP_APWM = EC_CAP_MODE;
```

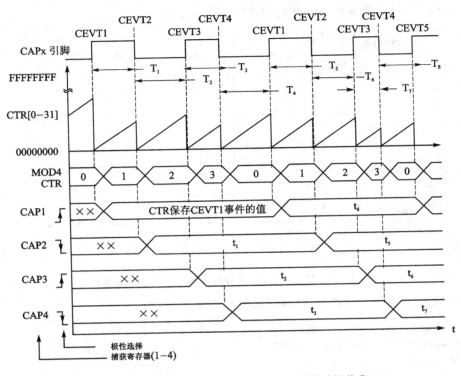

图 13-12　上升沿和下降沿检测的连续捕获时间差分 Δ

```
ECap1Regs.ECCTL2.bit.CONT_ONESHT = EC_CONTINUOUS;
ECap1Regs.ECCTL2.bit.SYNCO_SEL = EC_SYNCO_DIS;
ECap1Regs.ECCTL2.bit.SYNCI_EN = EC_DISABLE;
ECap1Regs.ECCTL2.bit.TSCTRSTOP = EC_RUN;        //允许 TSCTR 运行
//运行时间(事件 CEVT1 触发中断服务程序 ISR 调用)时间标记戳直接反映出占空比值
DutyOnTime1 = ECap1Regs.CAP2;          //捕获的时间标记戳存在 T2
DutyOffTime1 = ECap1Regs.CAP3;         //捕获的时间标记戳存在 T3
DutyOnTime2 = ECap1Regs.CAP4;          //捕获的时间标记戳存在 T4
DutyOffTime2 = ECap1Regs.CAP1;         //捕获的时间标记戳存在 T1
Period1 = DutyOnTime1 + DutyOffTime1;
Period2 = DutyOnTime2 + DutyOffTime2;
```

13.6　辅助脉宽调制模式的应用实例

增强型捕获(eCAP)模块设置为一路 PWM 发生器,从输出引脚 APWMx 产生一个简单的单通道 PWM 波形。PWM 输出极性为高电平有效,比较寄存器 2(CAP2)的比较值代表了周期中的高电平时间。或者说,如果捕获控制寄存器 2(EC-CTL2 10)的 APWMPOL 位设置为低电平有效,那么比较值就代表了低电平时间。

图 13 - 13 为辅助脉宽调制（APWM）模式产生 PWM 波形。

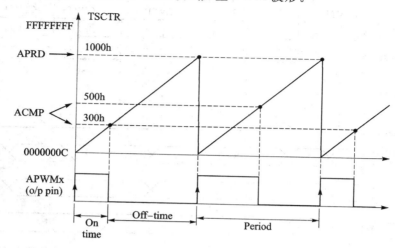

图 13 - 13 辅助脉宽调制（APWM）模式产生 PWM 波形

例 13 - 5：辅助脉宽调制 APWM 模式的代码片段。

```
//初始化时间,eCAP 模式 1 配置
ECap1Regs.CAP1 = 0x1000;                            //设置周期值
ECap1Regs.CTRPHS = 0x0;                             //使相位为 0
ECap1Regs.ECCTL2.bit.CAP_APWM = EC_APWM_MODE;
ECap1Regs.ECCTL2.bit.APWMPOL = EC_ACTV_HI;          //高电平有效
ECap1Regs.ECCTL2.bit.SYNCI_EN = EC_DISABLE;         //不使用同步
ECap1Regs.ECCTL2.bit.SYNCO_SEL = EC_SYNCO_DIS;      //不使用同步
ECap1Regs.ECCTL2.bit.TSCTRSTOP = EC_RUN;            //允许 TSCTR 运行
//运行时间(进程 1, ISR 调用)
ECap1Regs.CAP2 = 0x300;                             //设置占空比——比较值
//运行时间(进程 2,另一个 ISR 调用)
ECap1Regs.CAP2 = 0x500;                             //设置占空比——比较值
```

参考文献

[1] TMS320C28xCPU 和指令集参考指南(SPRU430).

[2] TMS320x2802x/TMS320F2802xxPiccolo 系统控制和中断参考指南(SPRUFN3).

[3] TMS320x28xx,28xxxDSP 外设参考指南(SPRU566).

[4] TMS320x2802xPiccolo 引导 ROM 参考指南(SPRUFN6).

[5] TMS320x2802x,2803xPiccolo 模数转换器 ADC 和比较器参考指南(SPRUGE5).

[6] TMS320x2802x,2803xPiccolo 增强型脉宽调制器 ePWM 模块参考指南(SPRUGE9).

[7] TMS320x2802x,2803xPiccolo 高分辨率脉宽调制器 HRPWM 模块参考指南(SPRUGE8).

[8] TMS320x2802x,2803xPiccolo 串行通信接口 SCI 参考指南(SPRUGH1).

[9] TMS320x2802x,2803xPiccolo 增强型捕捉 eCAP 模块参考指南(SPRUFZ8).

[10] TMS320x2802x,2803xPiccolo 串行外设接口 SPI 参考指南(SPRUG71).

[11] TMS320x2802x,2803xPiccolo 内部集成电路 I2C 参考指南(SPRUFZ9).

[12] TMS320x2803x,Piccolo 增强型正交编码脉冲 eQEP 模块参考指南(SPRUGK8).

[13] TMS320x2803x Piccolo 增强型控制器区域网络 eCAN 参考指南(SPRUGL7).

[14] TMS320x2803x,Piccolo 本地互联网络 LIN 模块的参考指南(SPRUGE2).

[15] TMS320C28x 汇编语言工具 v5.0.0 用户指南(SPRU513).

[16] TMS320C28x 优化 C/C++编译器 v5.0.0 用户指南(SPRU514).

[17] TMS320C28x 指令集模拟器技术概览(SPRU608).

[18] TMS3202803x Piccolo 控制和中断参考指南(SPRUGL8).

[19] TMS320x2803x Piccolo 引导 ROM 参考指南(SPRUGO0).

[20] TMS320x2803x,Piccolo 控制律加速器 CLA 参考指南(SPRUGE6).

注:此处文献可以根据括号内的号码去 TI 公司的官网查找。